良好研究者养成实践指导系列书籍

科学研究的工具

——让研究变得简单

张 勘 沈福来 主 编

科 学 出 版 社
北 京

内容简介

本系列书籍初步探索“临床医生科学研究能力均等化”的对策与方法，以期为我国今后临床医生的科学研究能力规范化培养，奠定一定的基础。

本系列书籍分为逻辑、方法、工具三册，试图将“科学研究”还原本质，化繁为简，使“科学研究”的定义与操作定义变得清晰、具体、可操作、易实践，以便于刚踏入科研的临床工作者能更好地认识和驾驭“科学研究”这件法宝与工具。

第一本《科学研究的逻辑——思考、判断胜于一切》和第二本《科学研究的方法——站在巨人的肩膀上》，分别是从科学研究的具体实践和经典案例两个层面，介绍了科学研究的逻辑和方法。本书则希望书如其名，把科学研究的核心，进一步萃取和外显，变成一个可视化的、便于研究者取用的工具箱，供读者参考，具体指，在内容上，本书进一步地归纳、提炼和图示化前两本的内容（包括基本概念和操作程序），凝练成第 1～5 章的概念部分与第 6～11 章的操作部分。概念部分，力求以医学工作者的学科背景所决定的思维习惯，来逐步介绍与科学研究相关的重要概念；对概念的阐述，力求做到讲明底层原理，解释尽量配以图示类比（包括字母和函数式）以求直观明确。操作部分，则采用“全部示意图”的方式，把科学研究的整个思维过程和操作过程进行图示化表达。此外，本书作为三部曲的最后一本，在文末附录中，笔者对整个三部曲的内容结构、操作程序、共同的要素和功能逻辑进行了整体绘制，以帮助读者更好地定位、理解和使用本系列书籍。

图书在版编目(CIP)数据

科学研究的工具：让研究变得简单 / 张勘，沈福来主编.
—北京：科学出版社，2018.4 (2020.10重印)
(良好研究者养成实践指导系列书籍)
ISBN 978-7-03-056661-4

Ⅰ. ①科...　Ⅱ. ①张...　②沈...　Ⅲ. ①科学研究-研究方法　Ⅳ. ①G312

中国版本图书馆 CIP 数据核字(2018)第 039814 号

责任编辑：闵　捷
责任印制：谭宏宇 / 封面设计：殷　靓

科学出版社 出版
北京东黄城根北街 16 号
邮政编码：100717
http：//www. sciencep. com
南京展望文化发展有限公司排版
当纳利(上海)信息技术有限公司印刷
科学出版社发行　各地新华书店经销
*
2018 年 4 月第　一　版　开本：787×1092　1/16
2020 年10月第三次印刷　印张：10　1/2　插页：3
字数：220 000

定价：65.00 元

（如有印装质量问题，我社负责调换）

《科学研究的工具——让研究变得简单》编辑委员会

从书序一

科研的本质是什么，为什么开展科研工作，以及如何开展一流的科研工作，这是良好研究者养成实践指导系列书籍力图诠释的三个问题。

当我们寻找以“科研”二字冠名的出版的书籍时，发现绝大多数书籍是在授以“术”即科学研究的做法问题，而鲜有讨论“道”。即科学研究的初心与目的。诚然，按照这些图书提供的方法和路径，去有序地开展一项科学研究活动，往往能够得到“好”的成果。这个“好”之所以打了引号，是指其带给研究者的预期结果与短期利益，比如，通过一些先进的实验体系、统计学模型或者其他成熟试验方案，帮助研究者发表所需的科学研究论文并使其申请研究项目获得了一定的基础。

这对于初学者而言不失为一条捷径，用严谨的科学方法去解答客观存在的现实问题，获得可以外推的结果或者结论，这本来就是科学研究活动重要的目的之一。然而，无创新性地重复千百次以后，我们要扪心自问：“我们为什么要使用这些方法？”“我们的自主创新性技术体系和学术思想何在？”

在自主创新的大势正滚滚向前的现实中，正本清源，从认识论角度去阐述科学研究并加以科普，就显得尤其重要。万丈高楼平地起，对有创新使命感的研究者而言，认清科学研究的本质、目的，高起点地理解科学研究之“道”，比起掌握千百种奇技淫巧之“术”更为重要。看清来时的路，明白去往的方向，能够帮助我们在方法学的海洋中铆定方向，不迷失科学研究的初心。

良好研究者养成实践指导系列书籍的小友们尝试从现象与经验角度入手，从认识论的角度回答三个重要的问题，无论是对于科研道路上颇有建树的攀登者，还是踏上研究之路的后来者而言，都具有一定的指导和借鉴意义。同时，良好研究者养成实践指导系列书籍也提供了一套颇为简明的工具框架体系，帮助研究者在具体开展科研活动时设定项目进程的路标，使得研究者能够时刻保持研究工作的定位与认知所开展研究工作的水平比较。应当说，不论在开展科研之前，或者在进行科研活动的过程之中，对于研究者而言皆有裨益。

心事浩渺连广宇。与我而言，非常高兴地看到我国生物医学科研工作者开始注重研究的本心以及如何把创新性设想加以落地实现，仰望星空固然重要，将开展的研究工作脚踏实地地找到现实转化之路同样重要。

向广大即将踏上科研之路的研究者们，以及在研究过程中稍有迷茫的研究者们推荐良好研究者养成实践指导系列书籍，希望它能够成为大家科研道路上的助手。也希望良好研究者养成实践指导系列书籍的编者们不忘初心，在不断的实践过程中优化这些理论和工具，能够在以后不断推陈出新，为推动我国生物医学研究的进步做出贡献。

曹雪涛

中国工程院院士

南开大学校长

医学免疫学国家重点实验室主任

2017 年 10 月

从书序二

科学研究，是发现、探索和解释自然现象，深化对自然的理解并寻求其规律，进而创造知识，并利用这些知识去发明新技术而进行的系统的创造性工作。因此，科学研究的本质是求真求实，容不得半点主观。那么，科学研究，距离“凡人”有多远？

谈及科研二字，世人往往露出向往又显迷茫之色。盖因在常人眼中，复杂的电路、庞大的仪器、序号繁杂的基因编号……不被理解、无法识别的东西，便算作是“科研”的外显。愈是无法分辨与理解，愈是感觉不关己身。于是，科学研究似乎被盖上了神秘主义的色彩，成了高墙内少数人的专利。尤其在医学领域，不少人存在功利主义色彩，将科研的目的看作是为了职称的晋升或学位的获取。于是，谈“科”色变，将其看作职称晋升道路上的“拦路虎”，甚至不惜为此而投机取巧，造成了学术不端甚至买卖论文、浪费科研基金等种种乱象。

在学界为这些乱象头痛不已之时，“良好研究者养成实践指导系列书籍”如迷雾中的一盏小小明灯，以幼鹿初鸣之姿态，出现在我们面前。该系列书籍以浅显又新奇的例子开端，试图给“知其为而不知所以为”的错误认知找到正本清源之道。再以大家之例子，历史之沿革，严谨之框架，为读者提供科学研究一般程序的思考方式、基本方法和良好工具。

将科学研究视为一种形而上，变成一种只可信奉、不可靠近的宗教，诚然不可取；而将其流于换取现实利益的工具与捷径，也不利于整个学科和社会的发展。本系列书籍或许找到了一条不错的中间道路，既不将其奉为神秘不可破的教条，也不将其讲述得烦琐无聊。广大读者通过阅读良好研究者养成实践指导系列书籍，有希望形成比较健全、完善的“科学研究观”。

科学研究既不遥远，也不神秘。既有以客观自然世界为基础的牢固法则，也充分体现出人类社会进步几千年来的主观能动性。进退自如，平和中正，是普罗大众，尤其是医学从业者应抱有的科学研究观念，热切向各位推荐此系列书籍，希望其成为大家实践科学研究的入门手册，以良好之开端，行万里长路，方能从容不迫，行向成为“良好研究者”的康庄大道。

陈国强
中国科学院院士
上海交通大学医学院院长
上海交通大学副校长
2017 年 10 月

自 序

良好研究者养成实践指导系列书籍(即科学研究的三部曲，以下简称“三部曲”)写作目的非常明确，即良好研究者养成，旨在通过这一套教材和配套的课堂教程及教学图谱，帮助临床医生更快、更精确、更透彻地理解和反思科研活动，以提高日常思考质量与产出，进而提升临床实践向科学探索的转化效率。

故，三部曲适合的阅读对象是临床医学从业者，包括在校医学生，临床医学从业者的科研服务者，从事科技咨询与科技管理工作的从业者，以及广泛学科背景下的科学研究爱好者。

三部曲分为《科学研究的逻辑——思考、判断胜于一切》(以下简称《逻辑篇》)、《科学研究的方法——站在巨人的肩膀上》(以下简称《方法篇》)、《科学研究的工具——让研究变得简单》(以下简称《工具篇》)三篇，其各有一个较为明确的学术贡献，也是它们最核心的写作价值之所在。

首先是《逻辑篇》一书中，提出了科学研究的解剖学结构，使得我们对科学研究的探讨有了可视化的载体抓手，以便形成统一的认知，进而使用这个在逻辑层面图示化的抓手，来分析自身的科研短板。以此为基础，最为重要的是，笔者进一步细致地阐明了临床实践者如何从稀松平常的日常中，把握异常、提炼出自己的研究问题，具体体现在，对惯性思维客观存在的揭示，对产生惯性思维生理与认知原因的剖析，对产生科研灵感其前提条件缜密而有层次的阐述，对洞察到异常后如何一点点放大、解剖，直至形成自己的研究版图。这一条“链接真实世界日常与科学问题诞生”的常人“实践”之道，是该逻辑篇的精华之处与核心贡献。

其他，对于科研观的阐述、对于研究方法论内在原理和逻辑结构的阐述、对于数据获得时质量控制的科学原理阐述，也有一定独特见解，且保持了较好的前后逻辑一致性。

其次是《方法篇》一书中，结合临床医学自身交叉学科特征及当前社会对医疗与卫生行业“功能定位”的新期望与新定义，在选择以“案例赏析”方式讲述研究方法的同时，该书应时整合和纳入了社会科学领域的经典研究，以与自然科学领域临床研究中耳熟能详的经典研究相呼应；并尊重两类科学各自的学科特征，而进行了与之相对应的结构化描述。同时，该书借主题编排设计以努力弥合两个门类之间的鸿沟，具体体现在，在借两个领域各五个案例以深层分析和洞察学科间研究方法的异中之同后，于最后一个案例中指明当前新的研究范式——如何将社会科学领域的思维方法与自然科学领域的论证逻辑进行优势融合以倡导新思维、引领新趋势，并阐明了其中的技术原理，以鼓励读者们在知其然并知其所以然的基础上，大胆突破学科边界，大胆尝试融合创新。

最后是《工具篇》一书中，其对于整个科学研究历程——从科学发现到科学证明以及其中结构化的 input-action-output 闭环逻辑，进行了图示化的绘制和外显，是该书最为鲜明的特征，也是最希望向读者传递的内容，以期该图示化策略，能够帮助读者形象精确地理解科学研究内涵与实践过程，最终提高思维效率，提高临床实践的科研产出。此外，继《方法篇》相当叙事手法的案例赏析后，笔者们在《工具篇》中直接将笔锋探到了科学研究的数学与逻辑之底，以临床医生熟悉的 PICOs 概念框架为开端，逐步从要素层、逻辑层、数学层阐述科学研究的发现与证明之旅，也是非常大胆的尝试；其中，对概率论与数理统计环环相扣地带入和白话推理，值得读者们阅读理解，有助于形成清透的科学视角与思维方式重新审视临床工作与科学研究，由此获得勇气，大胆向各种研究开战。

其他，关于学科差异的见解、对思维模型的介绍，也有一定亮点。

总的来说，三部曲力求做到：作为一套工具类系列书籍，在内在逻辑上的自洽性，结构与知识点布局上的连贯性和完整性，重要概念、洞察方式及外显策略上的前后一致性，以期成为一套系统的、连贯的、整体的解决方案，帮助临床医生改善科研认知，提升思维质量与效率，提高临床实践科研转化效率。同时，随着笔者们科技咨询经验的不断深入和积累，该三部曲将会不断完善与丰富，以达到更高的质量水准，给读者带来更大的阅读获益。

最后，需要提醒读者们注意的是：由于三部曲首次尝试站在一个综合方法论的角度，从底层原理、实践操作来解构和剖析科学研究，导致叙述风格、写作手法与临床研究方法类教科书有较大差别，同时涉及的知识点也很繁杂，考虑到读者的适应性和笔者们现阶段的能力，最终，未能介绍关于归纳与演绎的逻辑学基础知识，未能介绍科学研究方法论的发展历史，未能介绍医学领域科学技术的发展历史。但其实，这三点内容是非常有必要清晰阐述的，这将是本系列书籍下一版本考虑优化补充的部分。其次，虽然本系列书籍较多地谈到了数学、逻辑、系统思考、科学技术哲学领域的方法论问题，但是，笔者们并不是这些领域的专业从业者，而是以临床医学背景为主的多学科医疗科技咨询从业者，虽因工作属性需要而主动加大了对这些领域知识的学习、理解和应用，但与专业从业者相比，仍有一定的差距，因此，必然会出现各种疏漏。我们非常期待您能和我们一起发现和反馈本系列书籍的不足之处，并一起修缮和改进该系列书籍的内容，使得它成为我们共同的思维工具和案头书。

我们期待打造一个开放的、不断迭代和自我更新的知识分享体系——良好研究者养成课堂，在该体系深层价值观的链接下，笔者与读者们一起，不断改进和完善该科研三部曲的内容：我们一起使用这套科研思维与实践的工具箱指导我们的实践，我们再用自己的实践新知，反向修缮和完善该套工具箱，从而形成一个闭环，使得它无限循环、不断壮大、越来越有力量，最终给我们的生活、实践与科技，带来实质性改变。

Good researcher practice. It's about being better. Let's do it together.

张　勘
2017 年 10 月

引　言

本书正文部分一共 11 章，22 万余字。

适合的阅读对象是临床医生，包括在校医学生，本书也适合其他领域从事科学研究的科技工作者翻阅。

本书《科学研究的工具——让研究变得简单》(以下简称《工具篇》)是科学研究三部曲中的最后一本。

第一本《科学研究的逻辑——思考、判断胜于一切》和第二本《科学研究的方法——站在巨人的肩膀上》，分别是从科学研究的具体实践(细化到操作的完整逻辑和执行的核心框架层级)和经典案例(细化到与医学相关的社会科学和自然科学领域经典研究及其中的具体问题、具体做法和具体成就)两个层面，介绍了科学研究的逻辑和方法。

本书《科学研究的工具——让研究变得简单》，则希望书如其名，把科学研究的核心，进一步萃取和外显，变成一个可视化的、便于研究者取用的工具箱，供你参考。

基于此期望，在内容上，本书进一步地归纳、提炼和图示化前两本的内容(包括基本概念和操作程序)，凝练成第 1～5 章的概念部分与第 6～11 章的操作部分。

概念部分，力求以医学工作者的学科背景所决定的思维习惯，来逐步介绍与科学研究相关的重要概念；对概念的阐述，力求做到讲明底层原理，解释尽量配以图示类比(包括字母和函数式)以求直观明确。分别是：

第 1 章介绍什么是研究问题，其重点在于用图示，把研究问题的构成具体化，并对不同学科关于研究问题与研究过程的定义和结构，进行逻辑上的对标，以形成在概念上的共识。但更为深远的目的是，在该章引出科学研究的归纳环节和指明归纳的结果。关键词是 How-Who-What 三因素。

第 2 章介绍什么是现象、研究问题与研究假设，基于第 1 章的概念基础，用更加精确的函数式来更深层次地表征研究问题之前的现象、研究问题、研究假设的内涵和深意，并指明在临床医学或真实世界中开展科学研究时，我们所面对的现象/研究对象，到底具有怎样的深刻特征；针对这一特征，我们在研究上所采取的应对策略是什么。由此引出，在科学研究的发现阶段，研究者及其研究所面对的哲学命题和逻辑困境是什么，并开始思考应采取的策略。关键词是归纳与发现、6W1H 与 $y=f(x_i \mid r_i)$。

第 3 章介绍什么是论证与证明，基于第 2 章对研究对象随机性特征的剖析，进一步地直接到逻辑与数学层处理：面对研究对象的随机性特征，我们如何表征这种随机性，以及如何计算这种随机性。由此引出，在科学研究的证明阶段，其旨在解决科学研究过程中的什么问题以及如何解决，特别是如何处理随机性。关键词是演绎与证明、随机性与概率。

第 4 章介绍什么是研究方法，基于前三章已完成的底层的数理表达和逻辑推理，开始拉回镜头，重新回到，一是人类在思维上，是如何完成以上任务的（通过归纳而发现，通过演绎而证明，其背后更基本的思维活动是什么?）；二是人类在行为上，是如何完成以上任务的（通过归纳而发现及通过演绎而证明，其背后人与研究对象之间的交互动作是什么）。基于此，从底层回答思维活动是如何实现归纳和演绎的；研究假设和研究设计、研究方法和研究工具是如何由内隐认知驱动，表现为一组科学活动，从而完成科学研究的发现与证明工作的。

至此，科学研究概念部分的核心内容已全部完成。

第 5 章，则是笔者在全书行将结束时一种"临行密密缝"的反应，分别，一是就当前科学研究活动中频繁出现的误解进行解释和澄清，二是毫无保留地介绍科技咨询工作者开展科技咨询工作时的思维方式和思想利器，期待对你有所裨益。

操作部分，则采用"全部示意图"的方式，把科学研究的整个思维过程和操作过程进行图示化表达，图示化的优势在于：

a）具有很好的综合性、连贯性、整体感和场景感，便于你系统地了解内隐逻辑和操作外显，进而快速地建立起认知地图来。

b）规避自然语言非标准化的缺点，可有效地防止歧义、误解和冗长的阅读。

c）本书采用的一个阶段一个场景配图方式，更便于你在实践过程中时常翻阅其中的工具框架，用于对研究过程进行反思和核查。

具体为：

第 6 章绘制科学研究的整个历程，包括科学发现与科学证明。

第 7 章绘制科学研究的发现阶段，也即研究问题的提出阶段，其 input-action-output 的过程。

第 8 章绘制科学研究的证明阶段**筹备环节**，也即研究活动的计划阶段，其 input-action-output 的过程。

第 9 章绘制科学研究的证明阶段**实施环节**，也即研究活动的取证阶段，其 input-action-output 的过程。

第 10 章绘制科学研究的证明阶段**分析环节**，也即研究活动的论证阶段，其 input-action-output 的过程。

第 11 章绘制一个研究结束后，如何开启下一个研究，包括盘点整理、重新定位、再次出发。

而以上结构化的示意图，也是笔者开展科技咨询工作时的思维导图和工具箱。

最后，细心的你应该已经，并会持续地发现，本书中有许多下标的内容，这纯粹是出于提高你阅读效率而采用的尝试性做法，建议你在初步阅读时，忽略下标中的小字，略过以保持阅读的专注和连贯性；等到有困惑或者感到无聊难读的时候，再去查阅下标中的小字内容，它们代表了那些不重要但确实必要、比较啰唆但还算有趣的补充解释和引导思考的部分(但都在工具的内容体系和框架内)。

期待这样的设置，能够引导你逐一阅读、逐步深入，最后，回顾、提炼、再次认知核心内容；在完成阅读后，能够建立起一套适合和属于自己的思维认知框架与实践操作程序。

同时，本书作为三部曲的最后一本，在文末附录中，笔者对整个三部曲的内容结构、操作程序、共同的要素和功能逻辑进行了整体绘制，以帮助你更好地定位、理解和使用本系列书籍。

总之，"良好研究者养成实践指导系列书籍"致力于从不同观察侧面、不同认知阶段，以不同叙述手法，来解剖、描述、刻画和投射科学研究的逻辑内涵、思维过程和操作程序。三本书有内容上的交集，但更多的是内涵和形式上的互补，合在一起以期做到：**一个工具系列内部逻辑上的自洽和内容上的连贯，并整体构成一套有效的解决方案，帮助你竖立起科学之精神、思维之框架、实践之路径**。

读书如同就餐，给自己准备一个不错且充分的环境吧，其中，空白纸和三种颜色及以上的笔是必要的，分别用于批注精彩、有误和没看懂的部分。

最后，祝你阅读愉快、学有所获！

沈福来

"良好研究者养成"项目发起人

2017 年 5 月 10 日于圣托里尼岛

目　录

下篇 图示篇

附录：科学研究的三部曲内涵集合示意图

上篇

概念篇

第1章 什么是研究问题：PICOs

1 常人思维中的 PICOs

就使用一般的常人思维来思考下：科学研究作为一种活动过程，应该具有最基本的活动载体，活动操作和活动结果，也就是教科书上所说的三要素(对象、处理/因素、效应/指标)。

在医学研究活动中：

活动载体：是患者或者患者的外延(如时间上的外延——正常时期，以及空间上的外延——患者的家属，此时也叫 population)及替代物(如用于模拟人的动物模型，或者患者某部位的生物样本和标本，或者模拟患者行为与反应的数据库，包括人工智能等)，医学研究上用 patient 来表示。

活动结果：就是研究活动感兴趣的效应，是活动载体产生的一种有意义的反应，医学研究上用 outcome 来表示，这是引发研究活动的原因和起点(所有携带这一效应的现象，都将引起科学家的注意)，也是医学研究的终极目标(用控制 outcome，来作为对疾病控制的外在表现)。

outcome 在本质上等同于什么呢？生物标志物。

活动操作：是对活动载体即患者所采取的操作，操作可以是非研究者给予的(患者所处的日常/通常外部环境和患者自身的系列行为，也叫 exposure)，也可以是研究者给予的(通常是一种明确的干预，在极少数情况下允许一定程度的不明确)，它在理论或假设上，被认为是产生活动结果的原因。医学研究上用 intervention 来表示，由以上定义引出，医学上的 intervention 包括引发 outcome 的自然因素(包括患者通过自身行为和生活方式自我施加的)，以及控制 outcome 的人为因素(预防活动、筛查活动、诊断活动、治疗活动、康复活动、随访活动等一系列直接或间接地会引发 outcome 趋势发生改变的操作)。

intervention 在本质上等同于什么呢？生物标志物产生通路上的阻断策略之物理外显。

那么 c 又是什么呢？comparison，对照。

在日常生活中，常人思维用到"对照"的时候是非常多的，化妆先画一边脸，两边对照下看看效果，以研究底妆物好不好，这是单样本同期对照；吃药，吃一天停一天，观察下自身反应，以研究药效好不好，这是自身交叉对照。所以，在研究活动里谈"对照"，都不算什么新鲜和高明的创举，我们常人的大脑，每天都在用对照思维来求解，看其他相同、唯一不同的那个因素或处理，是否确系有效。由此可见，这是个基本思维逻辑。

但是，如何设置对照呢？尤其是要研究人为控制的 intervention 时？

不妨用常人思维来把握两点：

a）践行对照：设置的对照[与 patient(a)相比拟或一致的 patient(b)]要起到对照的作用。

b）对照风险：对对照的 intervention 要同样地保障其获益大于风险(因为被当做对照的，是只有一次生命的生命，而不是其他；同时，除人之外的其他动物也是生命的一种)。

s 是什么呢？study，研究设计。

没有 s，PICO，对于一个研究来说，基本要素层面，也算是完整的，因为 PICO 已经是一个可以反应的体系了。但是有了 s，就对研究活动提出了更高的要求和更好的应对策略。s，首先指明了研究活动开展的重要性，进一步导出了要加强对活动过程进行控制的必要性。如何控制好 PICO 之间的交互作用，以保障在约定的 P 中，I 对 O 的无偏倚回答，或者 O 对 I 的无偏倚回答？study，就是对“活动过程控制”在“要素”上的回应，也是对一个研究“保持完备”的回应。

PICOs，作为对科学研究基本要素的精炼而又经典的医学表达方式，其连读发音是[ˈpiːkəus]，每个医学研究者都应该基于透彻理解后，牢记在心。它们之间的逻辑关系见示意图 1.1。

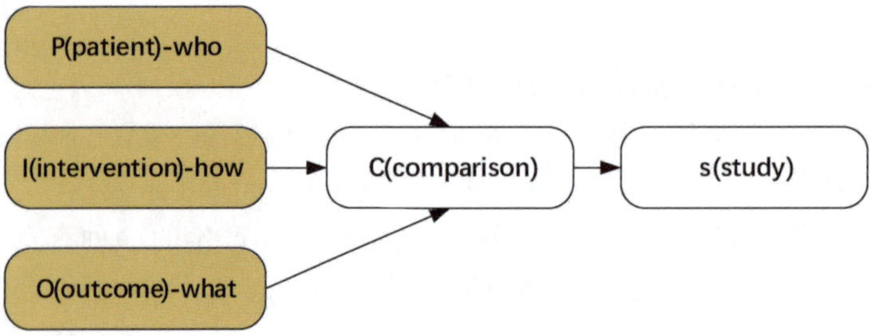

图 1.1　PICOs 的逻辑示意图

2　PICO 的类似概念

科学研究中的活动载体，显然是大于 patient 的。

即使在医学领域，除了 patient，还要研究，让 intervention 规范地作用于 patient 以获得较好 outcome 的“保障条件和外部环境”。这就涉及，对提供与保障“操作 intervention 于合适且充分的 patient 的外部环境和操作流程”的管理技术研究，以及培养与获得“执行、改良和发明 intervention 的人力资源”的教学技术研究，也就是我们口头上常说的“医、教、管”三大维度的临床业务与研究(至于“研”，可以融入“医教管”三大维度中去作为支撑技术)。

这时，我们延展下 PICO 的概念，如图 1.2，

在心理学中，习惯于使用“刺激—中介—反应/stimulus-organism-response”的研究模型。

在管理学中，习惯于使用“结构—过程—结果/structures-processes-outcomes”的研究模型。

在工程学中，习惯于使用“输入—反应—输出/input-action-output”的研究模型。

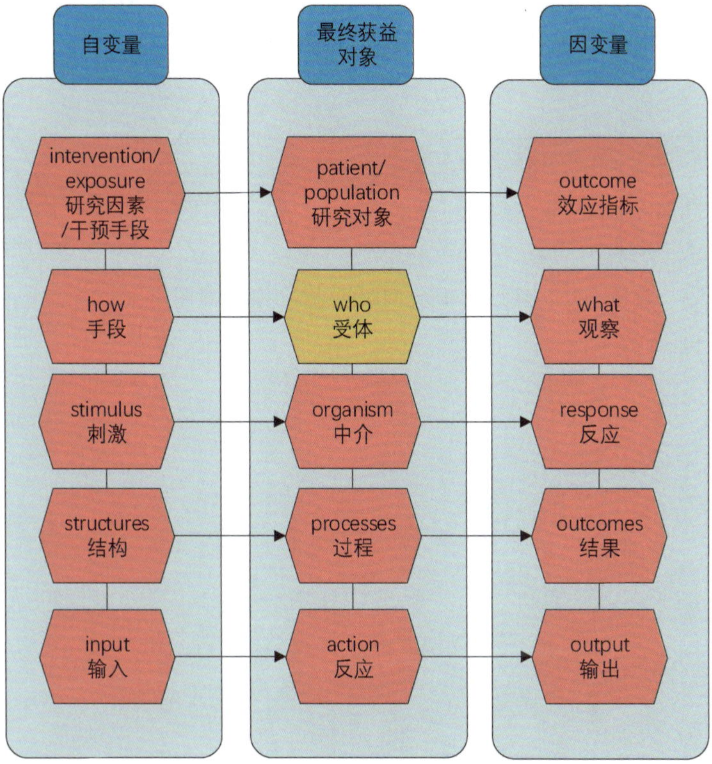

图 1.2　不同学科研究问题的逻辑示意图

但是显然，以上与医学中的“干预—对象—效应/intervention-patient-outcome”模型，在本质是完全一致的。

刺激、结构、输入、干预等，从本质上是在描述自变量，也即 How，怎么做或做什么的问题；

中介、过程、反应、对象等，从本质上是在描述反应体，也即 Who，对谁或什么，施加上述的 How，或者用于观察 How 的反应器是什么。

反应、结果、输出、效应等，从本质上是在描述因变量，也即 What，即 Who 对 How 产生的回应或响应是什么。

不同学科，由于研究对象的不同(最小研究单位大小或宏微观程度不同)，其对研究活动的本质描述，有用语上的差异，不过存异求同之后，我们就会发现，只要作为一项包含时间和空间的研究过程，就应具备 How-Who-What 三大基本要素，来演绎这个现象或活动的发生过程。

How-Who-What 作为一个研究活动的基本要素，同样也构成了一个研究问题的基本要素，并且这一点，在各个应用学科中应该都是一致的。

至于，如何在一个标题中(包括研究计划书和研究报告)，是呈现与“研究问题的 How-Who-What”相关的内容，还是借助“How-Who-What 的结构完备性”来呈现与之对应的内容，是个策略问题。其原则是，看你的研究，核心亮点在哪里，就说哪个层次上的 How-Who-What。

但是,不论你从哪个角度切入来提炼标题,都应保证“How-Who-What”式的三点完备性,原因如图 1.3,坦诚地说,以下能让你摸得着头脑的是哪个?

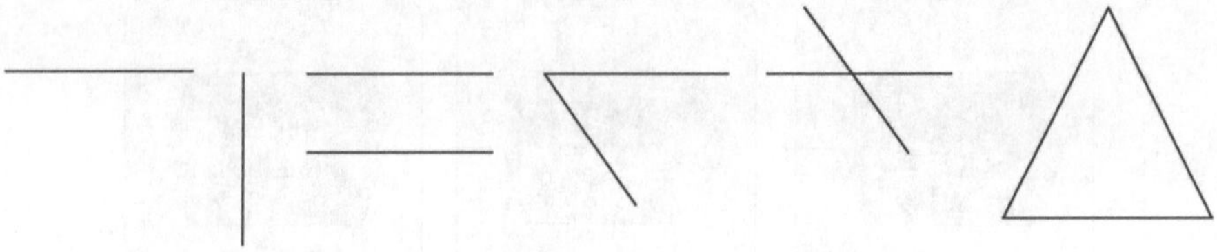

图 1.3 研究问题的结构逻辑示意图

第2章

什么是现象、研究问题与研究假设：$y=f(r_1, r_2, r_3, r_4, \cdots, r_n; x_1, x_2, x_3, \cdots, x_m)$

搞清楚了一个研究问题的结构，只能算是认识了它，解决的是个认知层面“识别”的问题。而在科学研究活动中，作为科学家或者科学活动的从事者，你需要的，是把它提出来。

那么，研究问题，我们站远一点看，或者用常人思维看，它是一个什么呢？

没错，它是一句断言，一个结论，它有完整的结构，陈述了一个事实，事实中有因有果（有事实1，有因事实1而起的事实2），并因此蕴含了让因果得以成立的决定关系（不论你是否能够在某次研究中提出及明确地陈述这个关系，因果的出现，都已经表明了两者之间某种关系的客观存在，即下文所述的f）。

更为重要的是，它前一刻是某个单一事实的陈述，它被表达出来之后，则“推广”或“一般化”为一种普遍的事实描述。这个从单一事件向普遍事实过渡的环节，是至关重要的，是最为重要的，是整个科学研究活动中的钻石时刻。

问题来了：

那个单一事件又是从哪里来的呢？

我们又如何把握这个转换的钻石时刻？

第一个问题，这个单一事件自然是从经验世界中来的，既然是单一事件，当然是发生在经验世界中，只不过它是隐藏在一个复合的现象里。作为研究者，你得首先能看到现象（即下文中所述的 y，要么有了一种新的形态表现，要么有了一个不一样的诞生背景），接着你得把它（单一事件）从现象里捞起来或者拎出来。在这个捞或拎的过程中，盯着现象看、把现象敲碎、使劲吹一吹、把认识的吹掉，这些思维动作都是非常必要的，而最后留下的那个不认识的，就是“珍贵的单一事件”了。这样一来，认识“现象”，紧随着成为最重要的科学工作。

下文 6W1H 与 $y=f(r_1, r_2, r_3, r_4, \cdots, r_n; x_1, x_2, x_3, \cdots, x_m)$ 将细说现象。

第二个问题，把单一事件向一般事实转换（放在经验世界里，这真是不值一提，因为人人都在拿着单一事实当真理，作为自己下一步决策的依据，因为人是天生的贝叶斯主义者，很快会用后验的结局，修正先验信念，这个信念就是前面那个成为个人真理或决策依据的单一经验事实，不过我认为，主要原因还是，人生是个人自己的，不严谨不分析滥用经验事实搞砸了，是个人自己负责；但在科学世界里，一个个人的单个经验事实，不加以审核而自行普遍化升级为整个人类的知识，那是断然不行的，原因在于，科学知识不同于个人经验，它是整个人类共有的决策依据和经验财富，这些知识普遍地作为每个接受过这一知识熏陶的个人日常决策的前提条件。麻烦的是，尽管有知识和文化的人都在用，但却不是人人都愿意站在科学的层面去贡献知识。许多专家出名以后，就认为自己已成为一台诞生知识的机器，把一些日常的经验，以简、便、廉、验而非经科学论证的方式，直接变为个人学说、教义学派、理论观点，到底是不会？不懂？抑或就是图省事？），这是个复杂的科学哲学和认识论问题，称为归纳问题（研究归纳的过程是如何产生和进行，归纳的结果如何处理和应用）。从休谟（David Hume，英格兰，1711.4.26—1776.8.25，哲学家、经济学家和历史学家）开始，无数的科学哲学家，特别包括那些数学和物理学背景的科学哲学家为其竞折腰，现在，归纳问题已成为人工智能领域的核心问题（其背后有一个重要的背景原因是，终于有一天我们发现且承认我们所面对的经验世界，不像物理世界那样是机械决定论的，而是随机的，一次观察或一次经验，在真理的随机性面前，只是无穷大分之一的比例）。归纳问题确实复杂，但是至关重要，在经验世界，它可能是人类能够顺利进化至今的关键决定因素，也是现代社会人与人之间生存和成就能力不同的重要原因；在科学世界，它是人类能提出研究问题的根本原因和底层原理，自然也是人类知识宝库得以不断丰富的决定原因。

下文我们将用图示来呈现它，以帮助大家理解。现在先说说现象和 6W1H 及其相关内容。

1 6W1H

在本系列书籍第一本《科学研究的逻辑——思考、判断胜于一切》（以下简称《逻辑篇》）中，我们花了巨大的篇幅来介绍“什么是现象，以及如何识别现象、抓住现象、分解提炼和抽象出现象的本质来”，甚至也尝试解释了“为什么常人思维会抓不住现象？此时常人思维和科学思维的差别是什么？分水岭是如何出现的？”

该章近 2 万字的表述，不知道对你来说，有用的能有多少。然而无论如何，仍值得我们高兴的是，我们总算是明确地提出了：任何一个现象都应具备 6W1H 的结构（需要说明的是，较《逻辑篇》的 5W1H，这里增加了 1 个 W——Would，这是对现象的观察者提出了更高的要求，即对现象的发展趋势和可能性进行思考，后文详述），这个结论，便于你从各个点（6 个 W，1 个 H）上突击和围逼现象，找出其中的真相和钻石（也即上文所述的一个有价值的单一事实）来。

这里，我们不妨用更为简单的逻辑示意图（图 2.1）来回应下“现象”的复杂面貌。

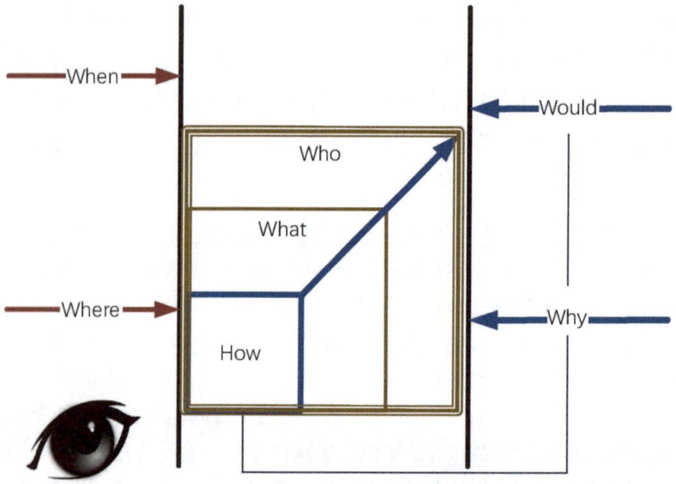

图 2.1　6W1H 的逻辑示意图

在现象的结构图中，抛开媒体新闻类宏大绵延却永远正确的叙事逻辑(由于 5W1H 是来自新闻领域，我们总是要表示下对原创的尊重和纪念)，我们把注意力集中到更为明确和精细的事件/现象中来。在医学领域，这个事件/现象通常不会大于一个区域中(包括时间和空间)的一个特定群体，而微观则可小到实验室的器官、细胞甚至基因序列层级，然而，无论它们多少细微，我们总是可以用以上结构去刻画它，刻画越精细，越容易发现惊喜。

图 2.1 已然非常清晰，我们仅补充几个非常有意思的点，引导你去欣赏科学机理之美。

如图 2.1：

其中金黄色代表反应体，包括 What 和 Who，且 What 和 Who 的位置是不能变更的(图 2.1 表明所有的 What 都在 Who 之中，Who 大于 What，所以就不能只盯着目前关注的 What，而不管 Who 中 What 之外的部分，所以对照是必需的)。

其中深红色代表反应背景，包括 Where 和 When，它们可以进一步帮你刻画 Who 里面的细节；假设你对 Who 的刻画已经非常精细了，它们则主要帮助你把握 Who 外部的微、宏观反应环境【调节变量】。

其中深蓝色代表反应机制，包括 How，Why，Would，它们三者说的是一件事，即基于一个共同的规律，怎么了、为什么、会怎么样；区别在于，它们分别反映了你在不同阶段对现象的揭示和解释程度，How 显然是第一步的，是程序演绎性的，Why 是第二步的，是知识(解释)性的，Would 是第三步的，既是对 How 的进一步时空推演，又是对 why 的进一步证实的宏观外显(这里有必要补充解释一下，应该注意的是，这里的 Why 是对发生 How 的过程中的一些更细小的 How 的补充解释，在科学世界里，我们人类对于事物本质的探知，永远止步于 How 这个层面，也就是不断从更底层解释"怎么了"，并期待有一天这个"怎么了"的规律是所有各类现象的共同母体，而对于为什么会是这样，如 H_2 和 O_2 化合会生成水，我们可以描述整个反应过程，但是我们无法回答，为什么是这样的反应。科学不对第一性的问题进行回答；而在经验世界人的主观思想里，每天都有无数个 Why 在质询在回答，如果是一个理性决策过程，倒是很容易发现形态完整的 How 的证据链，但是遇上情感类的，则很快终止于一个无厘头的 Why 来，并将这种行为美其名曰为个性，其实如果你有兴趣，追根溯源，也可以找出完整的 How 链来，这可以视为揭开人性虚伪的解剖过程。但麻烦的是，人类似乎更偏爱 Why 这一类短链的、不充分的、却听上去十分凿凿的解释，并且贪恋上了这种思维上的便利性，即使绝大多数时候，它都是经不起两步推敲的，这也许能解释为什么伪科学总是比科学更受欢迎，也能解释容易受骗的人，总还是会再次且愿意被骗，并归因于科学的复杂或自己的单纯，其实只是思想上的懒惰者罢了。而作为科学中理性的大脑，我们应该关注 How 的演变过程，把每一个 Why 拆解为 How，并牢牢记住 How 得以发生和演变的前提条件或约定条件，以清晰洞察事物发生发展的过程和其中的决定规律)。

不妨用这个框架来"审讯"下你的现象，在研究中，这件事做得越早越好。

2 $y=f(r_1, r_2, r_3, r_4, \cdots, r_m; x_1, x_2, x_3, \cdots, x_n)$

我们进一步地尝试下，用"更为简洁"的方式来呈现上述的现象，没错，用函数式来表达(图 2.2)，这对于你理解和透悟现象是非常有帮助的，同时，数学已然是事实最简洁的形式了，以下阅读后仍然不理解，就需要加强实践、观察和思考了。

$$\text{现象 } y=f(r_1, r_2, r_3, r_4, \cdots, r_m; x_1, x_2, x_3, \cdots, x_n)$$

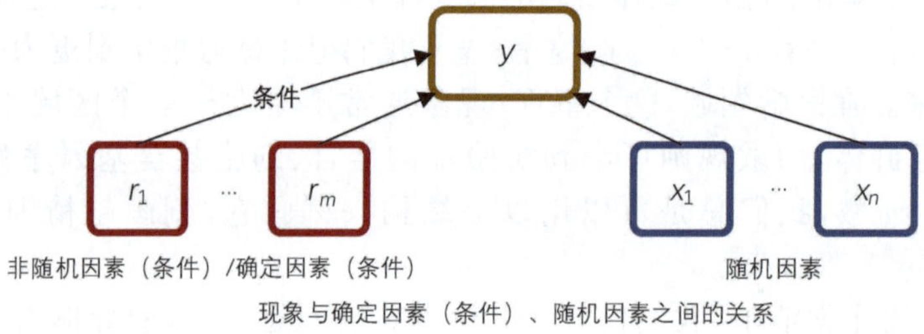

图 2.2　现象 $y=f(r_1, r_2, r_3, r_4, \cdots, r_m; x_1, x_2, x_3, \cdots, x_n)$的逻辑示意图

（1）y

使用自然语言来介绍科学研究和研究问题时，常有一种说不清、道不明、剪不断、理还乱的感觉，而一旦使用函数式来表达，那些琐碎的思考就被函数关系分解，并很快地各就各位了。

上文已提到，人类开展科学探索，始于现象；被现象吸引，始于现象中有我们想要控制的效应；控制体现在，想把出现的消失，想把消失的再现，想把弱化的激发，想把激发的弱化；这种效应是一种自然现象（包括人类社会的现象），是事物在某种规律驱策下自然演绎出的结果，是我们在真实世界所面对的单称事件。它在函数式中用 y 表示，放在等式的左边，也叫因变量/响应变量/回应变量（三种叫法略有差异，不再解释，若你有兴趣可以自己研究）。

对于 y 的研究，我们需要分阶段渐进明细地了解它。

第一步，就是确认 y 的存在，这一阶段的策略就是描述，如案例报道，在描述的过程中，形成对 y 的定义，继而测量（需要注意的是这个 y，并不一定是终点结局，那些可引起共识的终点，在医学中除了死亡，就是伤残；随着人类医学研究的不断发展，y 早已演进为各类离死亡和伤残较远的、上游的，但不加以控制必然会以某种通路引发死亡或伤残的状态特征或指标，此外，在指代相同的问题和指标上，对 y 的数量认知，还常常是被修订的，如人类对血压的认知，以前认为越高越好，后来弗莱明翰研究发现，血压超出正常范围并持续一定时间后，直接引发心脑血管意外事件，还有现在炒得沸沸扬扬的对胆固醇的认识，对于其常态摄入量的界定仍在探究当中）。

第二步，就是找到导致 y 出现的原因，这一阶段的策略就是比较研究，看看出现 y 和不出现 y 的研究对象有什么不同，一是可以横断面上，提出几个怀疑的原因，进行分析比较，判定这些原因的不同是否在当前的 y 上有不同的表现；二是可以回顾性地查看几个怀疑的原因，看看这些原因的不同（研究的原因以外的其他因素，应通过对照设计，做到一致，而只凸显“待研究原因”对 y 的影响或作用），是否导致结局点上 y 的不同，三是前瞻性地观察几个怀疑的原因，在其他因素均衡情况下，查看不同原因组在结局点 y 的出现上是否有不同。而以上，都是被动式地任由现有的环境继续施加对研究对象的影响，在临床研究中，称为观察性研究，其中横断面上的比较研究被称为观察性研究中的描述性研究，而回顾和前瞻式的比较研究则称为观察性研究中的分析性研究。

原因在于，在研究者对引发 y 的因素或原因没有把握和胜算时，只能做一个有目的的观察者。

第三步，假设我们在第二步中，逐步确证了 y 的前因变量（下述的 x），我们就开始进一步明确 y 与前因 x 之间的数量关系，多少前因 x 引发多大的 y 的变化。

第四步，我们需要进一步地扩大研究，验证第三步的发现。

第五步，假设我们已经发现了不少的前因变量 x 可以引发 y 的改变，那么我们将通过比较评价，从所有前因中排列出那些更为高效、经济、便捷的 x 来。

总之，y 是研究的起点，是有价值的因变量，是对某个操作的响应变量，是对某个因素的回应变量。

对于 y 的发现和测量，以及获得更多更好地可以调节 y 变化的前因变量 x，是整个科学研究的核心。

以上对应我们所提出的科学研究的 5 个阶段：描述、解释、预测、控制、评价，具体可参见本系列书籍第一本《逻辑篇》“第 2 章科学研究的 5 个阶段”。

(2) x_i 与 $x_1, x_2, x_3, \cdots, x_n$

有因变量，就有自变量，或者说有一个结果，人们总是要去寻找各种导致结果的原因，这些原因，有的离结果比较近，有的则比较远；有的通过 A 通路改变结果，有的则通过 B 通路改变结果，这些不同的位置(Where)和响应时间(When)，决定了各种治疗或干预方案的效力，和在不同治疗条件下的独特价值。

这个自变量就是函数关系中的 x，也叫解释变量，即对“会出现 y 的原因”的一种解释。

可以说，当明确了 y 时，我们整个研究的目的就是为了发现会带来 y 改变的 x，并发现 x 对 y 的作用机理(物质层：要素、功能)机制(时空层：结构、程序)，进一步地在人工世界里，临摹出 x，植入到反应体中，带来期望的 y 变化。也因此，x 和 y 之间，从本质上来看，首先具有时空轴上的前后承关系，其次，还必须具备“存在属性”上的转换关系，即 x 与 y 之间存在着物质形式、能量形式或信息形式的存在转换；同时具备这两种属性时，或者当人们完成了对这两种属性的研究和回答时，x 与 y 之间的关系才算完全研究透彻。**我们通常把“存在属性”上的研究称为基础研究或机理机制研究；仅对一般的、时空上前后承关系的、尚未深入到事物内部对其存在转换进行存在属性探讨的研究或阶段，可以称为临床研究或者临床发现阶段**。而在数学层面，函数关系只能回答时空上的响应情况，无法解释“存在属性”层面的问题，因此，数学层面的比较、相关或回归必须有“存在属性”上的合理解释，才有临床价值。

面对 y 的结果，不同个体由于变异性，会有不同的反应通路和解释变量 x，因此，在发现、确认、利用 x 的路上，科学之路永无止境，而安全、有效、经济、便捷，是各类 x 参与角逐的竞争法则。

(3) r_i 与 $r_1, r_2, r_3, \cdots, r_m$

我们一般思维中的函数关系(初中时期的函数关系刻板印象)，常常是 $y=f(x)$，而不带 r 的，这种思维适合于了解函数性质，但是在真实世界研究中，尤其是对人及人类社会的研究，对 r 的理解和认知，其重要性有时超过了 x，y 和 f，为什么试验不能重复？为什么在 A 处有效，在 B 处就失去了作用？为什么政策在上海有效，到广州就完全行不通？以及为什么要有对照？都能够从 r 上找到原因。

在对现象的函数关系式表征中，我们将 r 称为限制条件，也可以称为背景条件。

r 是什么?r 是对 y 会造成影响的、我们已知或未知的、但本次研究其不是主角的那些因素，如果将对 y 产生影响的所有因素用 Ω 表示，则 $x_i+r_i=\Omega$；麻烦的是，通常 x 在一次研究中是非常明确的，而 r 往往是无法穷尽的，我们的做法是对于已知的 r 和怀疑的 r 全部纳入管控，管控的方式包括：知悉时，测量＋对照均衡，测量＋亚组分析(以 r 为分类策略，细分研究对象：具体指把 r 作为分类类别不断细分，每组内 r 一致，每组间 r 不一致，需要足够大的样本量，且保证每组的样本容量足够解释一个 r 变量，后续有对样本容量的细致介绍)，对照均衡，剔除；不知悉时，怀疑性剔除，不管控。

对于那些我们知道的 r，无论控制措施上多么困难，总还是有计可施，而对于那些完全不知道的 r，则只好处于失控状态；如果它们不发挥强作用，则对试验结果无碍，如果它们发挥强作用，我们却不知道，则只能在一次次的失控中，逐步发现 r 的存在。这时，如果 r 是可以改变的，就会转换成 x，对其进行研究和利用，而如果 r 是一些难以改变、甚至无法改变的因素(如性别、年龄、种族无法改变，体重、习惯、能力短时间内难以改变)，则可以把它作为分类条件，也即亚组分析的分类原则，进一步将 x 对 y 的效应，在这些分类中进行细分，找到对某一类研究对象来说，效应最佳的 x，这就是当下热门的所谓“精准医疗”的原理。

因此，再次强调，限制条件 r 是一个与干预手段 x 一样重要的因素，两者角色有时可互为转化(可参考本系列书籍第一本《逻辑篇》“第 5 章科学研究的 6 个步骤”之第 1 步的研究假设部分，以增进理解)。

(4) f

f，即约定 r 时，x 与 y 之间的数学关系或函数关系。

首先需要明确的是，这个 f 并不是谁事先制定的，而事实用其数量表现主动呈现给研究者的，在寻找 f 的过程中，数学层面，从零到一的过程，就是在坐标轴上画散点图初步判断 x 与 y 之间的关系，进一步地，用最小二乘法计算方式和线性关系原则，求出能最佳拟合散点图分布的且最好是线性的函数式。

所谓线性关系原则是指，即使是数学家，也希望通过对 x 或 y 的处理(求导，开方，乘方等)，使处理后的 x'，y'之间呈现出简洁的线性关系。而最小二乘法则是针对事实属性，找到那根最佳拟合散点图的曲线时所采用的计算和求解策略。

研究者常常对此环节充满敬畏和臆想，惴惴地交给统计学家，希望其能创造什么意外的惊喜来。其实，事实只且早已存在于在研究者自己设计的试验中和所获得的事实数据中了，而不在别处。数学处理，只是负责临摹出这个已经存在的事实关系而已。

(5) y 与更好的 y

如前文所述，即使是刻画对人类产生影响的 y，我们对其的认知也是在逐步迭代的。迭代的表现有：① 否认或取消现有的 y；② 找到比原来更早或离死亡或伤残更远、在整个转归链的更上游的新的 y；③ 找到比原来与某一具体问题其死亡或伤残结局的关联度更大、更独立地作用于最终结局的 y；④ 改善 y 的测量精度；⑤ 改变 y 的判断体系(重新界定正常和非正常临界)。

而以上变化，作为研究者要淡定看待，并跟踪最新进展，同时严审新的 y 的诞生过程，批判性接受新的 y，而无须抱怨和认知波动或抵触，它的迭代是由于人类对 r 的认知不断修订产生的。不是 y 本身错误，而是对 y 可能产生影响的因素，我们发掘得更全面更深远了，以致当背景知识发生变更时，判断体系必然随之发生变更，这是非常正常的科学知识迭代过程。

3　6W1H 与 *y*, *x*, *r* 及部分延展内容

镜头拉回来，我们继续在 6W1H 的中观层面说说现象，并对 $y=f(x_i \mid r_i)$ 微观层面的认知进行下对标。

在以上的函数式中，显然(图 2.3)：

y，就是这个现象中，最核心的部分 What，是对于 Who 来说有价值的特征。

x_i，就是导致 y 出现的"部分、你在本次研究中要研究"的原因，即上文中的 How。

r_i，则是使得 y 与 x 之间有 f 函数关系的外部条件(前提条件/限制条件)，即上文中的 Where 和 When。

f，则是在 r 的限制下，x 导致 y 变化的本质原因，也就是上文中的 Why 和 Would。

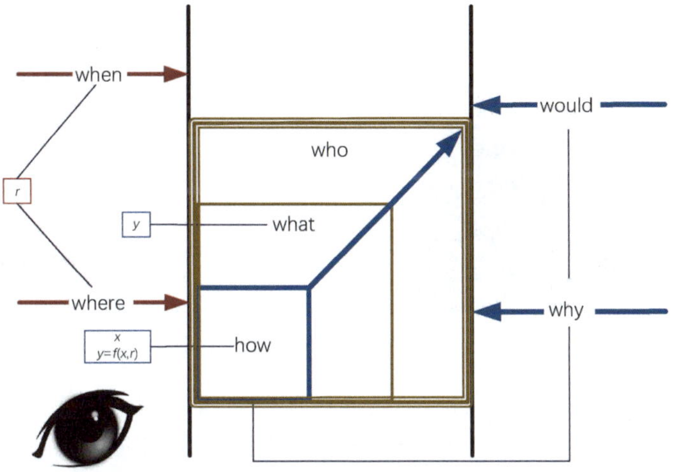

图 2.3　6W1H 与 $y=f(r_1, r_2, r_3, r_4, \cdots, r_m; x_1, x_2, x_3, \cdots, x_n)$的关系逻辑示意图

在这里，你会再次发现 r_i 的重要性：承接上文，假定我们令，出现一个 y 事件或一次 y 现象，其背后各类原因的总和为 Ω，则从理论上来说，$\Omega=x_i+r_i$，那么，这些原因的总和 Ω，在真实世界中，我们可以穷尽吗？我们有必要穷尽吗？我们能够穷尽吗？

第一个，是个哲学限制问题，人类不能超越自己的存在穷极对事物的本质[假定已知 y 的事前情景(包括所有无数的细节)以及一切有关的规律，就能够预言 y 的出现，而实际上，没有一个人知道或者能够知道一切事实和有关的规律，这有关的规律可能包括物理学的、化学的、工程学的、生理学的、心理学的、社会学的规律；人类必须拥有所有关于 y 的规律的知识，以及所有有关的单个事实的知识，才能够算是了解了 Ω 并能够预测 y，然而，现实是，未能了解的显然无边，而已经了解的还可能有错]；第二个，是经济限制问题，人类所持有的资源是有限的，我们更倾向于寻找、发现那些投入产出大的"原因"，对其进行发明、改造成"操作"，来应用，以"扭转和控制"y；第三个，是技术限制和伦理限制问题，即使理论上可以推测某个 x 或者 r 的存在，而且对于 y 来说，这个"原因"产值颇丰，那也得需要人类先在技术手段上实现对 x 和 r 的触摸、测量、物理化外显和控制(x 的物理化，

是人类的智慧外化为科学技术的过程,通过物理化技术化之后的 x,来实现对 y 的自由控制;艾斯:"技术是赋予人的意志以物质形式的一切东西。");此外,即使技术上可行,x 和 r 还要符合当时人类对于生命理解的共同约定等伦理限制问题。

从以上的分析,我们可以发现(图 2.4):其实我们每次的研究,都是在一个非常有限的知识、技术和道德/伦理体系中开展的,我们总是针对某个阶段发现和关心的 y,提出一个基于现有人类认知、经济、技术和伦理限制的 x 假设来,它们对于真相来说,永远都是不够完备的,但是每一次都比上一次更好或者更宽,而且积累的 x 数量,会随着时间的推移越来越多,那么,也就给了我们在控制和改造 y 的手段(许多不同的 x)上的选择权利。

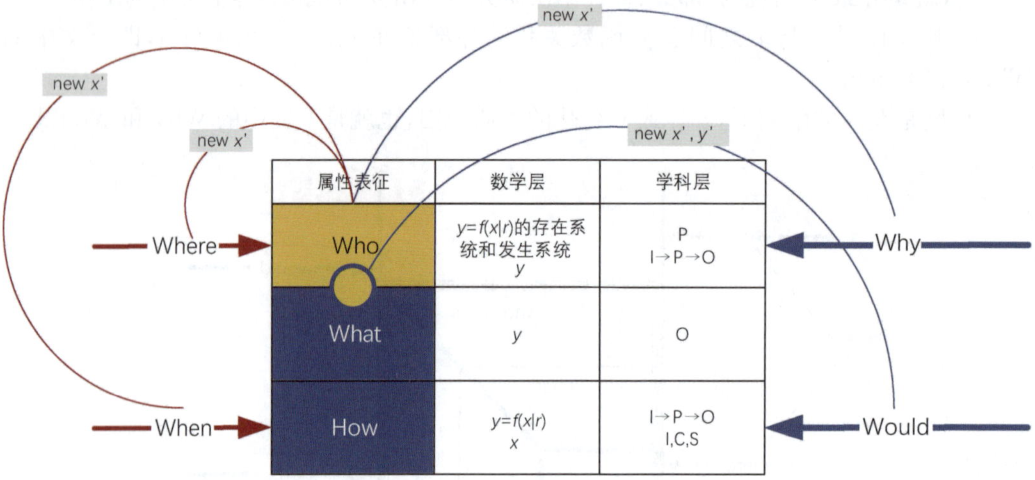

图 2.4　6W1H 的生长逻辑示意图 1

同时,我们意识到事实的复杂性(Ω)是客观存在的,以及我们对其的认知总是绝对有限的,所以,对于那些"可能存在却不知道、知道却无法测量、知道可测却不可用、知道可测可用但本次不准备研究"的 $\Omega-x_i$ 部分,我们用 comparison,对照来解决,这样得以消除"本次要研究的 y 和 x 的反应背景"所产生的不可知、不可测干扰,使得 y 和 x 的关系纯化出来,不断趋近正确和无偏倚。

因此,在研究中,如果要回应 x 对 y 的关系,那么,设置 comparison 对照,既有一种直觉上的逻辑和谐,更是对事实全貌和未知部分的尊重和敬畏,这应该成为研究者根植于内心的一种思维习惯和科学精神。

此外,我们还默认为客观存在的实物和事实,其本质属性的数量值,理论上都是连续的【你可能会说一次交通事故,一次差错,一次抵达,就不是连续的,确实是,但是你一旦逼近事实,去研究发生的时间间隔,时间间隔就变成连续的了,你还会说,在统计中,就有许多的分类变量和等级变量,是的,但那只是为了研究上的便捷,一旦深究,总能找到分类或等级变量在一种同类本质属性上的连续】,为了获得 y 与 x 之间更为精确的关系,精准地模拟 y 与 x 的取值,就成了一个首要的、客观的任务和要求。因此,我们总是在技术手段的发展帮助下,不断使用更为精确的方式[用计量数据(定比、定距)逐步取代计数数据(定类、定序)]来刻画和测量 x 与 y,这就是在研究中,要求研究者对指标的测量手段越先进(更接近属性本质)越精细(更精确度量数值)越好的原因。

有兴趣,你还可以再研究一下图 2.5。

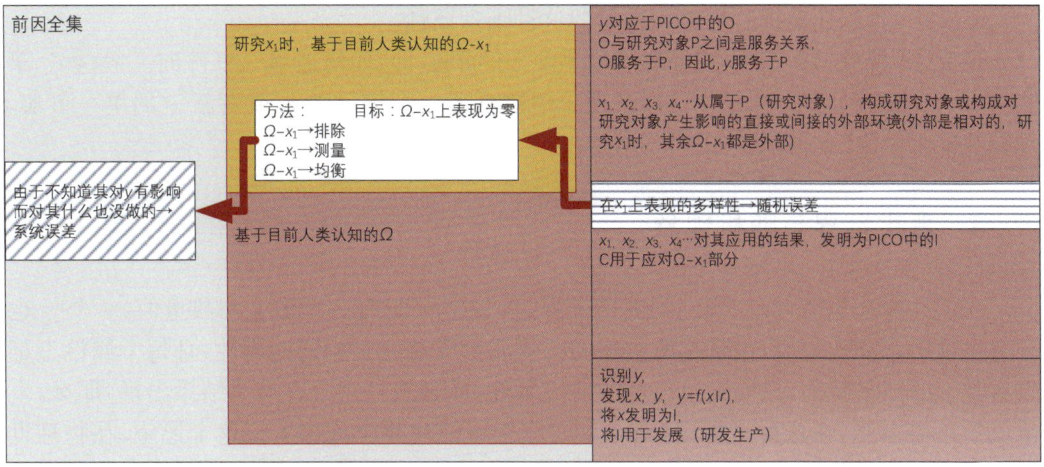

图 2.5　6W1H 的生长逻辑示意图 2

看完第 5 章的发现、发明、发展，可以再返回来看图 2.5，有助于加深理解

文末，引导你来注意和欣赏下数学的三大特征，第一，数学不关心反应体和具体反应背景的存在属性(物质属性)，只关心数量属性和关系属性；第二，数学不关心数量的绝对值，只关心相对值，因而总是通过一切转换得到相对值(各个具体指标，其数值在时间和空间上的相对值，也即位置排列)来进行运算和判断；第三，数学家最喜欢、用得最多的，和常人一样，是加减乘除，因此，在进行各种函数关系求解时，遇到非线性关系的变量，则通过指数、对数、倒数模型转换，来构建转换后变量之间的线性关系。

以上三大特征，大概因为数学家和其他人，以及数学与其他学科的关系是以下这样的(图 2.6)，一对多“映射”下，有个标准统一的翻译和转换器是很重要的。

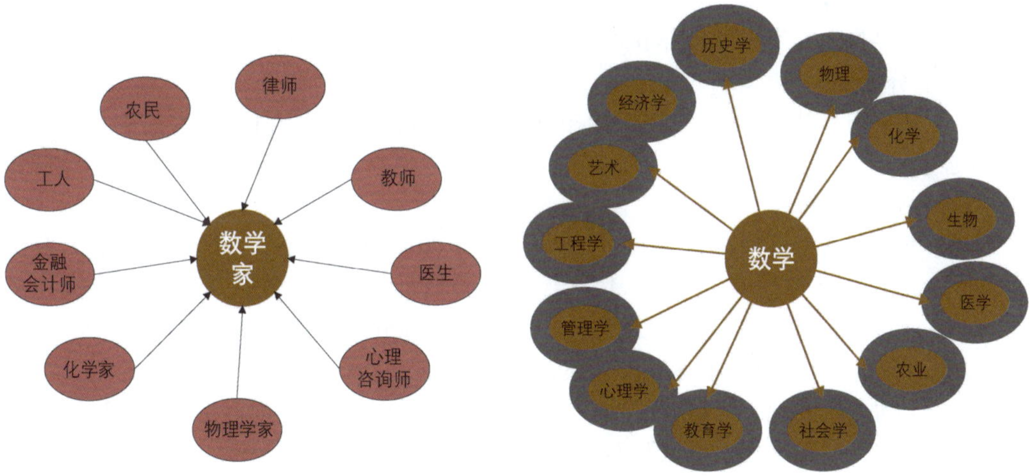

图 2.6　数学家及数学与其他人及学科的关系逻辑示意图

在数量和关系的理性世界里，数学是最纯粹和客观的，不过放在数量和关系之载体的真实世界里，数学剔除存在属性和原始值的特征，又显得些许的冷漠和势利了，这也许就是事物唯理之后，所产生的两面。

下文中，我们还会提到和应用数学的这种唯理属性。

说完了“现象”，回归到上述待解决的第二个问题，即“如何把单一事件向一般(全称)事实(规律)引渡或转换”？假设你已经从现象中抓到了一个提示新 y 或者新 x 的单一事实。现在我们来解决“如何把单一事实过渡到全称事实”的问题。

4 真实世界与随机现象

我们这样来思考，假如我们的真实世界里，一个 x 只有一种形态和数量值，一个 y 也只有一种形态和数量值，也就是所有相同的物质都具有完全相同的属性，且每个属性上都只有唯一的数量特征，只要满足特征的前提条件，就必然且只会有唯一结果出现，那么，事情就简单得多了，在这种世界里，单一事实完全可以代替全称事实。这个愿望，在物理世界宏观层面倒是非常容易被满足的。例如，在条件气压下，所有的水只加热到 100 摄氏度，必然就会沸腾；在条件温度下，铜加入浓硫酸中反应，加水稀释后，必然且唯一地出现蓝色。这种机械的、唯物的、忠实坚定的确定性，委实让我们感到安全和踏实(比如，我们拥有一栋房子，就比拥有一个爱人要更踏实，我们拥抱大自然，就比拥抱工作，要来得更幸福，前者是那么的真实和确定，后者却丰富多态、充满变数)。

然而，在这个以人类生活为核心的有机世界中，确定性现象变得势弱了，呼啸而来的，是诸多的不确定性现象。

于是，从单一事实向全称事实过渡的通路，被无情阻断了。

怎么办?

只好来认识不确定性现象，其中也许藏着确定呢。

果不其然，研究之后，我们高兴地将其改名为了“随机现象”。

随机现象的标准定义①是：

在自然界与生产实践和科学试验中，人们会观察到各种各样的现象，把它们归纳起来，大体上分为两大类。

一类是可预言其结果的，即在保持条件不变的情况下，重复进行试验，其结果总是确定的，必然发生(或必然不发生)。这类现象称为必然现象(inevitable phenomena)或确定性现象(definite phenomena)。

另一类是事前不可预言其结果的，即在保持条件不变的情况下，重复进行试验，其结果未必相同。这类在个别试验中其结果呈现偶然性、不确定性现象，称为随机现象(random phenomena)或不确定性现象(indefinite phenomena)。

重点在于，随机现象或不确定性现象，有如下特点：

在一定的条件实现时，有多种可能的结果发生，事前人们不能预言将出现哪种结果。

对一次或少数几次观察或试验而言，其结果呈现偶然性、不确定性。

但在相同条件下进行大量重复试验时，其试验结果却呈现出某种固有的特定的规律性——频率的稳定性，通常称为随机现象的统计规律性。也称之为伯努利大数定理。

---

① 李勇. 概率论. 北京：北京师范大学出版社，2013.

必然现象与随机现象的关系逻辑见图 2.7。

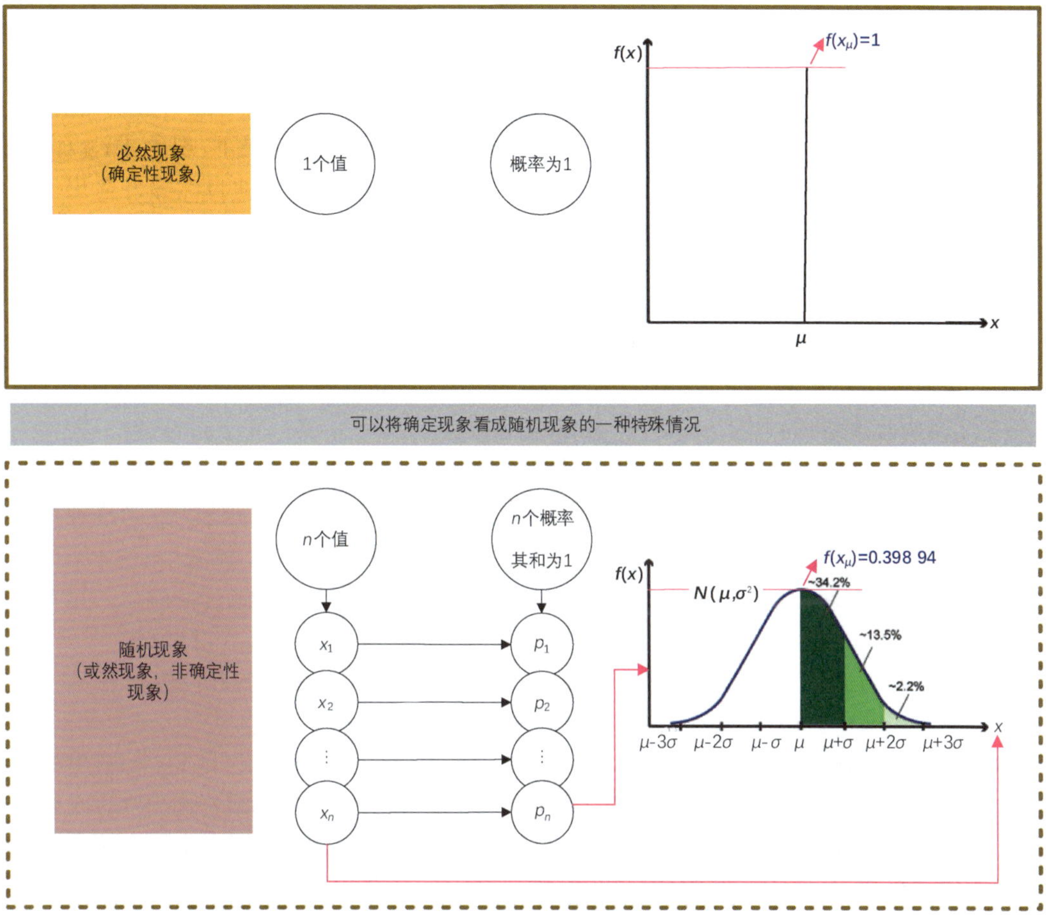

图 2.7　必然现象与随机现象的关系逻辑示意图

(1) 单称、全称、归纳、演绎（认知铺垫）

为了让你对上述内容的认知，能够与标准知识体系进行对标和索引，我们补充一下前文提到过的一些概念及其标准定义。

1) 单称与全称

上文所述单一事实，在科学哲学讨论中，称为单称陈述/事实。

上文所述一般事实，在科学哲学讨论中，称为全称规律/事实。

在卡尔纳普（Rudolf Carnap，美国，1891. 5. 18—1970. 9. 14）的《科学哲学导论》（*An Introduction to the Philosophy of Science*，1974）一书中，是这样定义单称陈述/事实和全称规律/事实的：

某一个指定的、单一的时间和地点，陈述这一时间与地点里有某一事情发生，这种关于单一事实的陈述，我们称为单称陈述，我们所有的知识都起源于单称陈述（以下我们用“单称事实”来指代卡尔纳普的“单称陈述”），即起源于对特殊个体的特殊观察（卡尔纳普说：在科学哲学中,一个重大的、令人困惑的问题乃是我们怎样能够从这样的单称陈述出发到达全称规律的断言;休谟诘难所说的也是这个问题;而关于单称事实,就是我们前文所说的现象及其内容物;物理学家康普顿说,现象,并不被看作是通向真理的线索,但,我们似乎没有任何别的线索)。

如果一种规则性,毫无例外地,在所有的时间和所有的地方都被观察到,则这种规则性被称为"全称规律",一个日常生活的例子是,所有的冰,都是冷的。与之对应的,在简单的情况下/现象中(确定性现象),只有一个规律;但在比较复杂的情况下/现象中(随机性现象),则可能包含许多规律的集合,这多种规律及其之间的相互作用,使自然界外显出一种随机性(正态分布),对随机性的理论刻画/抽象刻画/归纳/临摹,称为统计规律;在不知道全称规律(指其中的每一条全称规律,或者所有全称规律及其之间的相关作用的明确定量总和)的情况下,统计规律(真实世界中,对现象/单称事实/单称陈述进行观察而得到的,是对真实世界某一效应被多种规律所影响而呈现出来的随机性的一种客观描述,即下文中的各类总体分布,数学家直接用函数式和坐标系对复合现象或随机现象进行数量化临摹与可视化外显)常常是唯一有效的解释类型。

2) 归纳与演绎

事先,从对【个别事实的直接观察】开始(没有什么其他的东西是可观察的,一种规律性是不能直接观察的),当许多观察被互相比较(事物之间的关系属性),规律性才得以被发现,这些规律性用"规律"这一陈述来表达,它是人的认知对现象背后的决定因素(即全称规律和统计规律)的发现、归纳、猜想和描述(也即我们下文将要说到的分布,依然是对大自然无限逼真的临摹而已),是对这种确定性和随机性的临摹或理想刻画(在科学中以及在日常生活中,规律服务于【用于解释已经知道的事实】以及【预言尚未知道的事实】)。这个阶段就是科学研究活动的【归纳】阶段,旨在从一定数量的单称事实中,提炼出一个【全称规律或统计规律】来。

事后,由大自然(包括人类社会)自然展露或由科学家、试验者自行设计(演绎推理)出的蕴涵全称规律或统计规律的【事实表现】,也即我们所观察到的有选择(观察性试验)的或有预谋(干预性试验)的单称事实。这个阶段就是科学研究活动的【演绎】阶段,**旨在检验由归纳提出的假说规律**;具体指按照假设规律,经由研究设计演绎出具体试验过程或时空现象,判断其呈现出的【后承单称事实】与归纳假说之间的关系(证实或推翻,其中,事实如何检验规律或规律如何覆盖事实,以及如何从定量层面对此过程进行判定,是下文第三支路概率论与数理统计要解决的问题),以修正、完善归纳假说,包括修正、完善提出归纳假说的【思维与认知过程】。

简言之,人类整个认知过程,具体分为"a) 观察—b)c) 归纳—d) 演绎—e)f) 判断",四个阶段。

a) 以【观察及其所得】作为【"假定既真且全"的】事实依据。

b) 以【思维认识和归纳过程】作为【"假定既为真且确切"的提炼事实中规律的】认知过程。

c) 以【归纳提出的假设】作为【"假定为真"的】规律前提。

d) 以假说规律为前提而演绎设计出的【新一轮观察活动或试验活动】作为【"假定为真"的】检验过程。

e) 以【检验过程生成的事实结果】作为【"假定为真"的】判断依据。

f) 以【新事实结果】作为参照系,对【归纳假说可指代或蕴涵的事实】进行判断,得出归纳假说是否为真的结论。

这其中,每一步前进,都是基于前一步"确系为真"的前提;也因此,一旦完成最后的判断，研究者对判断结果进行反思时，必须对四个阶段中是否"确系为真"的每个决策节点逐一进行反思，是否有错误和偏倚在其中，其对最后结果的判断造成了什么影响。

以上单称、全称、归纳、演绎，即指明了科学研究的实质内涵和实施程序。

3）单称、全称、归纳、演绎

需要注意的是，由于统计规律本身也是一种对现实现象/单称事实的抽象归纳和描述，代表着复合的理论规律和理论总体，其在属性上与全称规律完全一致，是科学理论世界的构成单元，只是与全称规律一起分别对应着两种不同的现象或事实；同时，这两种不同的现象，在真实世界中主要是以复合的随机性现象存在，且理论物理科学家对于随机性现象统计规律的最小构成单元，量子力学，其运行规律也认为是统计的，也即确定性现象，也许只是一种思维上的理解方便，它也许既不是最小构成单元，也不是一种客观存在，而仅仅是认知时一种思维上的便利性要求和处理。因此，**我们下文，将卡尔纳普的统计规律和全称规律，统一合并为全称事实/全称规律**，其中，可进一步根据需要分为确定性现象的全称规律和随机性现象的全称规律，代表着科学理论世界对真实经验世界的一种"真理必然存在且是如何"的抽象刻画，以便于理解和应用。

在此定义下，显然，单称陈述/事实和全称规律/事实之间，有一个随机不确定、但又收敛于某个数量值的决定关系，这个数量值自然是在0到1之间的。

那么，真实世界如此多的单称事实，

第一，我们要选什么样的单称事实来完成向全称事实的引渡[它引出了"任一单称事实用于表征全称事实时，单称事实与理论总体/真相/真值之间的客观差距"，具体指：① 统计学中最后判断结果准确性的α值和其代表的假设为真的概率$(1-\alpha)$，β值和其代表的假设为真的概率$(1-\beta)$；② 用α，β来表征的、真实世界将被抽中的单称事件，其与理论世界总体之间的差距（抽样误差），③ 在抽样误差（绝对值）及α，β被事先约定时，应按照什么抽样原则、抽取多少个单称事实，方可实现用α、β、抽样误差加实际得到的单称事实的统计量，来表征理论总体/真相/真值?]？即下述"第三支路"中的"随机现象"和"概率论"。

第二，这个收敛的数值，它是由什么决定的？[它代表了人类对某一事实发生的主观信度，即下文的确定度和后来统计学中的$(1-\alpha)$和$(1-\beta)$即某个事实为真的把握度，这个事实可以是研究假设$H_1(1-\beta)$，也可以是研究假设的补集$H_0(1-\alpha)$]它有什么作用？我们要如何去表征它？即下述"第一支路"中的"确证度"和"第三支路"中的"α与$(1-\alpha)$""β与$(1-\beta)$"。

以上两个问题，我们可以认为是概率论与数理统计的哲学基础。

事情发展至此，科学家们开始朝三个方向上迈进。

第一支路（归纳逻辑，或者概率归纳逻辑），他们继续走在了"归纳探究"的路上，具体指，继续研究从单称事实归纳出来的想要代表全称事实的结论，这种逻辑蕴含，到底是什么？它和客观事实之间的关系，既然不可能是1了，那么这个接近的程度有多少？如何表征这个程度？能否计算这个程度？这种归纳，对于人类来说到底意味着什么？一旦将归纳程序清晰化，归纳过程定量化，人类是否可以制造出一台归纳机器？如德摩根、耶方斯（他说：如果不把归纳方法建立于概率论，那么，要恰当地阐释它们便是不可能的）、凯恩斯（他说：假设任一命题集合组成前提h，任一命题集合组成结论a，若由知识h证实a的合理逻辑信度为α，我们称a和h间的"概率关系"的量度为α，记作$a/h=\alpha$）、赖辛巴哈、卡尔纳普[他说：一个假说为一给定证据所确证的概念，提供一个精确的定量刻画，证据e对假说h的逻辑确证度是r，表达式是$c(h,e)=r$]，以及后续许多的概率派归纳逻辑研究者（认知科学和人工智能）。概率派归纳主义的讨论虽然冗长，但是这种严苛和逻辑上的严密，带来数学检验上的进步，并引出了以下“第三支路”的 α 值和 β 值；而这一支路当下，正朝着人工智能的方向奔去，归纳机器或可成真，人类进化出的归纳能力及自我意识，或可被复制和移植。

第二支路（科学研究方法论），他们坚定地记得自己探讨归纳，是在研究“如何获得知识或者如何开展科学研究”的路上出现的命题。既然由于客观事实的随机性，而导致单称事实不能直接归纳为知识，也即归纳不能够产生知识，那么，归纳产生的（结论）是什么？归纳在整个科学知识的生成体系中，到底处于何种物理上的位置（关于归纳“物理位置”的研究进展：对科学研究的阶段，以“归纳形成猜想”为分水岭，将科学研究的整个过程，分为“科学发现阶段”和“科学证明阶段”，下文中有直接使用这两个概念，由于概念的名称自明性很好，就不再过多解释）？以及具备何种价值上的位置（关于归纳“价值位置”的研究进展：对事实之间逻辑蕴含程度的判断，后来由对推理程序的判断而取代，即具体事实之间的逻辑蕴含是无法标准化的：但是他们都遵循一样的推理程序，我们应该调整思维，把对逻辑关系的蕴含转移到对推理程序的判断上来，只要生成假设的程序是科学的，那么这个结论的科学性问题也就自然迎刃而解了，而这个程序的完备性是有望可以计算的，这就是后来的“科学推理研究的程序范式”，目前，这种基于科学推理研究的程序范式正在兴起）？归纳不能产生知识，那么接下来，如何产生知识？科学研究应如何开展？如波普尔、拉卡托斯、库恩、弗耶阿本德等，且逐步形成了一些稳健的方法论观点和认识（当前主要集中在，如何从宏观层面观察人们检验结论更迭知识的做法，以及尝试引导更为积极高效的做法加快科学知识的新陈代谢）。然而，无论是科学发现阶段，还是科学证明阶段，方法论都只是操作程序上的描述，在获取数据的过程中和拿到数据分析时，我们总不能“想用什么测就用什么测”“想怎么测就怎么测”，拿到数据后，我们也不能凭肉眼观察，就各自做出论断（瞎挑测量工具随便一测未尝不可，那么测量数据和实际真值之间的不可知差距，你就要能接受，但同行肯定不接受；拿起数字大眼一瞄两组是不是一样或者画画散点图仔细一看两个变量之间是否呈现出线性关系即下个论断也未尝不可，问题在于，不明确界定“是多少和就怎样”的标准，你就没有办法与和自己以外的人交流，而这个标准正是本次研究的单称事实与它“妈妈”全称事实之间的关系），总得有人建立一套在数字/数学/定量层面的操作程序和界定标准。我们该如何在数字层面的“唯理世界”里，应对和处理“真实世界”随机性问题的科学证明程序？测量环节，也即数据的采集环节，由测量的相关技术和评判规则来解决（即测量工具的信效度评价及测量过程的质量控制，在本系列书籍第一本《逻辑篇》中已有较为细致的描述）；而数据的前期选择［因为事实随机，加上试验抽样，从时间序列上来看，整个过程就会产生取样时的“试验抽样误差”＋采集时的“事实随机误差”，但数学上无法照顾测量或采集环节的测量随机误差，前文已述，有其他技术准则来解决这个问题。数学集中处理抽样样本与总体之间的误差，即抽样误差（它的最大值与客观事实之间的函数关系是明确的），首先，确定原始假设 H_0（零假设）其出现的可能性是多少？即 $1-\alpha$，如实际并未出现，则认为犯错，其概率为 α；同时规定出现对立事件 H_1（研究假设）的可能性是多少？即 $1-\beta$，如实际并未出现，则认为犯错，其概率为 β。当约定好 α、β 及容许抽样误差的绝对值，根据抽样误差与各参数及特征量的函数关系，即可计算出最小样本量］、后续处理（数据存储和清洗等，在《逻辑篇》也有详细的介绍）及分析判断［明确研究假设（包含 H_0 与 H_1），选择与研究假设属性一致（各种特征量，有集中量，差异量，相关量，分布量，回归参数【先做相关量和差异量分析，再做回归参数分析】，且就这 5 种，没有第 6 种了）及数据数量特征匹配的数学模型（由数学家刻画的分布表），包括总体分布模型和抽样分布模型，计算出待检验的样本统计量的标准值（使用数学模型中的函数关系式），即检验统计量［① 统计量是对所有待检验测量值的集中表现，② 数学家刻画的是标准转化后的数学模型，因此，样本统计量要进一步标准转换为统计量的检验值（即检验统计量），③ 数学中，对“统计量绝对值”进行标准化转换为“统计量相对的检验用值”的习惯及原因，上文已有铺垫］，这时，把统计量检验值（其实是个位置值）往研究假设的坐标系【其实你看的是个分布表】里一放，看看横坐标上“待判决的统计量检验值”【设为 A】在上述“约定 α 值处的取值”【α 分位点，设

为 B】的什么位置及对应的 p 值，如果 A 跑到 B 的极左侧或极右侧区域去了，那就是置否区域，A、B 不是一路值，H_0 假设被否决，这个可能性为 $1-p$，相反，那就是置信区域，则认为 A、B 可能是一路值，H_0 假设被接受这个可能性为 $1-p$]，则由以下“第三支路”来解决（这里顺势给出了整个逻辑推理的全部过程，下文相应位置会进一步给出函数关系式，来帮助你加深印象，促进理解）。

第三支路（概率论与数理统计），他们直面产生困境的本质，即现象/事实/属性的随机性，于是开始对这种事物的丰富多态和不确定性的本质进行探究，并寻找解决方案。如柯尔莫格洛夫（概率公理）、泊松（泊松分布）、伯努利（伯努利试验、伯努利大数定律）、高斯（正态分布）、费希尔（α，$1-\alpha$，置信区间，$\alpha=0.05$）、皮尔逊（假设检验）、奈曼（α，β）、车比雪夫（车比雪夫不等式）、马尔可夫（马尔可夫链）等，并发展出了今天的概率论与数理统计（其中，基于贝叶斯概率公式的贝叶斯统计范式正在兴起，核心是反对总体真值的存在，而将所取得的样本值认为就是总体，带来的变化是对 β 的处理方式）。

下面，我们来图示（图 2.8）一下归纳和演绎在“科学发现”和“科学证明”两个阶段里的作用，作为对上述“第二支路”内容的补充，并引出“第三支路”的内容。

最后，关于归纳和演绎，尤其是归纳，我们说一些经验类或原则性的内容，供你从感性层面，回味下其中的道理。

关于“作为科学家或者研究者，应采取归纳的态度以大胆形成猜想/假设”，数学家波利亚在其《数学与猜想：数学中的归纳和类比》（*Mathematics and Plausible Reasoning: Introduction and Analogy in Mathematics*，1954）一书中这样描述（极力推荐你买来阅读，书中数学家的明确清晰和教育学家的风趣率真，交相辉映而熠熠闪光，令人手不释卷）：

【在我们的个人生活中，我们常常抱住一些幻想不放，也就是说，我们不敢检验某些易于为经验所否定的信念，因为我们生怕失去这种信念后，会扰乱我们感情上的平衡。能在有些情况下抱一些幻想并非是不明智的，但是在科学上，我们却需要一种完全不同的态度，即采取归纳的态度。**这种态度的目的在于，使我们的信念尽可能有效地适应于经验。这就要求把事实摆在一定的优先地位，要求随时准备把观察结果提高为一般性的原则，并随时准备根据具体观察的结果对最高的一般性原则进行修正，这要求以成千种不同的意义来说“可能”和“也许”这样的话，这还要求许多其他东西，特别是下述三点。**

第一，我们应当随时准备修正我们的任何一个信念。

第二，如果有一种理由非使我们改变信念不可，我们就应当改变这一信念。

第三，如果没有某种充分的理由，我们不应当轻率地改变一个信念。

这几点听上去是非常平凡的，然而要实行起来，却需要有相当不寻常的品质。

第一点需要有“理智上的勇气”，你需要有胆量修正你的信念，伽利略，他敢于向他同时代的偏见和权威亚里士多德挑战，就是理智勇气的伟大典范。

第二点需要有“理智上的诚实”，坚持自己那个显然与经验相抵触的猜想，就因为它正是我的猜想而坚持它，那将是不诚实的。

第三点需要有“明智的克制”，如果不经过认真的考察，譬如，仅仅为了追求时髦，就改变一个信念，那将是愚蠢的。然而我们既没有时间也没有力量去认真考察我们所有的信念，因此，明智的态度是继续做我们该做的事情，暂时先保留我们的问题，只对那些有足够理由可能改变的信念，才去积极地对它质疑、考察。“不轻信任何事情，但只探究那些值得探究的问题。”

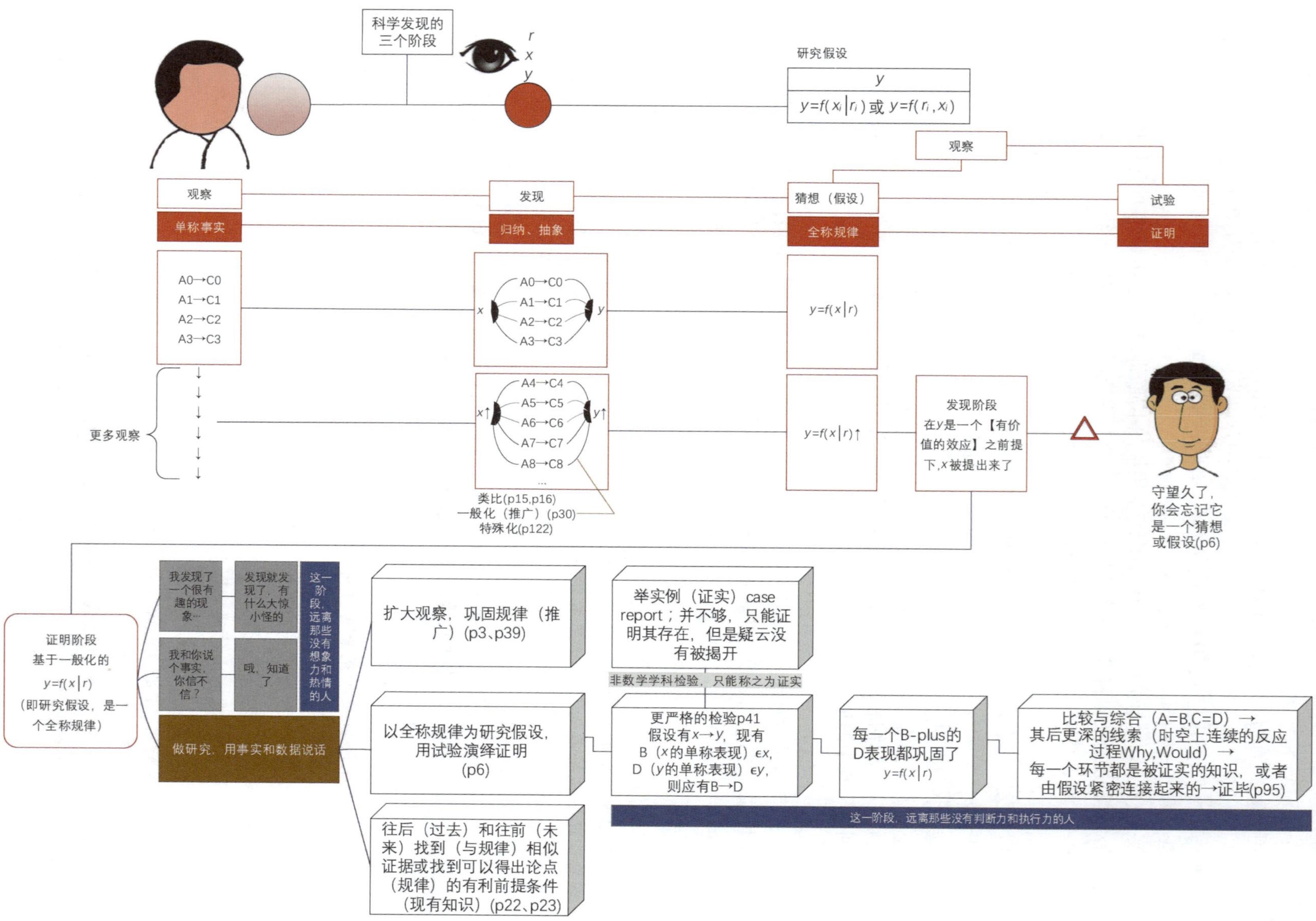

图 2.8　归纳推理与演绎推理的逻辑示意图

p3 是指：G. 波利亚. 数学与猜想：数学中的归纳和类比(第一卷). 李心灿译. 北京：科学出版社，2006：3；其他“p＋数字”的均以此类推，都能在该书对应的页码找到上述内容的原始出处

“理智上的勇气”“理智上的诚实”和“明智的克制”，这是科学家应有的道德品质。】

以上是主观经验，那么什么样的归纳过程(action)是效度高的呢？或者由归纳诞生的猜想或假设(output)，是否有个评判的标准抑或一种综合的描述，让我们邂逅猜想和假设时，能够有个快速的判定呢？

哲学家和逻辑学家奎因在《信念网》(第二版)[*The Web of Belief* (*2nd edition*)]中是这样描述“假说”的面貌的：

【在奎因看来，人们不能仅仅根据证据与理论是否相一致就决定哪个理论更好，观察证据不是理论评价的唯一标准，对科学理论的评价必须考察许多其他因素。奎因认为，除了经验观察与理论一致之外，合理可接受的科学理论还应具备下述六个优点，也即六个比较评价的标准。

保守性：科学假说应尽可能与人们已有的信念保持一致。“为了说明事件，必须构造假说，这个假说可能不得不与我们已有的某些信念相冲突，但冲突越小越好。接受一个假说和接受任何信念一样，它要拒斥任何与之相冲突的东西。一个假说要求拒斥的已有信念越少，它就越合理——假如其他方面相同。”

温和性：科学假说应在逻辑含义上更弱或它假定的事件更为常见。“如果一个假说在逻辑含义上比另一个更弱，即如果它被另一假说蕴含而不蕴含另一假说，则它比另一假说更平凡，也即它假定已发生的事件更为常见，更为人们熟知，因而也更为人们所期待，那么，这个假说就更温和。”

简单性：奎因认为简单性是一个重要的合理性标准，但它是主观的，它取决于我们的语言结构和词汇，它本身不反映自然的结构，所以给简单性下一个确切的定义相当困难。奎因只给出简单性标准和理论的观察标准的区别：“观察用于检验已被采纳的假说，而简单性则促使采纳这些假说用于检验。并且，决定性的观察通常会拖延很久或完全不可能，而至少在这个范围内，简单性是最终裁决者。”奎因强调简单性比保守性更重要，他说，“当简单性和保守性主导相反的方案时，自觉的方法论裁决总是支持简单性的。”

普遍性：某个假说所适用的范围越大，它就越普遍。普遍性是一种重要的合理性标准，因为，“一个假说的合理性主要取决于它在多大程度上与我们随机地处于世界中的观察者保持一致。奇怪的巧合经常发生，但它们不能作为构成合理假说的材料。我们据以说明当前观察的假说越普遍，这种观察就越不会属于某种巧合。因为这第四个优点在某种程度上具有产生合理性的力量”。

可反驳性：必须有某种可设想的事件，它将构成对一个合理假说的反驳。不具有可反驳性的假说不会是合理的，因为它事实上不蕴涵任何东西，也不为任何东西所确认，它只具有零内容(永远正确的空话，永远伟正光的道理)。

精确性：假如一个假说的预测，仅仅是由于无关的原因偶然被证实为真，那么这只是一个巧合。一个假说越精确，出现这种巧合的可能性就越小，假说由预测成功而得到的支持就越强。所以，精确性也是增加假说合理性的一种方式。】

以上判断原则，为后续在数理验证层面检验假设时，采用反证法做好了逻辑审核和思考铺垫。

(2) 随机性、确证度和α、β(逻辑思考)

前面说过,真实世界的事件和现象的随机性,使得科学活动对事实和真理的探究变得复杂。

然而,如果这就是事实本身的属性,我们也只能义无反顾地去研究它、刻画它和模拟它,以致无限接近它。

前述我们在从单一事实归纳出全称事实时,停了下来,下面继续推进。

现象随机性质的客观存在,使得我们不能将单一事实直接归纳为全称事实式的结论,于是只好将这归纳出的结论"悬挂"起来,而作为一种猜想和假设"提出",那么接下来,我们不妨用常人思维想一想,如何论证这假设?以下分直接论证和间接论证来一一阐述。

1) 直接论证层面

显然很容易且自然想到的办法有:

第一,继续观察,收集同类单称事实,这是个不错的办法,但是耗时耗力,需要等待,此外,还有两个重要的逻辑弊病。

首先,这现象是复合的,你如何能做到在不介入前提下,获得清晰的对预期单称事实的刻画?具体指y能否测得准?其他的x在不在?r又是什么?

其次,观察多少次才算够,前面已经说过,这个过程是没有尽头的,最终也得不出目前收集的证据到底多大程度上可以证实全称事实本身,也即上文中凯恩斯的α和卡尔纳普的r是计算不出来的。放在经验世界里,你倒是可以自己"估想"或者"估算"一下,自己给个值自己反复检验后(这就是常人决策的贝叶斯过程,自己给β值,根据事实不断修正β)认可就能过关,而且现实生活中,我们也确实经常使用这样一句话"我对这事的把握程度是多大?"(请问,"我认为发生的可能性有多大?"里面包含了什么?)放在科学世界,你的证实过程,只能做一下案例报告公布于众,而无法以明确的数据示人。

第二,你可能会想到主动检验,也即假定这结论是成立的,令其为后续验证的前提条件,那么我只要按照前述现象的实际情况,把发生过程(也即让x,r,y在特定环境中运行一遍)模拟一遍,看是否会出现前提条件中申明的结果(y)不就行了吗?如果出现,那么,从直觉上,我们就会认定这个$y=f(x\mid r)$的关系是客观存在的,如果有多数人来重复验证,那么,每一次证实都是对结论的肯定(在物理现象中,对于结论可以预测的现象,只要一次观察就足够证实了,因为是单纯的确定性现象,如爱因斯坦广义相对论预测的引力波和狭义相对论预测的水星近日点)。这样做,直觉上就觉得是对的。但也有两个重要的逻辑弊病。

首先,其验证同样存在不完备的情况,在全称事实面前,多少次的单称事实都是部分的,那么,验证多少次才算是通过?回答是,确实只能在路上,任何事实,基于它们推理得出的过程["a) 观察—b)c) 归纳—d) 演绎—e)f) 判断"],我们可以看到,它都只是部分成立的,自然是随时可能被推翻的。不过,很好,在科学界里,我们已经正视这个事实了,并认为这就是科学知识的本质,它给我们力量,也让我们敬畏,更吸引我们不断与真理对话,如波利亚所说,我们要随时根据新证据修正自己的信念,我们也同样从科学知识的不完备中,获得了不断发现新事实的钻石时刻,这就是科学研究的迷人之处。(而世人却只想要一个一劳永逸的、一蹴而就的、关于这个世界的永真答案，并因为这样的情感需求，而选择抵触科学、亲近伪科学；事实是，答案也许永远都是不确定的，但是获得答案的过程，目前来说是稳健的，它在数学上的明确和操作上的透明，是自由思想可获得自由答案的前提保障。作为科学工作者，只有领悟了科学决策的整个过程，才能真正获得思想上的自由，去自己喜欢的领域，斩获自己感兴趣的答案。）

其次，既然注定是一次不完备的检验，难道我们就满足于这种未收敛的结果状态吗？我们如何对自己的检验过程进行一个精确定量的刻画？我们至少可以尝试回答自己离真理有多远吧？能否做到？回答是，可以近似地做到，在上述"第二支路"和"第三支路"中，我们已经有了一些过程上的介绍和刻画，下文，我们将继续从"定量得以实现的底层原理"上进行逐一介绍。

这里，你可以先对答案有个框架性的认知，即上述"第三支路"中的 $1-\alpha$ 用于表征拒绝研究假设（就是研究者提出的研究假设）时，对这一决策的把握度大小或者这一决策为正确的可能性大小，$1-\beta$ 用于表征接受研究假设时，对这一决策的把握度大小或者这一决策为正确的可能性大小，抽样误差（实际抽样误差，抽样平均误差，抽样极限误差）则反映单称事实和全称事实之间的绝对值差距。下文具体阅读时，可再返回校验此处的内容。

还有第三种吗？可以自己想了试试。

2）间接论证层面

显然也能从常人思维很快想到以下两点。

首先，时间轴上向结论的上游推，有他人也观察到和我所述单称事实一样的事件，具体说明是谁？什么时候？怎么一样或者近似？

其次，时间轴上向结论的下游推，已有在这个结论成立下推理出的新结论目前已被证明是成立的，或者已有在这个结论成立下推理出的新事实被报道观察到了，具体说明，这一结论或者事实是什么？怎么样？怎么从你要论证的结论中推导出来？（这两种间接论证，就是我们在行文写作时，讨论部分的核心内容，但奇怪的是，许多作者在此处，有时过于拘谨，不知说什么好，就把结果再说一遍；有时过于豪放，逻辑关系早已断裂，超出待检验的结论在论证。具体如何写作讨论部分，在本系列书籍第一本《逻辑篇》也有较为丰富的介绍，你不妨阅读此段后，才返回去阅读那段比较综合的描述，是否能够形成更为整体和深刻的印象。）

下面开始逐一回答"定量得以实现的底层原理"。

第3章 什么是论证与证明：概率论与数理统计(数学决策)

1 常人思维论证研究假设

行至此，假定我们已经提出了一个研究假设，是关于 $y=f(x_i \mid r_i)$ 的，如在 r_1，r_2，r_3 等关于研究对象的内部及外部时间与空间限制条件[对研究对象进行定义 r_1，进一步确定满足 r_1(诊断标准)前提下，予以纳入的2次前提条件 r_2(纳入标准)，根据需要在约定的纳入条件 r_2 中，进一步限定一旦出现 r_3(排除标准)的前提条件时则予以剔除，通过一组明确的条件，让研究对象得以清晰的呈现]下，有 x_1(在 x_1 对研究对象产生影响，而出现 y 效应时，可能还有一些其他的影响因素，你怀疑也会对 y 产生影响，它们可以是次要的 x，也可以是 r，总之是会对 y 产生影响的因素，此时，建议全面地思考与盘点那些在本次试验中可能会对 y 产生影响而干扰分析 x 对于 y 的作用的因素，进一步地，查看是需要研究的，还是需要屏蔽的，如果是放在 X 研究因素中，则需要像对待 x 一样认真地测量和记录，如果不是要研究的因素，而是需要屏蔽的干扰因素，则放在 R 中，通过设置纳入排除条件、随机抽样、随机分配、亚组设置、实际测量、对照设置来对其作用进行屏蔽、测量或均衡)，作用于研究对象 P(patient)时，研究对象的 y 将会发生一定的变化，如 y 的指标测量值会发生明确的变化，或者 y 的分类分组(可能是0-1，或者是1-2-3-4-5类的等级数据)中占比会发生明确的变化，或者 y 的分布会发生明确的变化等。总之，这些变化与研究者猜测的 x 对 y 的作用有关，具体是哪一类的变化取决于实际的研究问题。

现在，为了证明这一假设，我们来展开一系列的论证工作。

首先，研究者的假设肯定是针对符合其约定条件的全部研究对象的，而不是某个研究者哪一天哪一次试验的研究对象才有效，简言之，这个假设是作为一个全称规律而普遍存在的。而我们的论证工作发生在真实世界里，无论如何努力，面对浩瀚的期望的研究对象总体，我们注定只能取一瓢饮。

为了让这一瓢饮对脑海中的一江水有代表性，我们会时常将“简单随机抽样”这个要求挂在嘴边，然而，这并非是一句空头承诺，而是整个概率论与数理统计的系列定理发挥作用的前提条件(而在临床试验中，“简单随机抽样”不知为何被神化成一种恐怖的硬性约定，人人恐不胜恐，却极少有人按照约定办事)，此时，我们遵照简单随机抽样原则，在研究对象存在的空间中，在研究者可及的范围内，进行简单随机抽样(每一个符合“纳入研究条件”的研究对象，都有均等的概率被抽取并纳入研究)，随即我们获得了一批研究对象的 y_1，y_2 值(试验前后分别测量并分别记为 y_1、y_2，其中的 x 干预和测量等，略去不细究)。

不过，需要特别说明的是，为了数学推理(数学中习惯于把待研究的、未知的用 x 表示)上的方便和直觉上的和谐，本章后续内容中，我们不得不将此处的 y 换成 x 来指代，因此，你在下文看到的所有 x 的描述都是在指代因变量/效应指标 y。

[关于简单随机抽样：简单随机抽样(simple random sampling)，从总体 N 个单位(元素)中随机地抽取 n 个单位作为样本，使得总体中每一个元素都有相同的机会(概率)被抽中；抽取元素的具体方法有重复抽样和不重复抽样：前者指每次抽出一个个体后，这个个体应反置回原总体；后者指每次抽出的个体不反置回原总体。对于无限总体，反置与否都可保证各个体被抽到的机会相等。对于有限总体，就应该采取反置抽样，否则各个个体被抽到的机会就不相等。简单随机样本(simple random sample)：由简单随机抽样形成的样本，从总体 N 个单位中随机地抽取 n 个单位作为样本，使得每一个容量为 n 的样本都有相同机会(概率)被抽中，参数估计和假设检验所依据的主要是简单随机样本。]

面对这些数据，我们的论证活动开始了。

第一个问题，如何看这些数据，也即如何统计分析这些数据？这是描述统计中的核心内容。

第二个问题，这一次的单称事实是否能代表其所在总体(一瓢饮和一江水的问题，这其实应该在研究前回应，为了叙述的便利性，我们从这一步开始细究)？毕竟单称事实只是全称总体的一个部分，而其代表性极大地影响着研究结果后续推广的结局，是否会出现与本次试验一致的结果？而更为重要的是，这一次的单称样本事实，将代表其所在总体，对研究假设进行判决、判定和回应，如果研究者因为不谨慎而取了一次不能代表其所在总体的单称样本(且没有明确交代实际取样的过程或者本次研究样本，到底代表了哪些特征的数据携带者/研究对象/特征量载体，那么对本次已发生试验的进一步挖掘和回收再利用，都成为困难)，并且依据该批单称样本值对研究假设做出了肯定或者否定的判断(或者不是干预性试验而是横断面调查，但是研究者将本次有偏颇的研究结果用于本次样本不能代表的总体事实的未来相关决策)，那么，这样的单次试验，简直就是一场灾难，造成了对事先研究假设的误判(这个不谨慎是由两个原因造成的，一是没有尊重简单随机抽样，出现了较大的偏倚；二是取得样本数量不足以代表其所在总体，出现较大的偏倚)。

第三个问题，针对你提出来的研究假设，这试验样本上的单称表现，到底如何评价或看待你的研究假设(甜不甜，尝一下就知道，现在是尝了一个，那到底我的甜和你的甜是不是一回事？对这次尝试的判定，是否能用于对下一次尝试的预测？在随机世界里，即使是同一批总体，都是多态分布的，更不要说，用不同的总体来判决一个结论)？

以下我们跟着图 3.1，逐一来论证。

关于第一个问题，如何对试验样本数据进行初步的统计分析，我们不准备在此处过多探讨，而将其具体内容放在本章"7 三个关于"中供你自行阅读，这里，简言之，数学家给出了一系列可以对数据进行统计归纳、进而得出样本整体特征量的【定义约定】和【函数关系】，其中，最为核心的是算术平均数{也叫数学期望，是随机变量最基本的数学特征之一，"期望"一词来自概率的诞生场景"赌徒对掷骰子赢得赌金的期待，希望事先能够对结果有一个明确的期望"，后续这个期望就用"算术平均数"来表征。它反映随机变量平均取值的大小。可简称为期望或均值。它是简单算术平均的一种推广。反应灵敏是算术平均数的重要优点，它利用了所有值，因此一个值变化，算术平均值都随之变化；严密确定是算术平均数的另一个优点，同一组数据不能算出不同结果；与其他集中量指标(中位数和众数)相比，算术平均数受抽样变动的影响较小，如果我们从一个总体中随机抽取样本，样本的算术平均数的抽样误差最小，用样本值推断总体时，算术平均数是总体平均数的最好估计值[如总体平均数=样本平均数±抽样误差(一定置信度下)]}和方差，其对应的函数式如表 3.1(更多介绍见后续"三个关于"的内容)。

对于我们所开展的这样一次抽样试验，其示意图见图 3.2。

假定本次试验 A，其样本所在总体的样本总量为 N[将总体中任一样本待研究特征量及其取值记为 $X_N(N=1,\ 2,\ \cdots,\ N)$，下文中 μ、Σ 分别指代其平均数与标准差](理论假设)，而每次试验时，我们只能从中抽取一部分样本纳入研究(图 3.2)。假定我们从理论

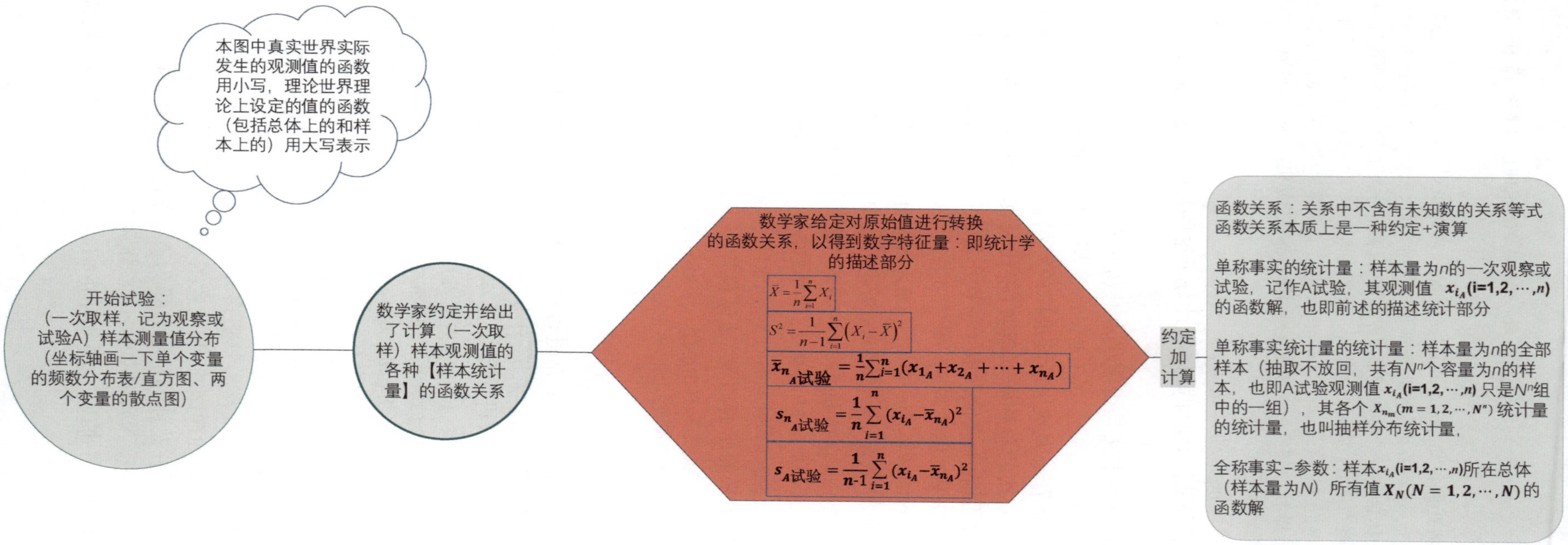

图 3.1　单称事实上样本特征量的推导示意图

表 3.1　单称事实上样本特征量的函数表达式

常见分布	期　望	方　差
0-1 分布 $B(1, p)$	p	$p(1-p)$
二项分布 $B(n, p)$	np	$np(1-p)$
泊松分布	λ	λ
几何分布 $G(p)$	$\dfrac{1}{p}$	$\dfrac{1-p}{p^2}$
超几何分布 $H(n, M, N)$	$\dfrac{nM}{N}$	$\dfrac{nM}{N}\left(1-\dfrac{M}{N}\right)\left(\dfrac{N-n}{N-1}\right)$
均匀分布 $U(a, b)$	$\dfrac{a+b}{2}$	$\dfrac{(b-a)^2}{12}$
指数分布 $e(\lambda)$	$\dfrac{1}{\lambda}$	$\dfrac{1}{\lambda^2}$
正态分布	μ	σ^2
χ^2 分布	n	$2n$
t 分布	0	$\dfrac{n}{n-2}(n>2)$

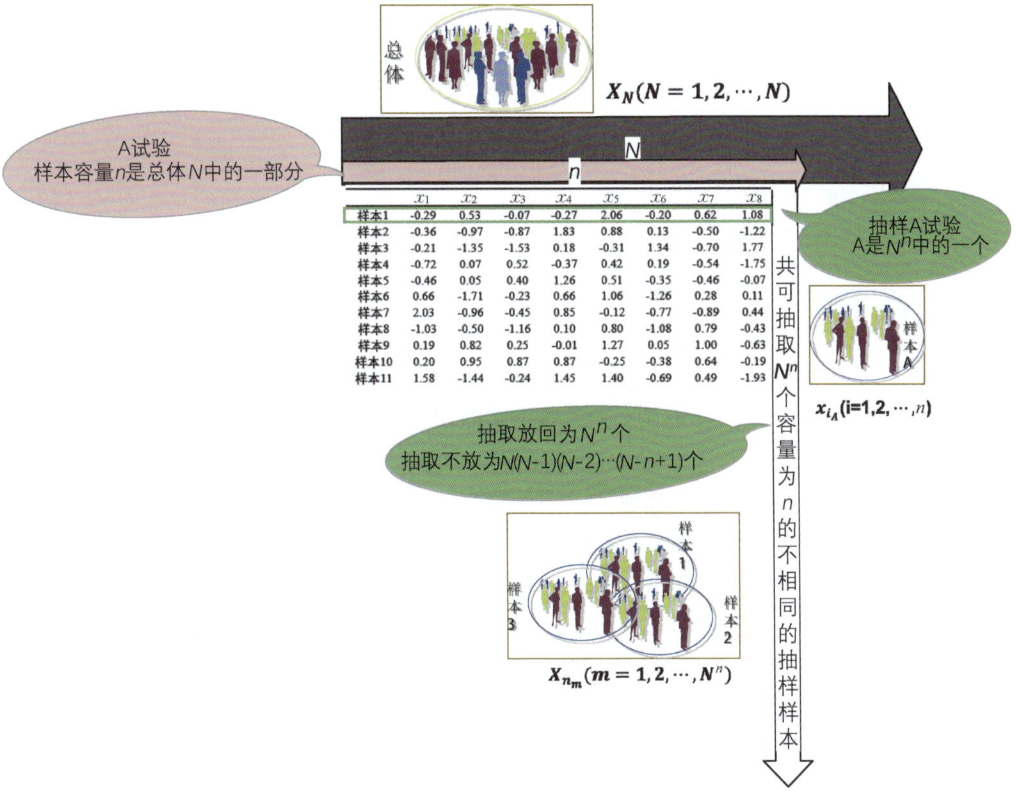

图 3.2　一次抽样样本身后的两个全称总体(样本所在总体、全部抽样总体)逻辑示意图

总体 N 中抽取了一个样本容量为 n 的部分样本，那么，这个 n 到底如何来确定？此外，从图 3.2 中可以看出，一旦我们确定抽取的样本容量为 n 时，假使我们严格遵守简单随机抽

样原则，则可以有 N^n 抽样样本(假定每次抽取后放回)，这时我们会发现，A 试验样本与其所期望代表的理论总体之间竟隔着 $(N \to n) * (N^n \to 1)$ 的距离，并且 n 的问题，还无法回答。

假设我们直接取了一个 n 的实值，则需要以该个 n 容量样本为基础，计算出其所在总体的相关特征量(参数)，这是问题一。此外，如果研究者对此次样本其对总体的代表性有期待，则需要反向计算，到底要抽取多少的 n 才能达成多大期望、多少程度的代表性，这是问题二。

带着这些问题，我们继续论证。

显然，如果数学家有法宝的话，我们现在亟须要一个能解决单称事实与全称事实之间关系的办法，这样才能实现从单称事实到全称事实的推断(图 3.3)。

数学家不负众望地给出了答案，这个过程和我们日常开展科学研究没什么两样，试验＋观察(图 3.4)。

数学家拿着具体的事实进行研究和关系发现(如图 3.4)：现在我的左手有一个样本容量为 N 的有限总体，我每次从中抽取 $n(1 \leqslant n \leqslant N)$ 个子样本放到右手，计算出各个子样本的统计量，我把右手上 n 样本容量下的各种抽样可能穷尽，得到了 N^n 个 n 样本容量的样本统计量。

我观察发现：

左手中这个有限总体的 N 个【总体样本】的【平均数】(μ)，等于右手中抽取的 N^n 个样本量为 n 的【子样本平均数】的【平均数】(样本统计量的统计量)$\mu_{\overline{x_{i_A}}}$，例如，$\mu = \frac{n\mu}{n} = \frac{\sum x_{i_A}}{n} = E(\overline{x_{i_A}}) = \mu_{\overline{x_{i_A}}}$。

左手中这个有限总体 N 的方差除以样本容量等于右手中各个抽样结果平均数的方差，例如，$\frac{\sigma^2}{n} = \frac{n\sigma^2}{n^2} = \frac{\sum D(x_{i_A})}{n^2} = \frac{D\sum(x)}{n^2} = D(X_{\overline{x_{i_A}}}) = \sigma_{\overline{x_{i_A}}}$。

这是一个非常确凿的事实发现和关系证据，示意图见图 3.5。

不过，得到这一结果的是有限总体试验，在面对无限总体时，这个关系还存在吗？

存在，数学家在中心极限定理中已经证得(中心极限定理：设从均值为 μ，方差为 σ^2 的一个任意总体中抽取容量为 n 的样本，当 n 充分大时，样本均值的抽样分布近似服从均值为 μ、方差为 σ^2/n 的正态分布)。此外，数学家还进一步确切地发现，当 $n \geqslant 30$ 时，这 N^n 个抽样【平均数】构成的新分布，其形态近似于正态分布(反过来说，小样本即样本量少于 30 时，就不能保证抽自非正态分布总体的样本平均数服从正态分布)，示意图见图 3.6、图 3.7。

上面的关系描述起来有些绕口，简而言之，我们通过有限总体的试验和观察，发现了单称事实【样本特征量】与其所在总体【参数】之间的关系，作为研究者，我们一直致力于寻找样本上的值与总体上对应值之间的关系，以期实现【用单次试验样本值来估计理论总体值】的目标。这是我们前述列出的第二大要解决的问题。

现在，我们得知：样本平均数的平均数等于总体平均数，一方面，我们可以直接用样本平均数的平均数来表示/代表其所在总体的平均数，另一方面，样本平均数与样本平均数的平均数之间的关系，也就直接移植到了样本平均数与其所在总体平均数之间的关系。

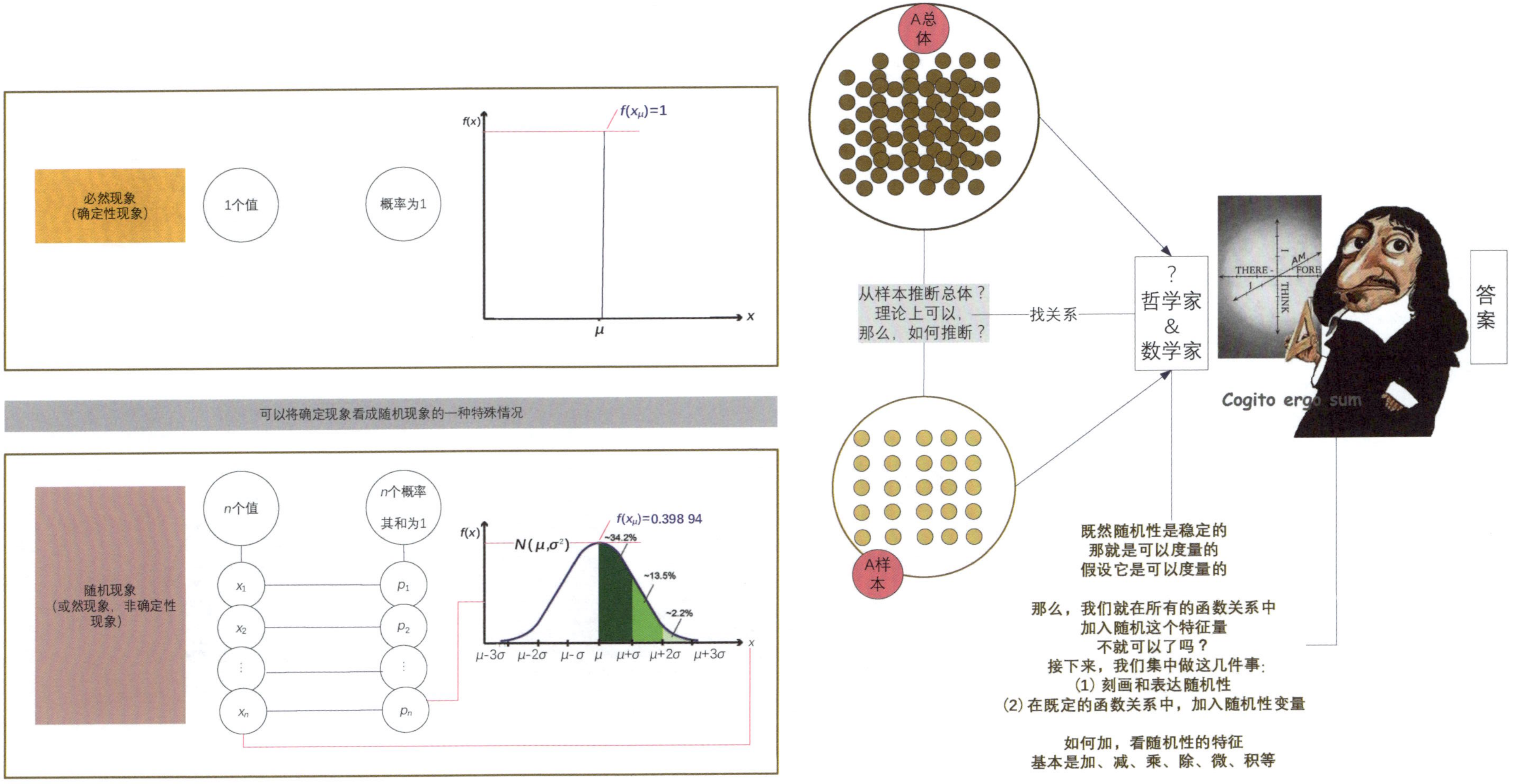

图 3.3　随机世界中数学家构建样本单称事实与其所在总体之间关系的策略

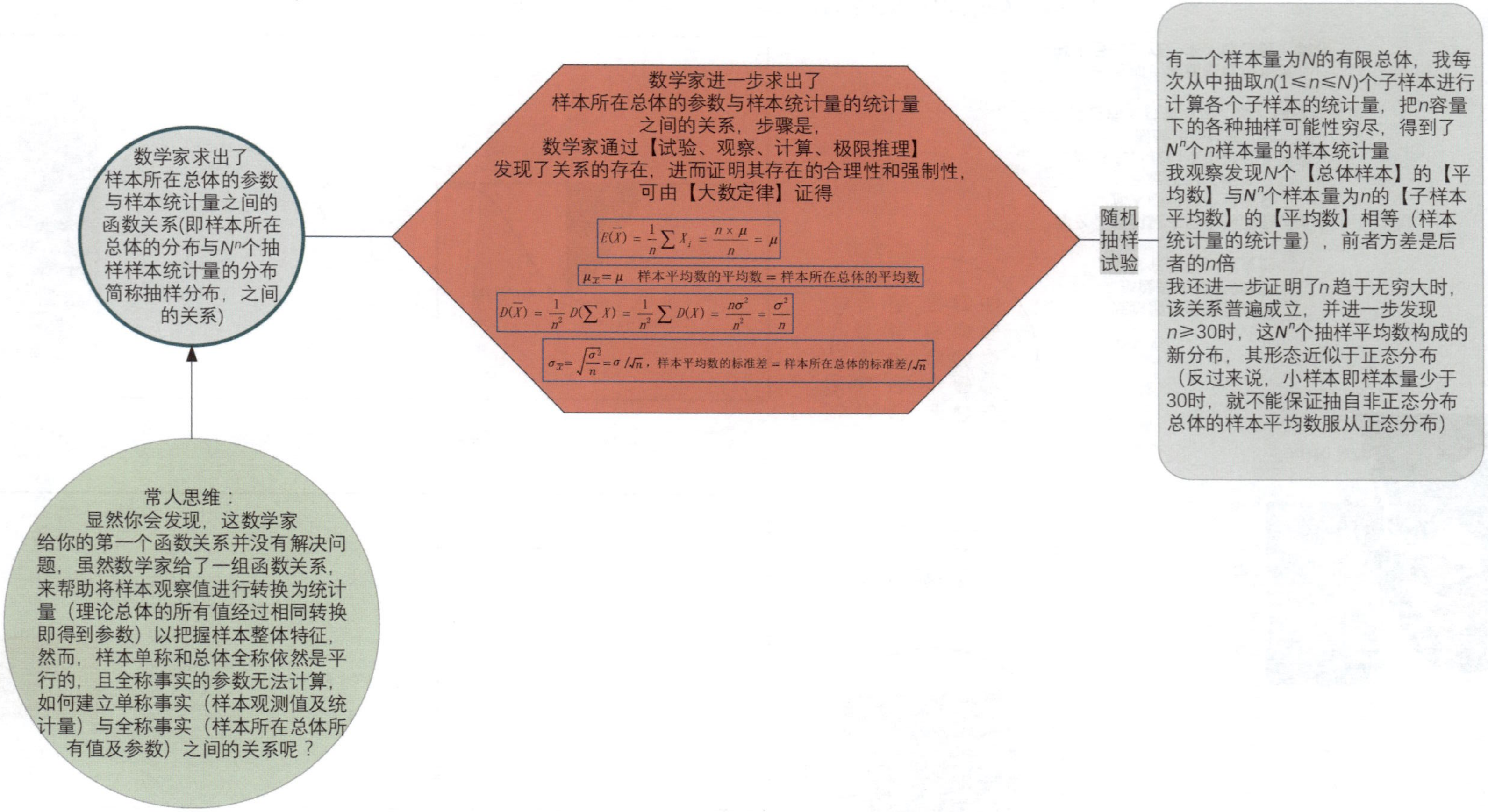

图 3.4　样本单称事实与其所在总体之间关系的推导示意图

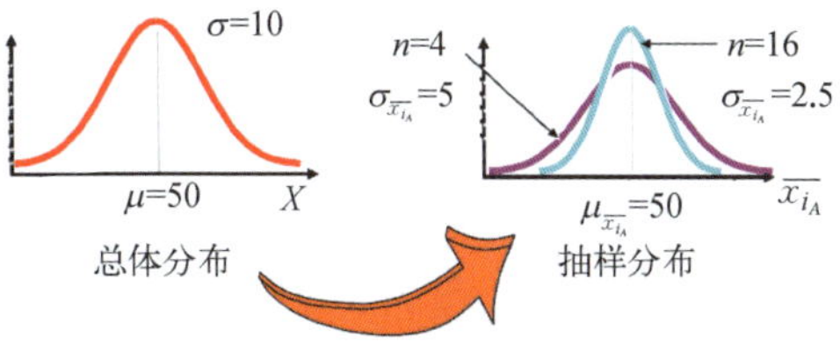

图 3.5　一个总体(样本所在总体)与另一个总体(全部抽样总体)的关系示意图

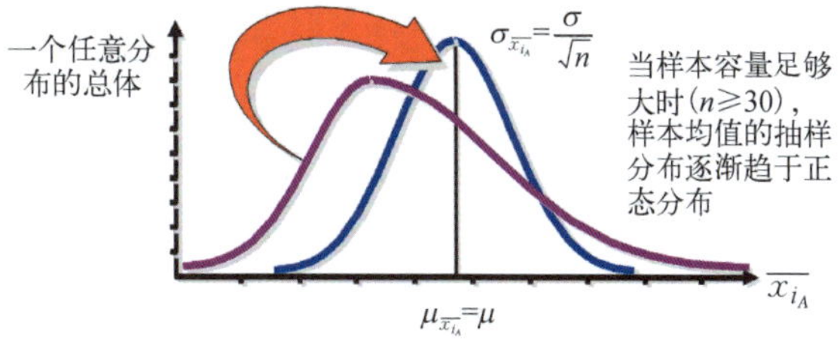

图 3.6　样本抽样总体的分布示意图

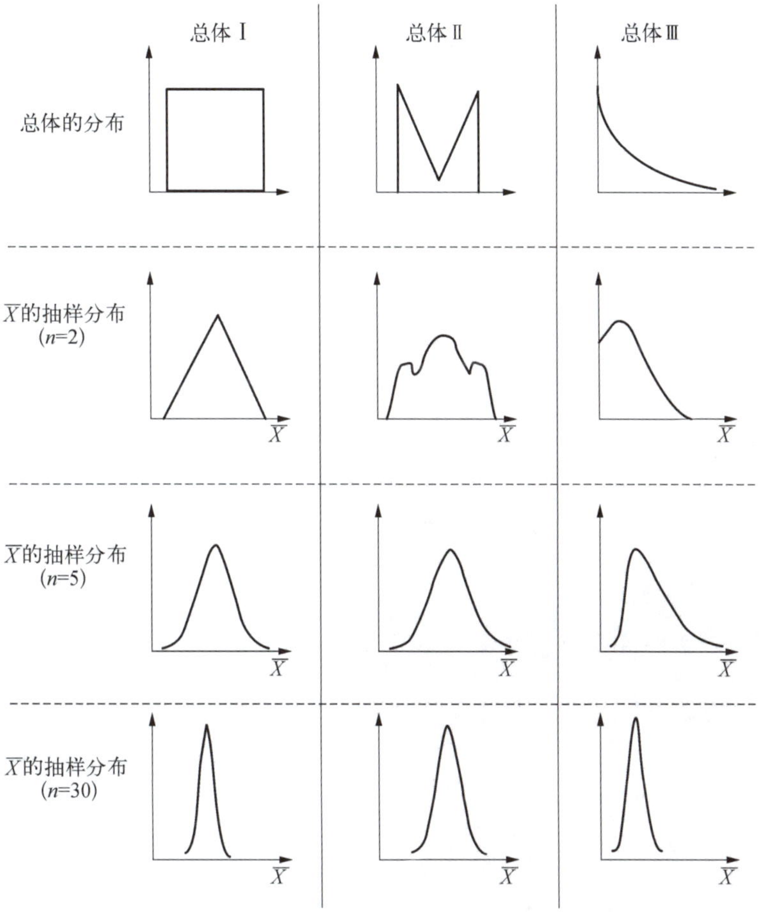

图 3.7　抽样容量增加时，样本抽样总体的分布变化示意图

在 N 总体中，当抽样样本容量 $n\geqslant 30$ 时，无论 N 总体分布形态如何，n 容量各个抽样样本的平均数构成的分布如上

然而，只要稍加思考，我们就会发现新的问题，数学家发现这个规律所使用的【有限总体策略】和【穷尽抽样策略】是一回事，而现在，我们所进行的真实世界 A 试验是另一回事。每一次试验都只有一次，也因此，一次试验中，只有一个样本平均数，如何求得其平均数呢？

然而，数学家们坚持说，我给你的关系肯定是有用的，你可以根据此关系，来用样本观测值估计样本所在总体的情况。既然如此，我们不妨推理了看看(图 3.8)。

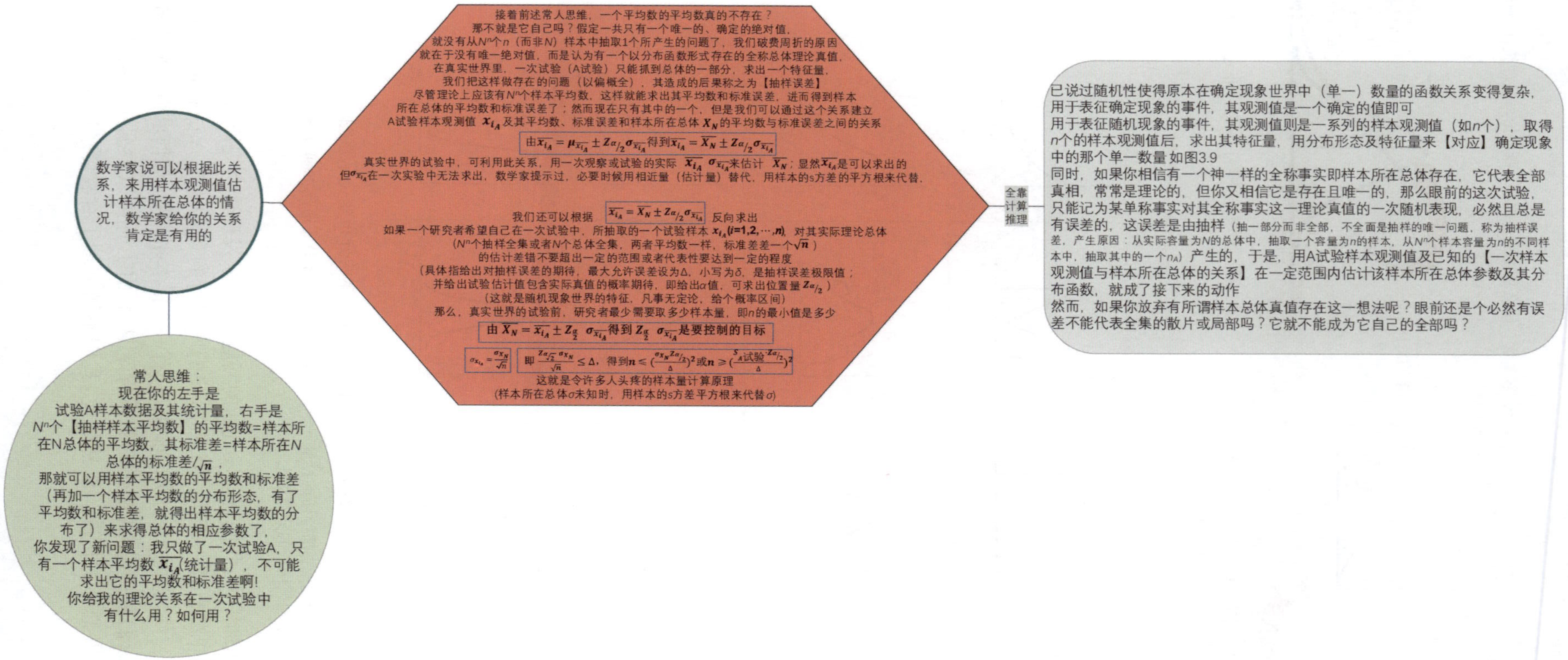

图 3.8　抽样样本籍由样本【抽样总体】通往【样本所在总体】的推导示意图

接着前述常人思维，一个平均数的平均数，真的就不存在？那不就是它自己吗？假定一共只有一个唯一的、确定的绝对值，那么就没有从 N^n 个 n(而非 N)样本中抽取 1 个时所产生的问题了[单称样本与所在总体之间的距离($N\to n$) * ($N^n\to 1$)]，我们颇费周折的原因就在于：真实世界随机现象，没有唯一绝对值，而是认为有一个以分布函数形式存在的全称总体理论真值，如图 3.9(熟悉的图)。

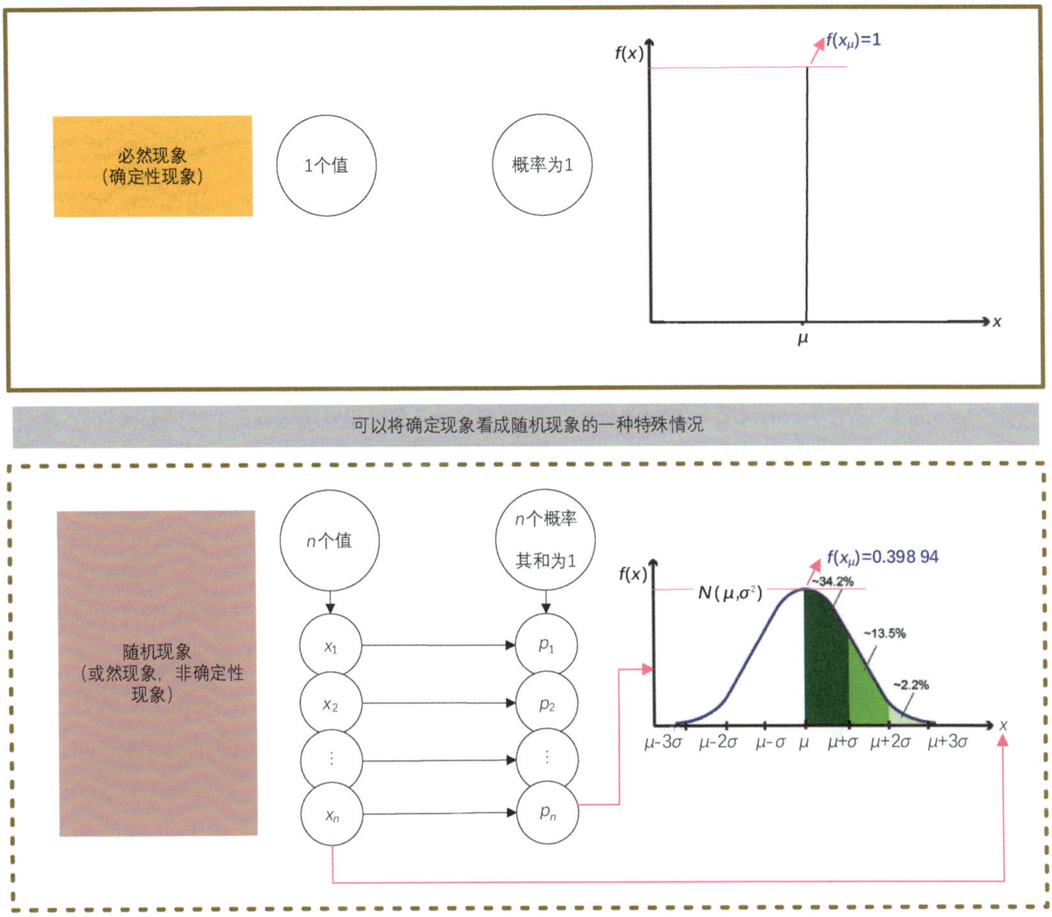

图 3.9 重视与应用【必然现象与随机现象】之间的关系

在真实世界里，一次试验(A 试验)只能抓到总体的一部分，求出一个样本特征量/统计量，我们把这样做存在的问题(以偏概全)其造成的后果称为【抽样误差】[【实际抽样误差 $\hat{\theta}-\theta$】($\hat{\theta}$ 为样本估计值，θ 为总体真值)：某一具体样本的样本估计值与总体参数真实值之间的离差。总体参数未知，每次抽样的实际抽样误差是无法计算的。当我们说抽样误差可以计算和控制，并不是指某次具体抽样的实际误差，而是从所有可能样本来考察的抽样平均误差和抽样极限误差。【抽样平均误差(抽样标准误) $\sigma(\bar{x})=\sqrt{\dfrac{\sum[\bar{x}-E(\bar{x})]^2}{N^n}}=\sqrt{\dfrac{\sum(\bar{x}-\mu)^2}{N^n}}$】是反映抽样误差一般水平的指标，由于抽样误差是一个随机变量，它的数值随着可能抽取的样本不同而或大或小，为了总的衡量样本代表性的高低，就需要计算抽样误差的一般

水平，通常用样本估计量的标准差来反映所有可能样本估计值与其中心值的平均离散程度。可以证明，对于既定的总体和样本容量，样本估计量是以相应总体参数为分布中心的。统计上把样本估计量的标准差，定义为抽样平均误差，抽样平均误差可衡量样本对总体的代表性大小。抽样平均误差越小，则样本估计量的分布就越集中在总体参数的附近，平均来说，样本估计值与总体参数之间的抽样误差越小，样本对总体的代表性越大。实际中，抽样平均误差不可能按定义式来计算，只能根据概率论和数理统计的有关理论来推导其计算公式。在总体方差已知，总体单位总数为 N，样本容量为 n，简单随机抽样条件下，抽样平均误差的计算公式为：放回，$\sigma(\bar{x})=\sqrt{\frac{\sigma^2}{n}}$（特征量为平均数）；$\sigma(p)=\sqrt{\frac{p(1-p)}{n}}$（特征量为比例 / 成数）；不放回，$\sigma(\bar{x})=\sqrt{\frac{\sigma^2}{n}\left(1-\frac{n}{N}\right)}$（特征量为平均数）；$\sigma(p)=\sqrt{\frac{p(1-p)}{n}\left(1-\frac{n}{N}\right)}$（特征量为比例 / 成数）【抽样极限误差 $|\hat{\theta}-\theta|\leqslant\Delta_{\hat{\theta}}$】：一定概率下抽样误差的可能范围，也称为允许误差。用 $\Delta_{\hat{\theta}}$ 表示，由定义知其表达式如前；上式表示，在一定概率下可认为样本估计量与相应的总体参数的误差的绝对值不超过 $\Delta_{\hat{\theta}}$。用 $\Delta_{\bar{x}}$、Δ_p 分别表示平均数和比例（成数）的抽样极限误差，则在一定概率下有：估计平均数/均值的置信区间 $\bar{x}-\Delta_{\bar{x}}\leqslant\bar{X}\leqslant\bar{x}+\Delta_{\bar{x}}$，$|\bar{x}-\bar{X}|\leqslant\Delta_{\bar{x}}$；估计比例/成数的置信区间：$p-\Delta_p\leqslant P\leqslant p+\Delta_p$，$|p-P|\leqslant\Delta_p$；抽样极限误差是抽样误差的可能范围，而不是完全肯定的范围。所以，这一可能范围的大小是与其估计的可靠程度的大小（即概率）紧密联系的。在抽样估计中，这个概率叫置信度，习惯上也称为可靠程度、把握程度或概率保证程度等，用 $1-\alpha$ 表示。显然在其他条件不变的情况下，抽样极限误差越大，相应的置信度也就越大。与抽样极限误差相关的两个概念是：抽样误差率和抽样估计精度。抽样误差率＝（抽样极限误差/估计量）×100%；抽样估计精度＝100%－抽样误差率；估计的精度与估计的可靠程度是矛盾的。也就是说，如果精度很高，则会由于估计区间太窄而使错误估计的可能性大增，从而大大降低估计的可靠程度，使估计结果没有多大的作用；如果置信度很高，则意味着允许误差范围较大，而使估计精度太低，这时尽管估计的可靠程度接近或等于100%，但抽样估计本身也会失去意义。实际中，只能依据具体情况，先满足一方面，然后确定另一方面]。尽管理论上，应该有 N^n 个样本平均数，这样就能求出其平均数和标准误差，进而得到样本所在总体的平均数和标准误差了；然而现在，只有其中的一个，但是我们可以通过这个关系，尝试建立 A 试验样本观测值及其平均数、标准误差与样本所在总体的平均数、标准误差之间的关系；我们再来查看抽样过程（图 3.10）。

此时，我们可以发现试验样本所在总体分布与 N^n 次抽样统计量结果形成的分布之间的关系，如图 3.11。

进而由 $\overline{x_{i_A}}=\mu_{\overline{x_{i_A}}}\pm z_{\alpha/2}\sigma_{\overline{x_{i_A}}}$ 得到 $\overline{x_{i_A}}=\overline{X_N}\pm z_{\alpha/2}\sigma_{\overline{x_{i_A}}}$，在真实世界的试验中，我们可利用此关系，用一次观察或试验的实际 $\overline{x_{i_A}}$，$\sigma_{\overline{x_{i_A}}}$ 来估计 $\overline{X_N}$；显然 $\overline{x_{i_A}}$ 是可以求出的（但是需要注意的是，这里的 $\overline{x_{i_A}}$ 是个理论上的定义和标示，一旦你取用了现实中的某个 $\overline{x_{i_A}}$，必须有后面对应的抽样误差跟上，合而表达其对总体 $\overline{X_N}$ 的估计能力）；但 $\sigma_{\overline{x_{i_A}}}$ 在一次试验中是无法求出的，数学家提示过，必要时候，用样本上的相近量（估计量，又是一个子内容，后续“7 三个关于”中补充说明）来替代总体上的未知参数，这里，最终选择用样本的 S（不是 Sn）方差的平方根来代替（$\sigma_{\overline{x_{i_A}}}$），我们还可以根据 $\overline{x_{i_A}}=\overline{X_N}\pm z_{\alpha/2}\sigma_{\overline{x_{i_A}}}$，反向求出：如果一个研究者希望自己在一次试验中，所抽取的一个试验样本 x_{i_A} $(i=1, 2, \cdots, n)$，对其实际理论总体（N^n 个抽样全集或者 N 个总体全集，两者平均数一样，标准差差一个$\sqrt{n}$）的估计差错不要超出一定的范围或者代表性要达到一定的程度时，在开

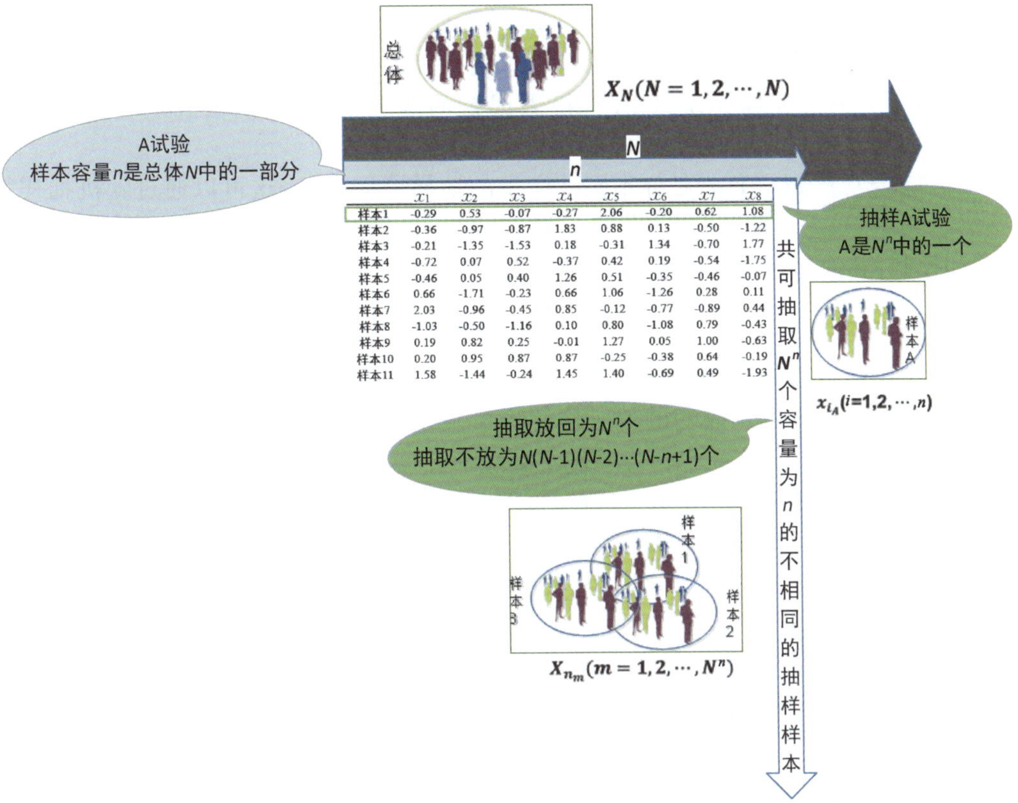

	x_1	x_2	x_3	x_4	x_5	x_6	x_7	x_8
样本1	-0.29	0.53	-0.07	-0.27	2.06	-0.20	0.62	1.08
样本2	-0.36	-0.97	-0.87	1.83	0.88	0.13	-0.50	-1.22
样本3	-0.21	-1.35	-1.53	0.18	-0.31	1.34	-0.70	1.77
样本4	-0.72	0.07	0.52	-0.37	0.42	0.19	-0.54	-1.75
样本5	-0.46	0.05	0.40	1.26	0.51	-0.35	-0.46	-0.07
样本6	0.66	-1.71	-0.23	0.66	1.06	-1.26	0.28	0.11
样本7	2.03	-0.96	-0.45	0.85	-0.12	-0.77	-0.89	0.44
样本8	-1.03	-0.50	-1.16	0.10	0.80	-1.08	0.79	-0.43
样本9	0.19	0.82	0.25	-0.01	1.27	0.05	1.00	-0.63
样本10	0.20	0.95	0.87	0.87	-0.25	-0.38	0.64	-0.19
样本11	1.58	-1.44	-0.24	1.45	1.40	-0.69	0.49	-1.93

图 3.10　重视抽样样本如何跻身列队于两个全称总体（样本所在总体、全部抽样总体）之间

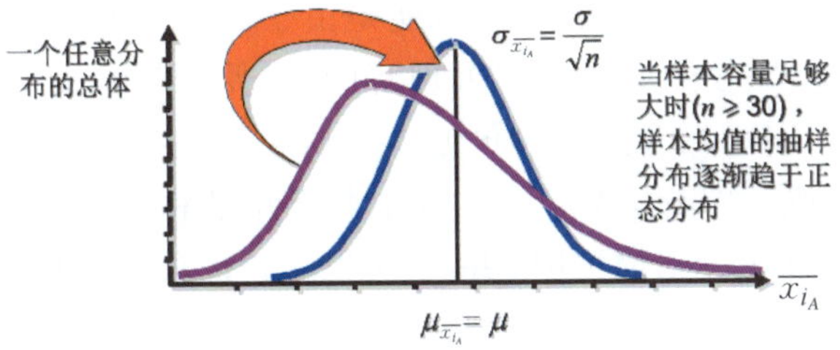

图 3.11　利用随机现象的分布特征与样本和两个总体之间的数量关系，构建一个新分布

展真实世界的试验前，研究者最少需要取多少样本量，即 n 的最小值是多少（具体指给出对抽样误差的期待，最大允许抽样误差设为 Δ，小写为 δ，即抽样误差的极限值或抽样极限误差；并给出试验估计值包含实际真值的概率期待，即给出 α 值，这时，首先由 α 可求出位置量；其次，有前述已求出的抽样误差函数式，现在知道抽样误差的实际最大值，则可以求出函数式中的 n 未知量，如以下公式，这就是随机世界随机现象的特征，① 凡事无定论，② 求出了绝对值，还要对绝对值的信度给个估计的概率区间）？

由 $\overline{X_N}=\overline{x_{i_A}}\pm z_{\alpha/2}\sigma_{\overline{x_{i_A}}}$ 得到 $z_{\alpha/2}\sigma_{\overline{x_{i_A}}}$ 是要控制的目标，$\sigma_{\overline{x_{i_A}}}=\dfrac{\sigma_{X_N}}{\sqrt{n}}$，即 $z_{\alpha/2}\sigma_{\overline{x_{i_A}}}=\dfrac{z_{\alpha/2}\cdot\sigma_{X_N}}{\sqrt{n}}\leqslant\Delta$ 得到 $n\geqslant\left(\dfrac{z_{\alpha/2}\cdot\sigma_{X_N}}{\Delta}\right)^2$ 或 $n\geqslant\left(\dfrac{z_{\alpha/2}\cdot S_{A试验}}{\Delta}\right)^2$。这就是令许多人头

疼的样本量计算原理。从前述可知，在概率论与数理统计中，要求计算样本量，旨在控制最大抽样误差，或者说旨在实现和解决“如何较好地用试验单称样本来代替期望的理论总体”；而决定最大抽样误差/抽样极限误差的两个要素，从函数式定义来看 $\Delta \geqslant \frac{Z_{\frac{\alpha}{2}}\sigma_{X_N}}{n} \approx \frac{Z_{\frac{\alpha}{2}}S_{A试验}}{n}$，首先是样本实际产生的抽样平均误差，这可以通过随机抽样来改善和控制，其次是 α 值的界定，可以事先指定，α 越小，σ 越小，越精准（$z_{\alpha/2}\frac{\sigma_{X_N}}{\sqrt{n}}$ 就越小）且置信度越高（$1-\alpha$）。临床试验中，最大抽样误差是被控制的对象，一般会事先界定好，而通过在约定的 α 下，调节样本量来实现对最大抽样误差的控制，反过来说，在临床试验中，样本量由干预改变的效应估计[即 y_1-y_2（定义同 p26），最大抽样误差必须小于这个值]、试验的精度（α，后面还会说到 β，这里先说到 α 即可）、脱落情况（真实试验时，必然有研究对象脱落，要在最大脱落后还能保证最小样本量，需要估计出最大脱落率，进而计算出要在最小样本量基础上补充多少对抗脱落）这三个要素决定。

于是至此，我们终于完成了第二个问题中的如何用样本统计量/特征量（如平均数）来估计总体参数/特征量（如平均数）的问题，以及明白了如何求得抽样时的样本容量 n（图 3.12）。

这个部分，在我们研究报告第一部分是习惯性汇报的，从上文可以看到，我们对样本整体情况的介绍，应该是用单称试验【样本统计量】，以此来估计样本所在总体的对应参数，并从样本统计量的标准差中了解试验样本与其总体样本之间的平均差距，或者试验样本对其所在总体的代表性。但是，我们会发现绝大部分的研究报告，都是汇报样本标准差，而不是样本统计量的标准差，这可能是由于研究者并未理解这个举动的真正内涵（即用样本值来估计其所在总体参数），如果理解的话，使用样本统计量的标准差（该标准差可以用 $n-1$ 的抽样样本计算求出，也可以使用试验样本的 S 方差来近似估计）而不是样本标准差会是更好的选择；否则，如果只是为了说明样本统计量和样本标准差的话，理应分开来描述，而两者这样合在一起描述时，并找不出一个有意义的概念或实质与之对应，因此，只好认为是不恰当之举了。

至此，你已成功地实现了用一个抽样样本的观测值来估计其所在总体参数的目标；还可以反过来回答，当对该估计有一定期待时，你抽取的样本容量 n 至少要为多少？再往后怎么走？反问常人思维，你进行 A 试验的目的是什么？我们还有第三个问题没有回答，你提出来的研究假设，这试验样本上的单称表现到底如何评价它呢？

如图所述，现在，我们的问题是：关于研究假设，它是一个事实、一个随机现象、一个分布函数；而关于真实世界的试验样本其所在总体，它是旨在临摹研究假设的另一个客观事实、一个随机现象、一个分布函数，还有了一个具体的随机表现，即 A 试验。

理论上来说，由于研究者重复研究假设中的所有背景条件，因此，它们是由相同的规律驱动产生的，如果二者效应指标观测值一致（那么，什么叫“一致”？或者如何表征与量化“一致”？），则说明试验样本的单称事实，证实了研究假设所意指的规律（x-intervention 驱动 patient 产生预期 y-outcome 所依托的 f,r），如果二者不一致，则说明研究假设对规

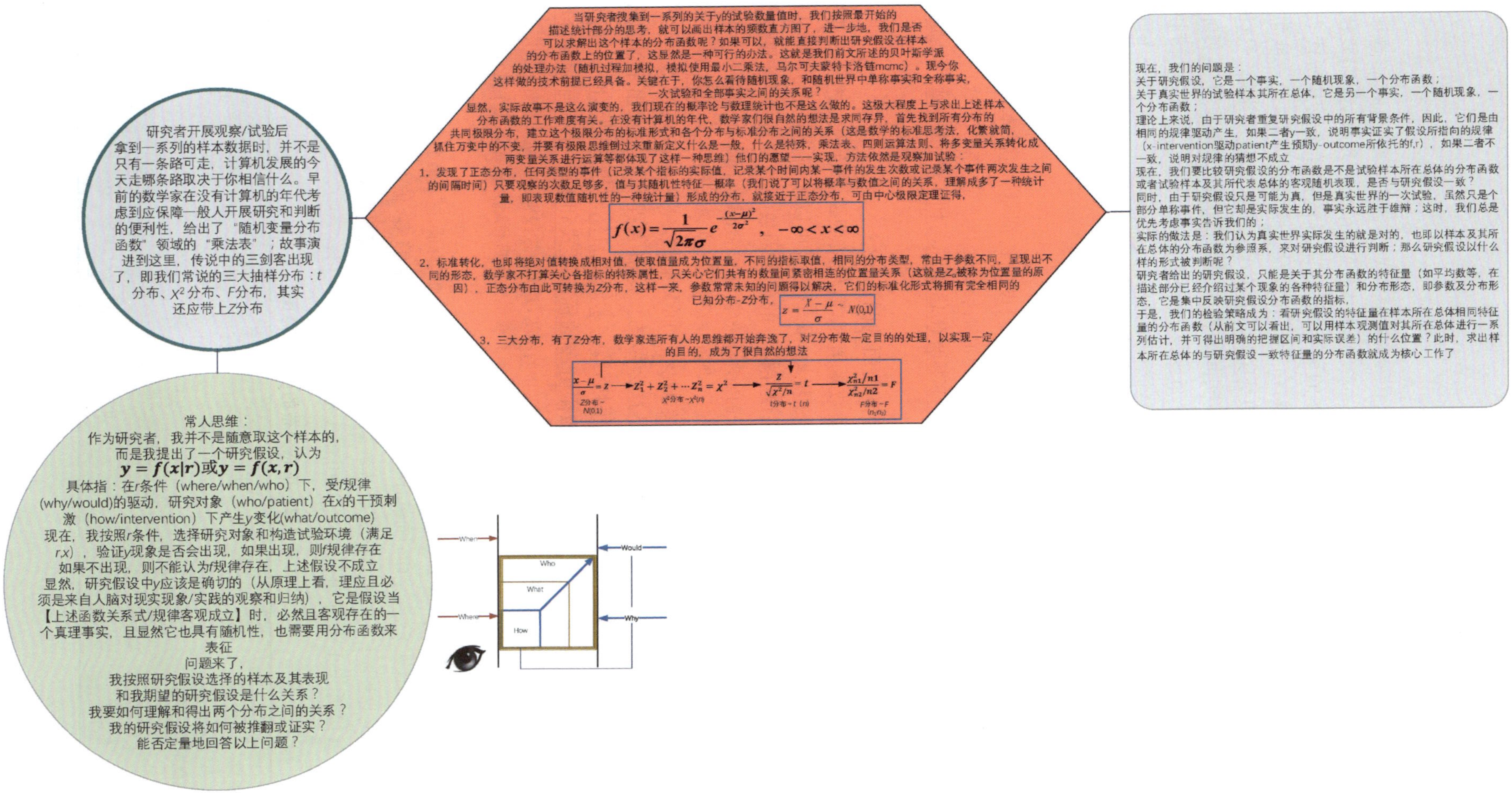

图 3.12　承认分布，抓住关系，修通单称事实与全称事实的桥

律的猜想不成立(这是基于假设"整个研究演绎过程为真"的前提;而事实上一个研究假设的未证实或证实,是基于"每一步演绎推理的前提条件一定程度的为真"这一前提的,具体前文也有述)。现在,我们要比较研究假设的分布函数是不是试验样本所在总体的分布函数,或者试验样本及其所代表总体的客观随机表现是否与研究假设一致?同时,由于研究假设只是可能为真,而真实世界的一次试验,虽然只是个部分单称事件,但它却是实际发生的,事实永远胜于雄辩。这时,我们总是优先考虑"事实所告诉我们"的,因此,实际的做法是:我们认为真实世界实际发生的,就是对的,也即以样本及其所在总体的分布函数为参照系,来对研究假设进行判断;那么研究假设以什么样的形式被判断呢?研究者给出的研究假设,只能是关于其分布函数的一个特征量描述(如平均数等,在描述部分提到的某个现象的各种特征量和分布形态),即参数和分布形态,它是集中反映研究假设分布函数的指标(可同步参照本系列书籍第一本《逻辑篇》"第8章科学研究的龙骨系列")。

于是,我们的检验策略成为:看"事先给定的研究假设的特征量"在样本所在总体相同特征量的分布函数上(从前文可以看出,可以用样本观测值对其所在总体进行一系列估计,并可得出明确的把握区间和实际误差)的什么位置?此时,求出样本所在总体的与研究假设一致特征量的分布函数就成为核心工作了。

如何来实现?又是一段漫长的推理,请跟随前面的图3.12。

当研究者搜集到一系列的、关于 y 的试验数量值时,我们按照最开始的描述统计部分的思考,就可以画出样本的频数直方图了,进一步地,我们是否可以求解出这个样本的分布函数呢?如果可以,就能直接判断出研究假设在样本的分布函数上的位置了,这显然是一种可行的办法[这就是我们前文所述的贝叶斯学派的处理办法(随机过程加模拟,模拟使用最小二乘法,马尔可夫蒙特卡洛链 mcmc)。现今你这样做的技术前提已经具备。关键在于,你怎么看待随机现象,和随机世界中单称事实和全称事实,一次试验和全部事实之间的关系呢?]。而又显然,实际的故事并不是这么演变的,我们现在的概率论与数理统计也不是这么做的。这极大程度上与求出上述样本分布函数的工作难度有关。在没有计算机的年代,数学家们很自然的想法是求同存异,首先找到所有分布的共同极限分布,建立这个极限分布的标准形式和各个分布与标准分布之间的关系(这是数学的标准思考法,化繁就简,抓住万变中的不变,并要有极限思维倒过来重新定义什么是一般,什么是特殊,乘法表、四则运算法则、将多变量关系转化成两变量关系进行运算等都体现了这样一种思维)。他们的愿望一一实现,方法依然是:观察+试验。

a) 发现了正态分布,任何类型的事件(包括记录某个指标的实际值,记录某个时间内某一事件的发生次数,记录某个事件两次发生之间的间隔时间)只要观察的次数足够多,值与其随机性特征——概率(我们说了可以将概率与数值之间的关系,理解成多了一种统计量,即表现数值随机性的一种统计量)形成的分布,就接近于正态分布(表3.2),可由中心极限定理证得。

表 3.2 正态分布的函数示意图

基本单位	$X \sim N(\mu, \sigma^2)$
基本单位的概率密度函数	$f(x)=\frac{1}{\sqrt{2\pi}\sigma}e^{-\frac{(x-\mu)^2}{2\sigma^2}}, -\infty < x < +\infty$
基本单位的分布函数	$F(x)=\int_{-\infty}^{X}\frac{1}{\sqrt{2\pi}\sigma}e^{-\frac{(t-\mu)^2}{2\sigma^2}}dt$

b）标准化转换，也即将绝对值转换成相对值，使得原始值的取值数量成为位置量[不同的指标取值（存在属性上的原始值，或者数学家眼中的绝对值），相同的分布类型，常由于参数不同，呈现出不同的形态，数学家不打算关心各指标的特殊属性，只关心它们共有的数量间紧密相连的【位置量关系】，这就是 Z_α 被称为位置量的原因，这在上文也有述]，正态分布由此可转换为 Z 分布，这样一来，参数常常未知的问题得以解决，它们的标准化形式将拥有完全相同的已知分布—Z 分布（表 3.3、图 3.13）。

表 3.3　正态分布与其变身标准正态分布的函数示意图比较

基本单位	$X \sim N(\mu, \sigma^2)$	$X \sim N(0, 1)$
基本单位的概率密度函数	$f(x)=\dfrac{1}{\sqrt{2\pi}\sigma}e^{-\frac{(x-\mu)^2}{2\sigma^2}}$ $-\infty < x < +\infty$	$\varphi(x)=\dfrac{1}{\sqrt{2\pi}}e^{-\frac{x^2}{2}}$ $-\infty < x < +\infty$
基本单位的分布函数	$F(x)=\int_{-\infty}^{x}\dfrac{1}{\sqrt{2\pi}\sigma}e^{-\frac{(t-\mu)^2}{2\sigma^2}}dt$	$\Phi(x)=\int_{-\infty}^{x}\dfrac{1}{\sqrt{2\pi}}e^{-\frac{t^2}{2}}dt$

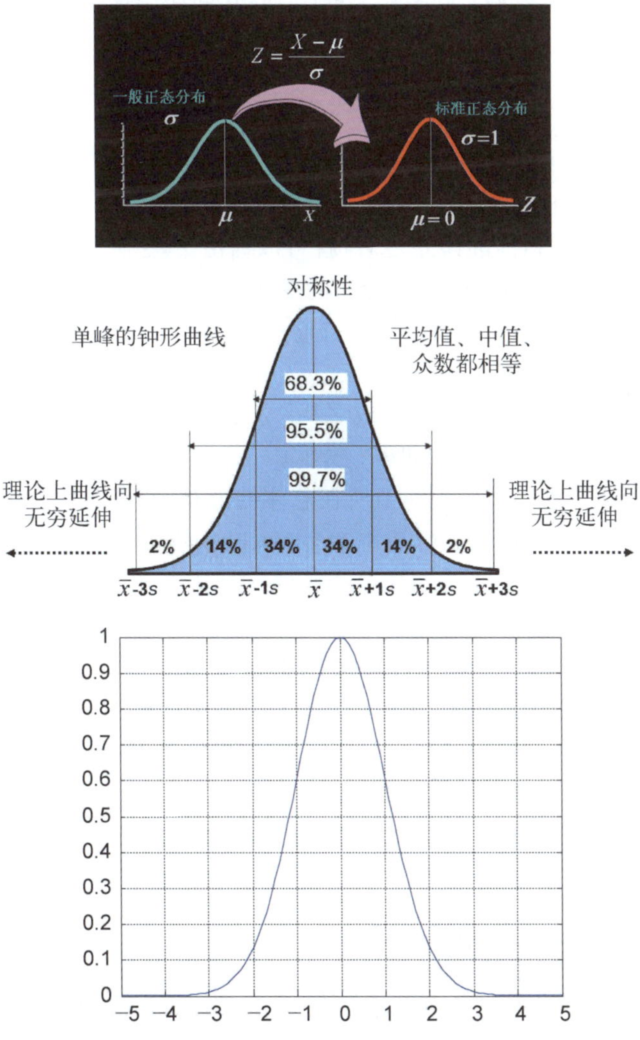

图 3.13　正态分布与其变身标准正态分布的分布示意图比较

c）三大分布，有了 Z 分布，数学家连所有人的思维都开始奔逸了，对 Z 分布做一定目的的处理，以实现一定的目的，成为很自然的想法（研究者开展观察/试验后，拿到一系列的样本数据时，并不是只有一条路可走，计算机发展的今天走哪条路取决于你相信什么）。早前的数学家在没有计算机的年代（无法快速求出样本的分布函数，其实这背后还有一个深远的哲学问题，就是科学世界和经验世界，哪一个更真切的问题，或者说科学试验与日常经验生活哪一个更真实的问题），考虑到应保障一般人开展研究和判断的便利性，给出了"随机变量分布函数"领域的"乘法表"；故事演进到这里，传说中的三剑客出现了，即我们常说的三大抽样分布：t 分布、χ^2 分布、F 分布，其实还应带上 Z 分布。数学家们高兴地将标准正态 Z 分布转化为 χ^2 分布，t 分布，F 分布，以及正态 x 分布向标准正态 Z 分布转换。其中，标准正态 Z 分布向 χ^2 分布，t 分布，F 分布转换的各自变量之间的函数关系如表 3.4、图 3.14、图 3.15。

说了这么多，你不禁想问：三大分布，为什么又被叫作抽样分布？数学家给出的乘法表与我要求解的"样本分布函数及研究假设与样本分布函数之间的关系"有什么关系？

四大分布被推理出来以后，基本就奠定了后续我们使用样本观测值判断研究假设的方法。

数学家们反复对着 Z 分布的标准转换式查看：又发现了一个规律 $z=\dfrac{X-\mu}{\sigma}\sim N(0,\ 1)$，即某个统计量的 Z 位置量=(该统计量－它的平均数)/(它的标准误差)。这样一来，是否任何统计量，不论是直接求出，还是通过相等关系得到或者通过近似关系约等于，只要得到它的平均数和标准误差之后，就可以藉由 Z 变换直通到分布完全已知的 Z 分布呢？那么刚才的三大分布，也是 Z 分布的变换，是否可以经过 Z 到 t，Z 到 χ^2，Z 到 F 一样的变换，得到该统计量的 t 位置量、χ^2 位置量、F 位置量，并直通到 t 分布、χ^2 分布、F 分布呢？

完全可以，步骤还非常简单，怎么变成 Z？Z 怎么变成 t，χ^2，F？与前述一样。（这些变换在随机变量的运算中是被允许的吗？数学家一一证明过，可以。）

想想我们的目标是求出样本观测值所在总体的分布函数，然后利用该分布函数对研究假设的参数（各种特征量：平均数、比例、方差、相关系数、回归系数、分布形态等以及它们的加减乘除函数）进行评价；样本观测值与上述的四大分布能够构造关系吗？如果可以的话，岂不是有了样本观测值的某种转换形式的上述已知分布了吗？就按照前述方式对样本观测值进行 Z 变换，继而 t 变换，χ^2 变换、F 变换得到以下内容(图 3.16)。

以上公式，在一次试验中右侧(图 3.16)是已知的，只与样本(独立变量)容量 n 有关，左侧除了通过样本观测值可计算出的，如样本平均数、样本方差，而样本所在总体的平均数 μ，标准差 σ 则是无法在一次试验中获得的。

需要注意的是，$\overline{X}$ 公式中不特指哪一个样本平均数，如试验 A 的样本平均数 $\overline{x_{i_A}}$ 是一种形式定义；S 公式中不特指哪一个样本 S 方差，如试验 A 的样本 S 方差 $S_{A试验}=\dfrac{1}{n-1}\sum_{i=1}^{n}(x_{i_A}-\overline{x_{n_A}})^2$ 是一种形式定义。

面对这样的关系，你会如何考虑？如果 μ，σ 都是样本所在总体的参数，那么以上分布，使用其某个实际样本的平均数或 S 方差得出的 Z 位置量，t 位置量，χ^2 位置量、F 位

表 3.4　标准正态分布与其变身的函数示意图比较

基本单位	$X \sim N(0,1)$	$X_i \sim N(0,1)$，$i=1,2,\cdots,n$ 独立	$X \sim N(0,1)$，$Y \sim x^2(n)$，独立	$U \sim x^2(n_1)$，$V \sim x^2(n_2)$，独立
函数变化	$\varphi(X)=\dfrac{1}{\sqrt{2\pi}}e^{-\frac{X^2}{2}}$ $-\infty < X < +\infty$	$x^2=\sum_{i=1}^{n} X_i^2 \sim x^2(n)$	$t(x)=\dfrac{X}{\sqrt{Y/n}} \sim t(n)$	$F=\dfrac{U/n_1}{V/n_2} \sim F(n_1,n_2)$
变换后函数的概率密度分布	$\Phi(X)=P(X \leqslant x) =\int_{-\infty}^{X}\dfrac{1}{\sqrt{2\pi}}e^{-\frac{t^2}{2}}dt$	$f(x)=\begin{cases}\dfrac{1}{2^{n/2}\Gamma(n/2)}x^{\frac{n}{2}-1}e^{-\frac{x}{2}}, & x\geqslant 0\\ 0, & x<0\end{cases}$	$t(x)=\dfrac{\Gamma[(n+1)/2)]}{\Gamma(n/2)\sqrt{n\pi}}\left(1+\dfrac{x^2}{n}\right)$	$\varphi(x)=\begin{cases}\dfrac{\Gamma\left(\frac{n_1+n_2}{2}\right)}{\Gamma\left(\frac{n_1}{2}\right)\Gamma\left(\frac{n_2}{2}\right)}\left(\dfrac{n_1}{n_2}\right)\left(\dfrac{n_1}{n_2}x\right)^{\frac{n_1}{2}-1}\left(1+\dfrac{n_1}{n_2}x\right)^{\frac{n_1+n_2}{2}}, & x\geqslant 0\\ 0, & x<0\end{cases}$

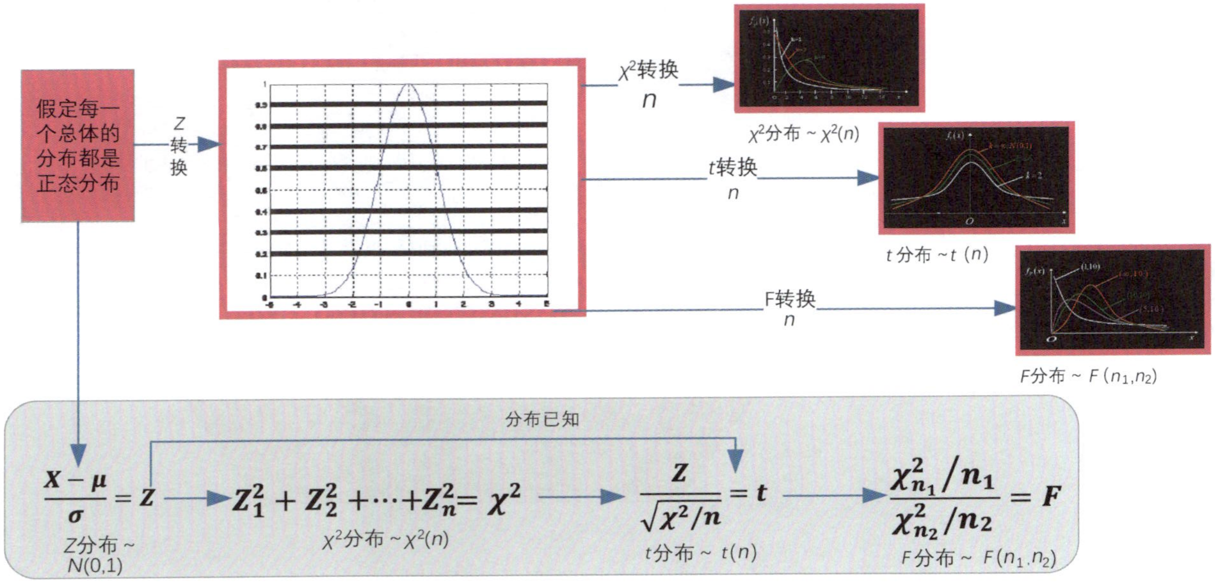

图 3.14　标准正态分布与其变身的函数转换及分布示意图比较

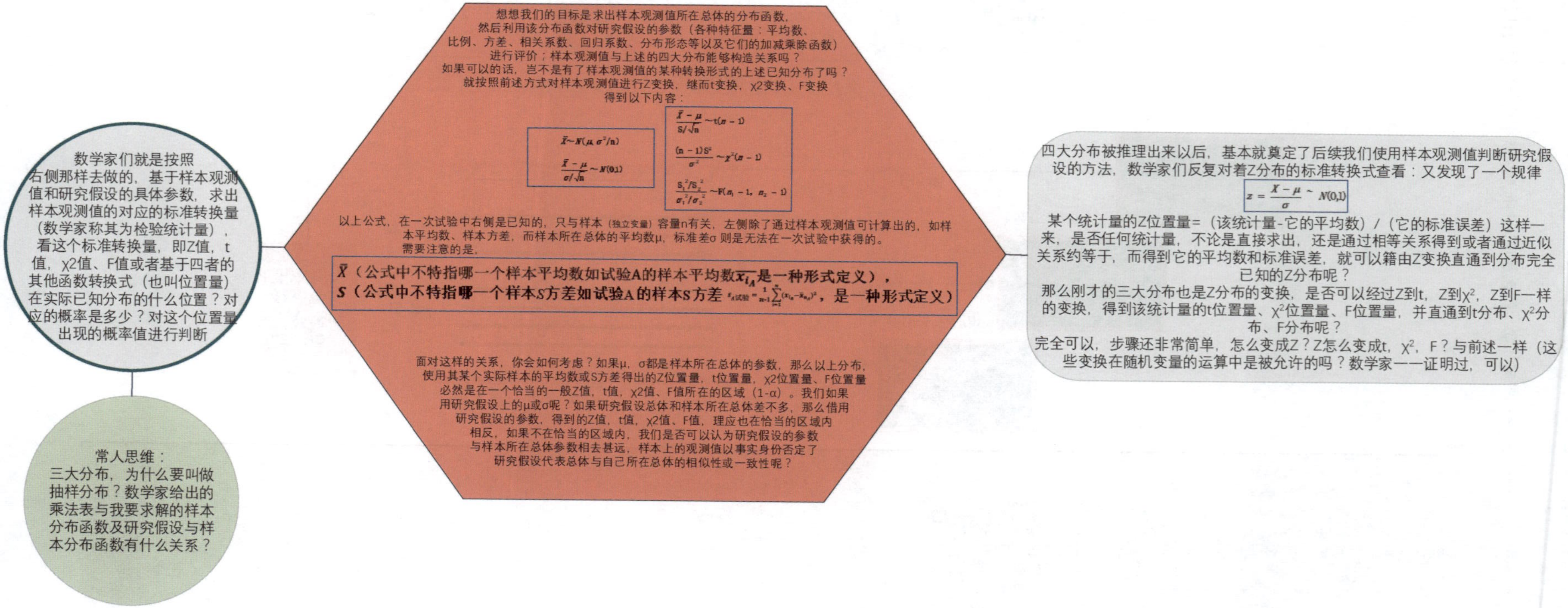

图 3.15　标准正态分布所特有的已知结构及分布与对其的应用

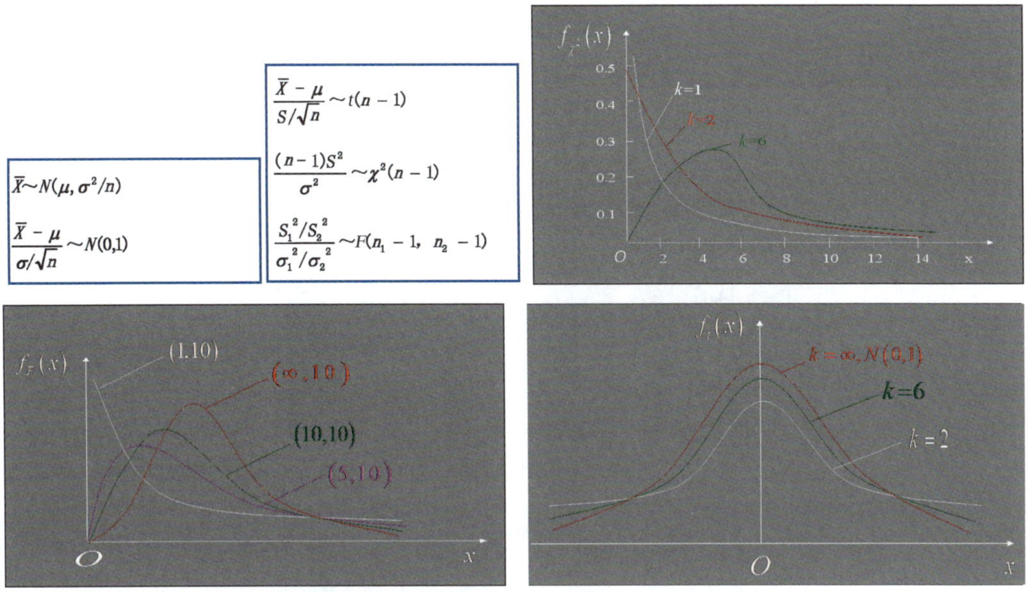

图 3.16　单称样本通过积极变换抵达标准正态分布已知的结构事实与分布

置量，必然是在一个恰当的一般 Z 值，t 值，χ^2 值、F 值所在的区域$(1-\alpha)$。我们如果用研究假设上的 μ 或 σ 呢？如果研究假设总体和样本所在总体差不多，那么借用研究假设的参数，得到的 Z 值，t 值，χ^2 值、F 值，理应也在恰当的区域内；相反，如果不在恰当的区域内，我们是否可以认为研究假设的参数与样本所在总体参数相去甚远，样本上的观测值以事实身份否定了研究假设代表总体与自己所在总体的相似性或一致性呢(图 3.17)？

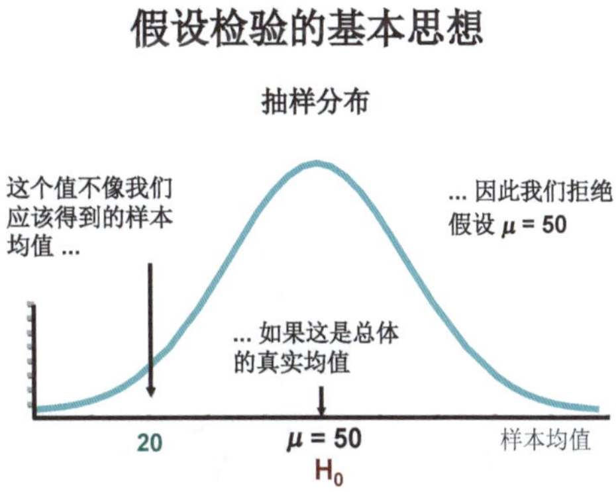

图 3.17　单称样本使用研究假设上假定事实完成变换抵达已知分布，反向研判研究假设的分布示意图

数学家们就是按照右侧那样去做的(图 3.18)，基于样本观测值(图 3.18 中红色背景里抠掉橘黄色内容)和研究假设(图 3.18 中橘黄色背景内容)的具体参数，求出样本观测值的对应的标准转换量(图 3.18 中蓝色背景内容，数学家称其为检验统计量)，看这个标准转换量，即 Z 值，t 值，χ^2 值、F 值或者基于四者的其他函数转换式(也叫位置量)在实际已知分布(图 3.18 中绿色部分内容)的什么位置？对应的概率是多少？对这个位置量出现的概率值进行判断(判断逻辑图可再看图 3.17)。

离成功似乎只剩一步了，麻烦的是，你又发现，得到了基于事实样本观测值和研究假设的 Z 值，t 值，χ^2 值、F 值或者基于四者的其他函数转换式的位置量及其对应的概率，要如何判断这个概率是高还是低呢？以接受或拒绝研究假设。

数学家给出了判断研究假设的 α 分位点，$\alpha=0.05$，这个过程是这样的(图 3.19)。

面对求出的 Z 值，t 值，χ^2 值、F 值以及基于四者的其他函数转换式或位置量及其对应的概率，如何判断这个概率是正常还是不正常？或者置信还是置否？有人提出“小概率

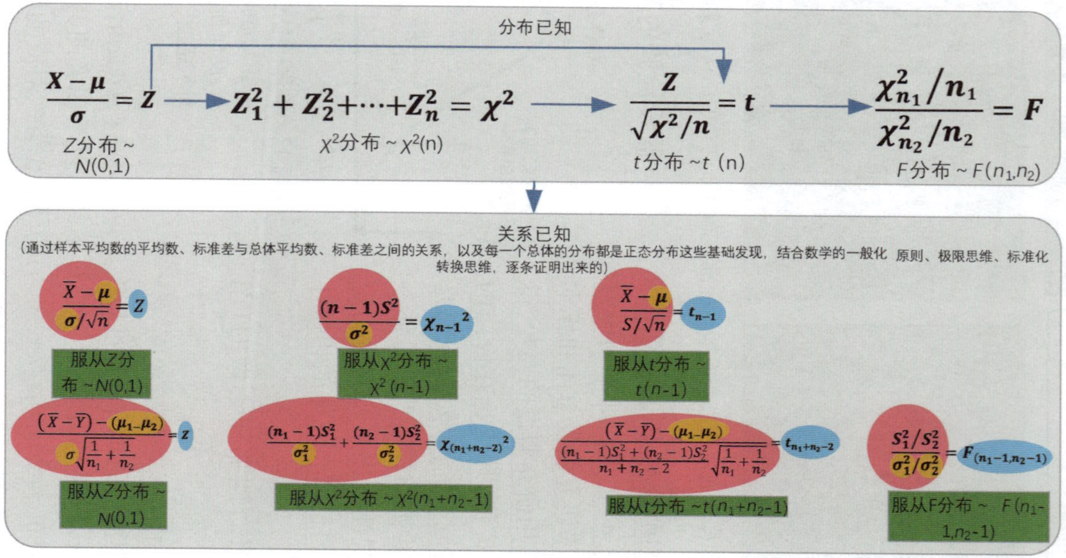

图 3.18 单称样本使用研究假设上假定事实完成变换抵达已知分布，反向研判研究假设的函数示意图

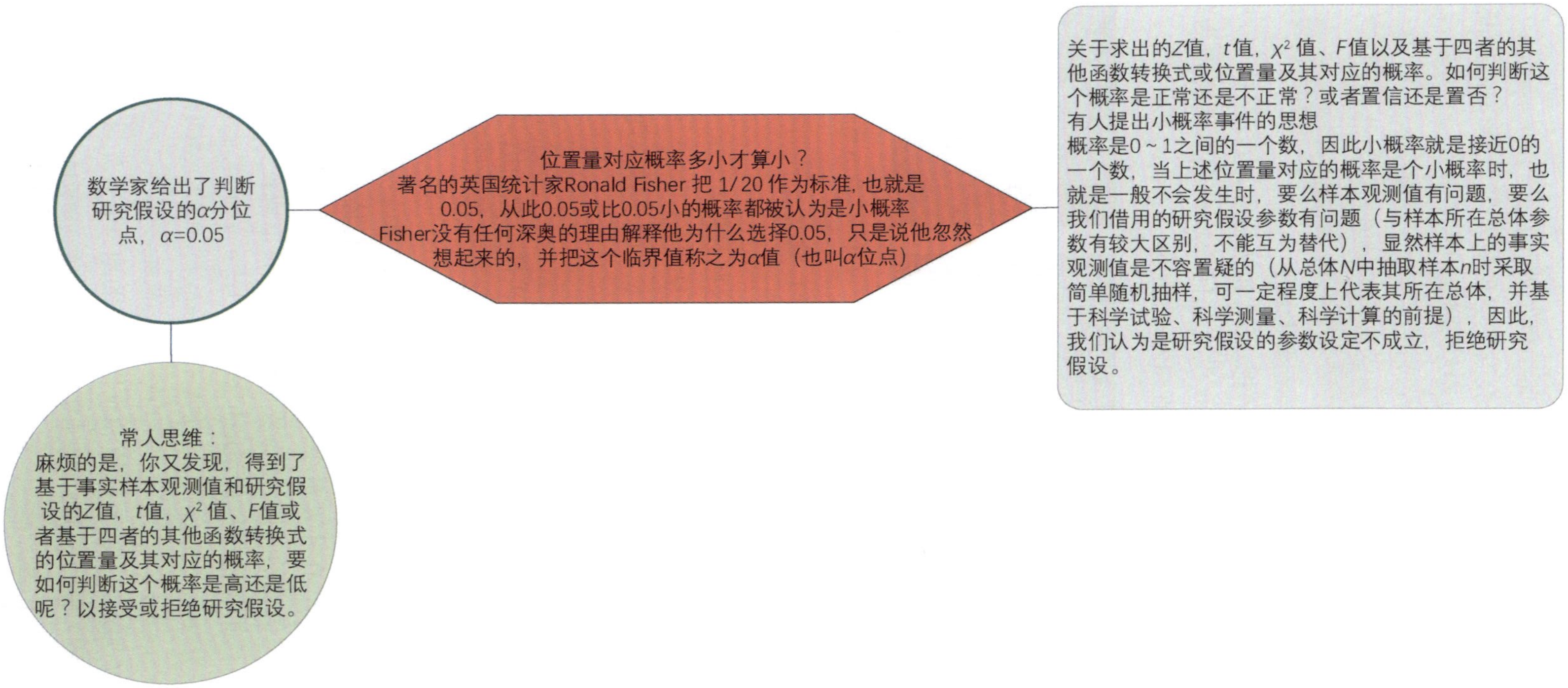

图 3.19　面对一望无际的分布，如何设定界值的推导示意图

事件”的思想：概率是 0～1 之间的一个数，因此小概率就是接近 0 的一个数。当上述位置量对应的概率是个小概率时，也就是一般不会发生但现在发生了，我们的推断是：要么样本观测值有问题，要么我们借用的研究假设参数有问题(与样本所在总体参数有较大区别，不能互为替代)，显然样本上的事实观测值是不容置疑的(从总体 N 中抽取样本 n 时采取简单随机抽样，可一定程度上代表其所在总体，并基于科学试验、科学测量、科学计算的前提)，因此，我们就认为是研究假设的参数设定不成立，即拒绝研究假设。

那么，位置量对应的概率多小才算小，以至于要考虑否定它？

著名的英国统计家费尔希(Ronald Fisher)把 1/20 作为标准，也就是 0.05，从此 0.05 或比 0.05 小的概率都被认为是小概率；Fisher 没有任何深奥的理由解释他为什么选择 0.05，只是说他忽然想起来的，并把这个临界值称为 α 值(也叫 α 分位点，见图 3.20)。

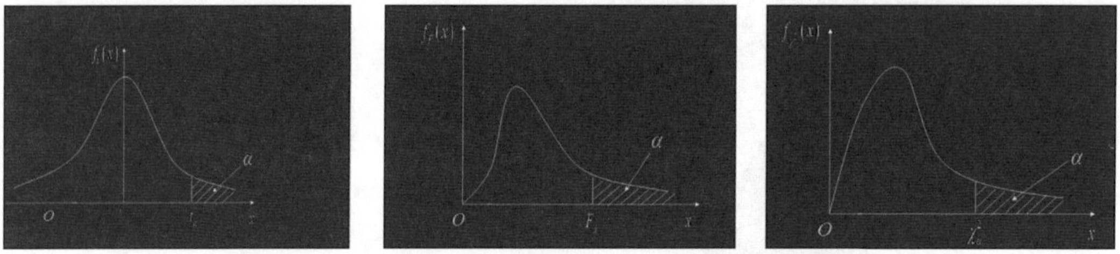

图 3.20　在分布上研判所用界值及其对应分位点的分布示意图

到这里，我们的三个问题已经全部解决了(图 3.21)，颇有一种曲径通幽的感觉。先回顾一下这三个问题。

第一个问题，如何看这些数据，也即如何统计分析这些数据？

第二个问题，这一次的单称事实是否能代表其所在总体？

第三个问题，针对你提出来的研究假设，这试验样本上的单称表现，到底如何评价或看待你的研究假设？

继续常人思维来个系统回顾：

如果你还没被搅糊涂的话，应该记得，我们是用一次样本观测值，代替了上述的样本平均数理论值，尽管样本观测值是事实如山的，但是单称事实在全称理论面前，总是要承认自己的局限性。因此，不论求出的位置量最终是接受了研究假设还是拒绝了研究假设，都不敢说是 100%的，而是在一定程度上的(或然的)。这个程度，就是样本观测值对其所在总体的代表程度，也即估计总体时的 α 值，如果涉及两个总体，还有另一种事先要考虑的误差和对应位置量，即 β 值，在计算最小样本量时，需将两者产生的误差都考虑到抽样误差中去。而到检验研究假设的时候，则需要根据实际的置信或置否情况，对该结论的把握度，做出第二次的估计，即拒绝研究假设的把握度为 $1-\alpha$(α 的实际值或者叫 p 值)，接受研究假设的把握度为 $1-\beta$(β 的实际值，如何求出 β 值是个不小的工程，如你有兴趣可自行研究，其与 α 的关系，和最终的判断原则，与我们临床上的敏感性、特异性 ROC 曲线的原理一致)。

这就是概率论与数理统计逻辑上麻烦和难以理解的地方：首先，对求出的位置量进行不完全(概率的、或然的)评价(原理是，产生于真实世界随机现象的随机性，于是只好在真实事件的真实分布上判断，即把“点”置于“线”上进行判断，于是要有分界点，即 α 分位点)；其次，对不完全评价的把握度，再次进行不完全的评价(原理是：产生于抽样行为(不完全，单称的)之下单称事实之于其理论总体

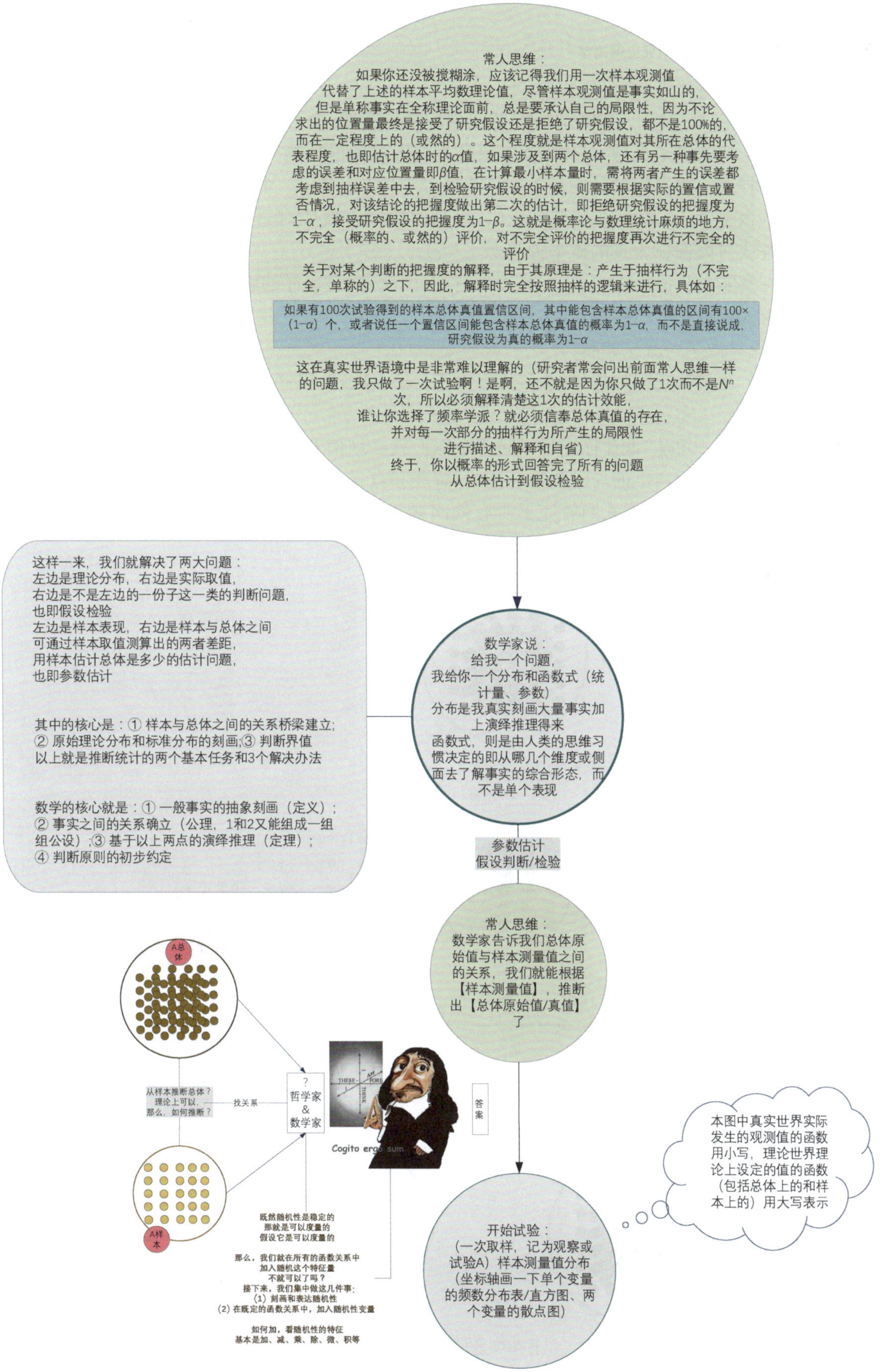

图 3.21　数学家实现从单称事实到全称事实泅渡的闭环推导示意图

的局限性或代表性)。且由于这种处理是为了回应抽样问题，因此，在对其进行解释时也是完全按照抽样的逻辑来进行，具体如：如果有 100 次试验得到的样本总体真值置信区间，其中能包含样本总体真值的区间有 $100\times(1-\alpha)$ 个，或者说任一个置信区间能包含样本总体真值的概率为 $1-\alpha$，而不是直接说成，对总体的代表性或对总体的代表程度或样本值的真实性或研究假设为真的概率为 $1-\alpha$。

这在真实世界语境中，是非常难以理解的，因此，面对这样的解释，研究者常常会喊出与前面常人思维一样的感慨：

“可我只做了一次试验啊!”

“是啊，还不就是因为你只做了 1 次，而不是 N^n 次，所以必须解释清楚这 1 次的估计效能啊!”

后面还有一句是“谁让你选择了频率学派？就必须信奉总体真值的存在，并对每一次部分的抽样行为所产生的局限性进行描述、解释和自省……”

终于，你以概率的形式回答完了所有的问题，从(样本)总体估计到(研究)假设检验，这样一来，我们就解决了两大问题(图 3.22)。

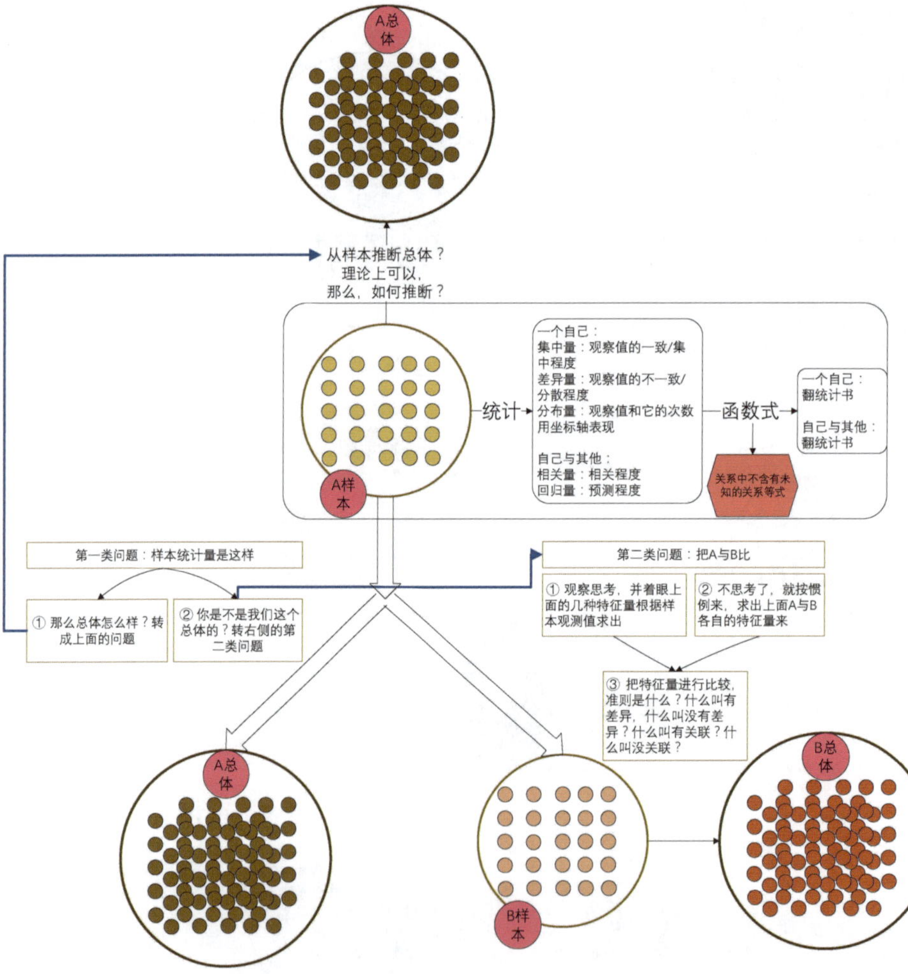

图 3.22 单称事实前的问题情境回顾逻辑示意图

一是，左边是理论分布，右边是实际取值，右边是不是左边的一分子这一类的判断问题，也即假设检验；

二是，左边是样本表现，右边是样本与总体之间，可通过样本取值测算出的两者差距，用样本估计总体是多少的估计问题，也即参数估计。

其中的技术核心和原理是：① 样本与其两个总体之间的关系桥梁建立；② 原始理论分布和标准分布的刻画；③ 判断界值。

以上就是推断统计的两个基本任务和 3 个解决办法。

其中数学的核心和策略是：① 一般事实的抽象刻画(定义)；② 事实之间的关系确立(公理，1 和 2 又能组成一组组公设)；③ 基于以上两点的演绎推理(定理)；④ 判断原则的初步约定。

数学家说：给我一个问题，我给你一个分布和函数式(统计量、参数)，分布是我真实刻画大量事实加上演绎推理得来的；函数式，则是由人类的思维习惯决定的，即从哪儿个维度或侧面去了解事实的综合形态，而不是单个表现。

藉由参数估计和假设判断/检验，常人思维喊出的那些基本问题"数学家告诉我们总体原始值与样本测量值之间的关系，我们就能根据【样本测量值】，推断出【总体原始值/真值】了，以及对某些【假设值】进行判断了"，已经被充分解决。以上推理过程中，有两个非常难处理的思维就是：

a) 时时刻刻处理好真实世界单称事实与其对应理论总体的关系，如果思维没有到底层游弋过，大部分人会厘不清【试验的单称事实其试验样本与其所代表总体】和【研究假设的全称规律属性和其所代表的总体】，而我们的核心任务是这两个"理论总体之间的比较"，以及如何实现这个"理论总体与理论总体之间的比较"。

我们很清楚地知道，理论总体(全称规律/全称事实)不能漂在天上，必须走下神坛，以单称事实之真身，来进行/接受实质性检验；然而，就是这走下神坛的动作，即真实世界单称试验本身，必须首要地厘清自身与总体之间的关系(贝叶斯统计除外)，在事前是充分准备，以充分代表其所在总体，一旦完成抽样之后，一切已成定局(这个道理与"概率和频率"之间的关系是一样的)。作为研究者，首要需回答自己本次试验所得单称事实，距其所期望代表的真身有多远，于是，事前就有个抽样误差估计的问题，包括抽样误差的绝对值和期望落在何概率区间，以计算出样本容量，此为一；同时在抽样时要做到随机，此为二[这些原则其实是由我们所面对世界的真实属性决定的，而不是哪个临床流行病学家要为难临床研究工作者而设置的新概念。历史上，第一个将数学与逻辑学引入临床医学研究的是阿尔万 · R. 范斯坦(Alvan R. Feinstein)，只是这位科学家不太擅长和喜欢翻译数理术语，或者原因可能在于他能够充分地理解而不认为需要翻译，带来的结局是临床医生非常难懂，接着一个叫戴维 · 萨基特(David Sackett)的科学家负责对这个数学与逻辑进行翻译，于是，原本的概率论与数理统计和逻辑学的语言，被翻译成一种临床医学研究/临床流行病学的语言，虽然面貌看上去可以理解，然而，却失去了数理的风格，变成了一种规则式语言，且这个语系正在蓬勃发展，如横断面研究、病例对照研究、队列研究、巢式研究、回顾性队列研究、前瞻性病例对照研究、meta 分析、真实世界研究、倾向性评分、亚组分析、效果研究、效力研究、网状 meta 分析……结果是，翻译出来的新语系一样不那么容易理解，重新以新的负担形式，造成临床研究者的恐慌和畏惧，而这些内容是学科属性？经验属性？还是数理属性？临床医生多数选择将其作为经验属性来看待，于是有时遵守，有时放弃遵从，如简单随机抽样、计算样本量，而这些其实是数理统计中的基础性要求和数理属性]；紧接着事后，要及时首要汇报，单称试验样本值表现对其所在总体的代表性，于是首先汇报样本平均数±抽样平均误差。之后，面对研究假设，① 如何回应，② 对这回应，又如何回应，这个②的部分与前述单称试验对其所在总体的代表性，是一个闭环呼应。

b) 要处理好检验“研究假设”的核心问题和实施原则，在概率论与数理统计中，这个部分被描述得非常绕，在设置 H_0 和 H_1 时，要绕上一顿，在把谁作为 H_0 时又要绕一顿，对结果实际的位置进行判断时，再是一顿绕，三个回合下来，脑子已经分不清了，但是大部分的应用统计都是这么描述的，并把这个部分说得很玄幻。

其实你只需要理解两个核心，尤其是从事临床工作的你，首要地，先记牢自己的研究假设，忘记 H_0 和 H_1，接下来，第一是，我们在多大区间上对研究假设进行判断，也即超过了什么区间，我们就认为必须要否定研究假设了，因为我们是在一个一望无垠的轴上对结果进行判断的，而不是 A 与 B 的点状比较(被作为参照系的坐标轴在横轴上是从一个无穷到另一个无穷的)，因此，我们必须要界定好分界点(分位点)，也就是 α 值的问题；第二是，当我们约定以 α 为前提，进行具体判断时，单称事实的表现如果引入/借用研究假设的元素/参数后(检验统计量的函数式)，用于判断的结果(检验统计量的计算值)如果不在前述约定好的区域($1-\alpha$)，就直接说明研究假设有误(记住，这是建立在“坚定地相信本次试验代表了事实本身基础上的”)，进一步地赶紧评价这个判断有多大可能性，我们有个直接的思维，就是 $1-\alpha$(事先是给定的 α 值，最后陈述时用 α 的实际取值，前文已述，这是用来回应抽样误差的)；相反，如果用于判断的结果在前述约定好的区域($1-\alpha$)，就直接说明研究假设的参数引入没有对“一个样本应隶属于其在的总体”这一事实造成影响，就直接推理出研究假设是可以接受的(同样是建立在“坚定地相信本次试验代表了事实本身基础上的”，然而“接受”是个麻烦的事实，它不像拒绝那么明确，一不小心也许就滑入了拒绝区域，且背后有犯错的概率就是事先假定的 β 值)，进一步地赶紧评价这个判断有多大可能性(回应试验上的单称事实，其抽样误差可能对此结果造成何干扰)，对应的就是 $1-\beta$(事先是给定的 β 值，最后陈述时用 β 的实际取值，同样的，前文已述，这是用来回应抽样误差的)。

以上这种“总是事先假定有什么真理悬挂”和“实际只能用单称事实表现来判决”“于是不得不对单称事实的局限性在真理总体面前忏悔”来回穿梭的思维，是概率论与数理统计令人非常费解的地方。于是，每次都一本正经地设置一个理论总体的上帝(试验样本的总体和研究假设的总体)，每一次都无情地抛弃上帝，而用真实世界的实际表现来做最终的判定和陈述，这背后的哲学意味异常深远，颇有一种“也许承诺不过证明没把握”的风范。其中 $1-\alpha$ 和 $1-\beta$ 的实际取值，深深表明：频率学派意识到，事实虽然作为它自己总是为真(所以相信，并以其为参照系)，但是事实作为总体中的一个代表时，却必然会犯单称的错误。因此，频率学派对总体真值存在的信念是非常深刻的，这种“让子弹在空中飞一会儿”的过程，也许比贝叶斯更好地模拟了这个真实世界的或然性(全力以赴地相信，心甘情愿地接受)，而这飞的过程中，频率学派并不只是空想和祈祷，而是用逼真的正态分布及其相关转化分布真实地刻画世界的规律框架，以及用单称事实与其所属全称事实之间客观的相等关系，将子弹从空中引到了靶子上，拥有这种审慎、怀疑、信心、余地的、更现实主义的真理想主义哲学观，也许正是频率学派看不上贝叶斯学派的地方，前者有迂回，具体表现在有信念、有假设，又有不顾假设而拥抱事实真理的决心，而后者则太过于暴烈，坚定地相信和取用已看到的事实，并对每个试验充满了没有依据的信心，毫无迂回的科哲美感，更像个暴烈的工匠，其背后，是比频率学派更理想主义的迷现实主义哲学观。

以上全推导过程中所用到的线索指引图，其全景图见书末附图 1。

2 样本总体估计与研究假设检验

(1) 样本总体估计

如果你顺利地跟随轨迹完成了论证和推理过程，不妨再仔细查阅一下图 3.23，它用更为简明的形式，指明了如何用样本统计量来估计其所在总体的参数。

(2) 研究假设检验

图 3.24 则是简明地汇总了，我们如何在单称事实与两个理论总体之间搭了一座关系的桥(样本统计量的统计量与所在总体的参数之间的关系，概率可以运算前提下的各种关系的函数变换)和事实属性的桥(正态分布和四大分布，其单个取值的各种函数变换式、概率密度函数、分布函数)。

(3) 样本总体估计与研究假设检验

以上两个图示的汇总(图 3.25)，关键需要看清楚链接两边的桥梁，即抽样误差。

3 概率论与数理统计基本概念树状图

在前述推导中，我们省略了许多基本概念的介绍，也更换了一些概念常规的叫法、名称，图 3.26 是将概率论与数理统计中最基本的概念及生长关系，以树状图形式呈现出来，便于你梳理清楚各个基本概念之间的衍生关系和决定关系，并在必要的时候便于查阅，其中内容主要参考《心理与教育统计学》①。

4 概率论与数理统计最基本的逻辑推理导图

假定你已经建立了基本的概率论与数理统计的思维框架，请使用图 3.27，自己全程再推理一遍，以巩固和研判之前的理解，图 3.27 很简洁，左侧是数学原理，右侧是临床问题，为了保证完整性，其中数量/测量值的基本属性/性质也有必要的涉及。你可以推理一遍看看。其中内容主要参考《概率论与数理统计》②。

5 概率论与数理统计中最为重要的图

到这里，本书的【核心概念】部分就快要结束了，如果说有什么需要反思和建议的话，强烈建议临床研究者把以下这个分布(图 3.28)牢牢记在心中。这个分布，是整个概率论与数理统计的“存在属性的基础”和各个“参数之间函数关系的基础”。整个概率论与数理

① 邵志芳. 心理与教育统计学. 上海：上海科学普及出版社，2004.
② 盛骤，谢式千，潘承毅. 概率论与数理统计. 第四版. 北京：高等教育出版社，2008.

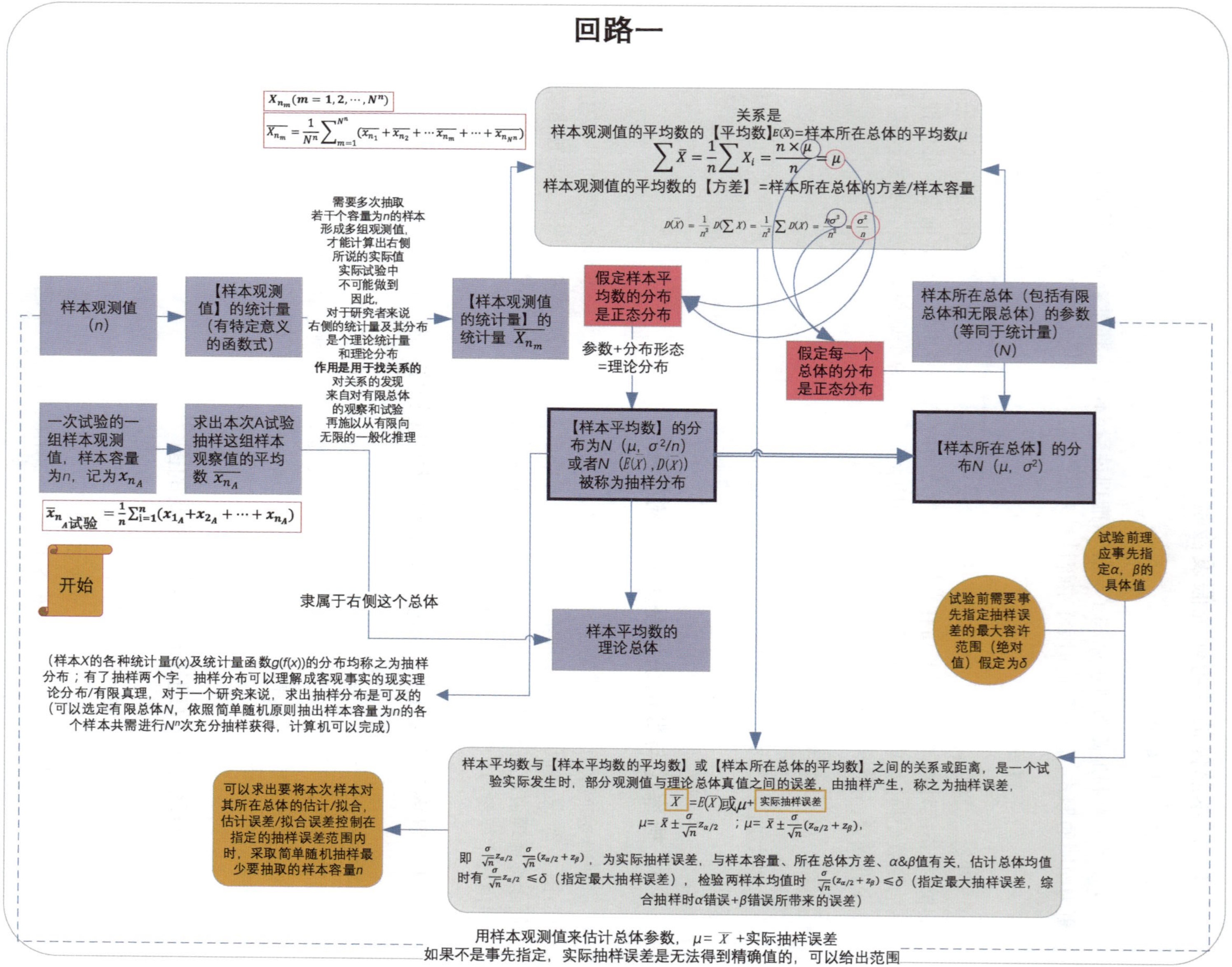

图 3.23 从单称事实游向其两个总体的函数混合推导示意图

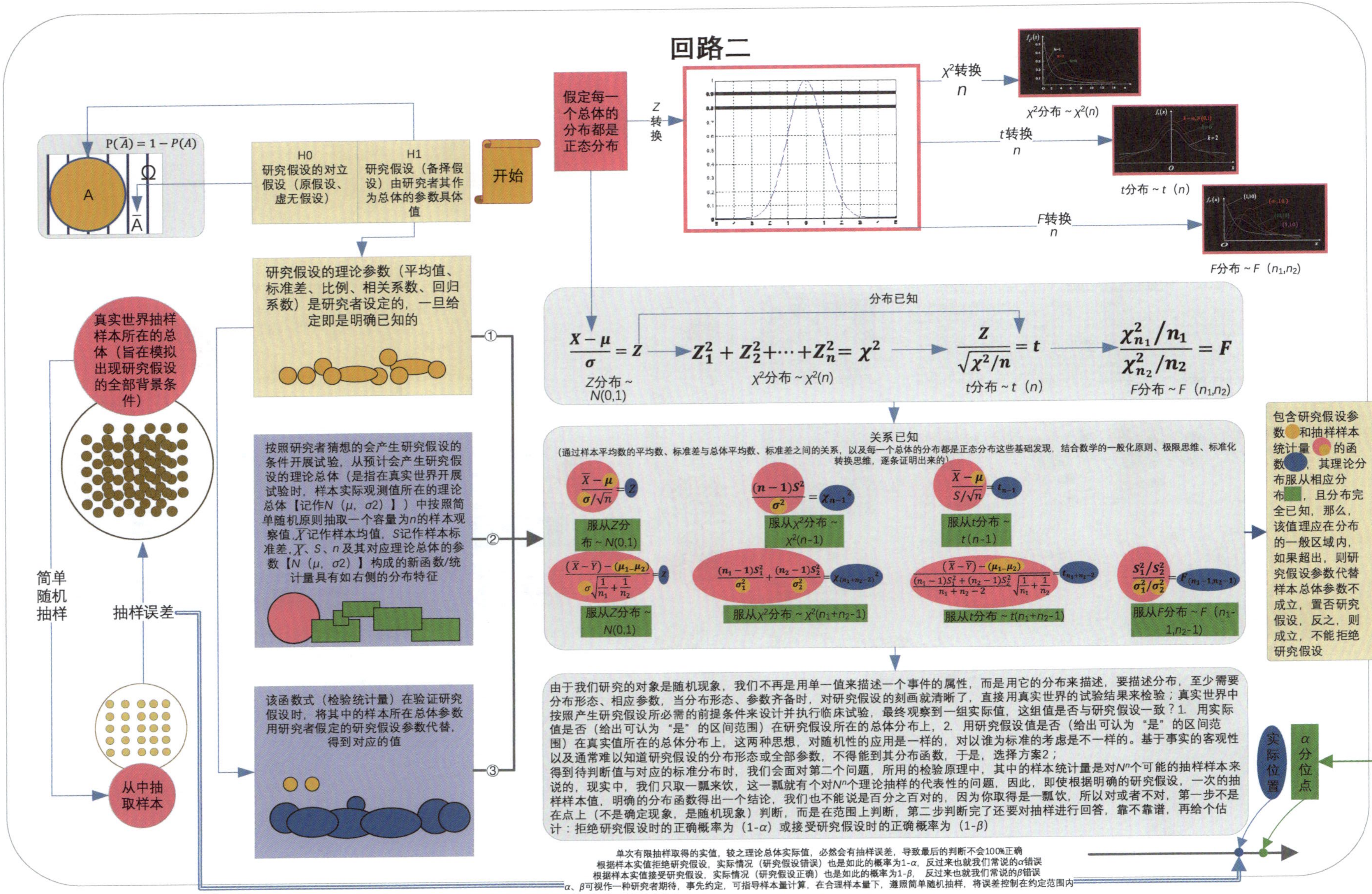

图 3.24　研究假设介入单称事实与其两个总体之间关系并被反向研判的函数混合推导示意图

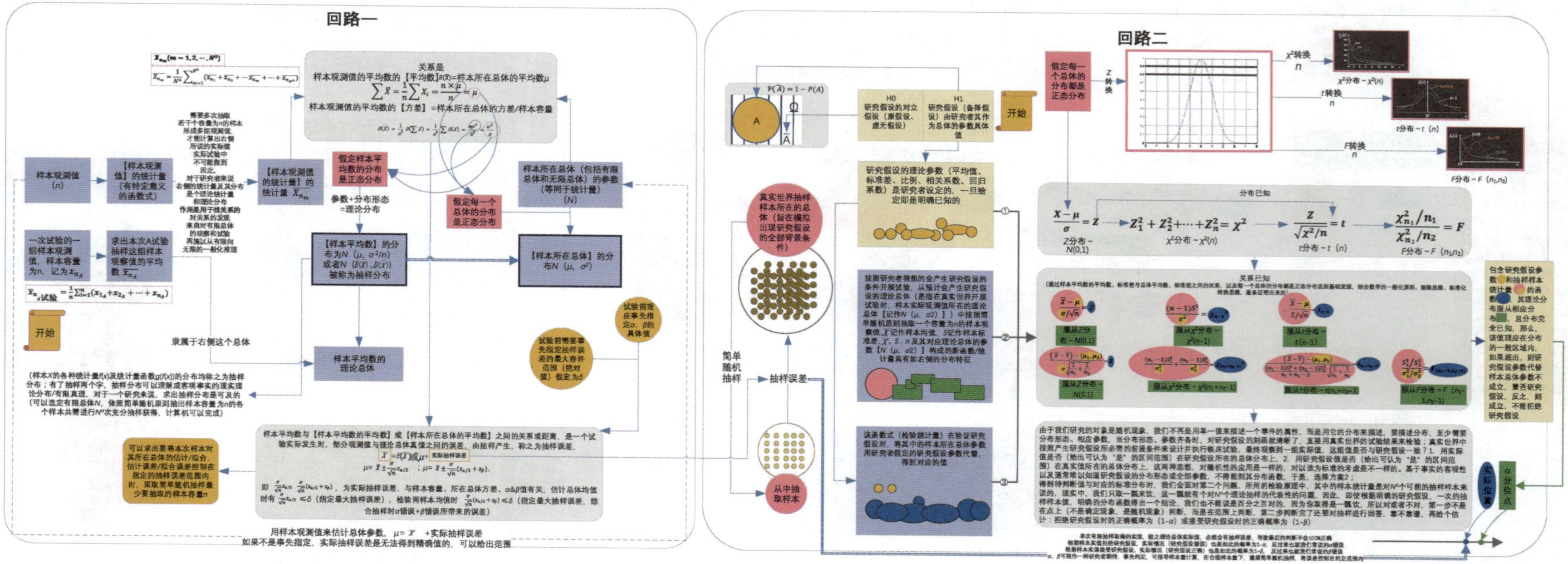

图 3.25　研究假设、单称事实、其两个总体的三角恋情与实际应用的函数混合推导示意图

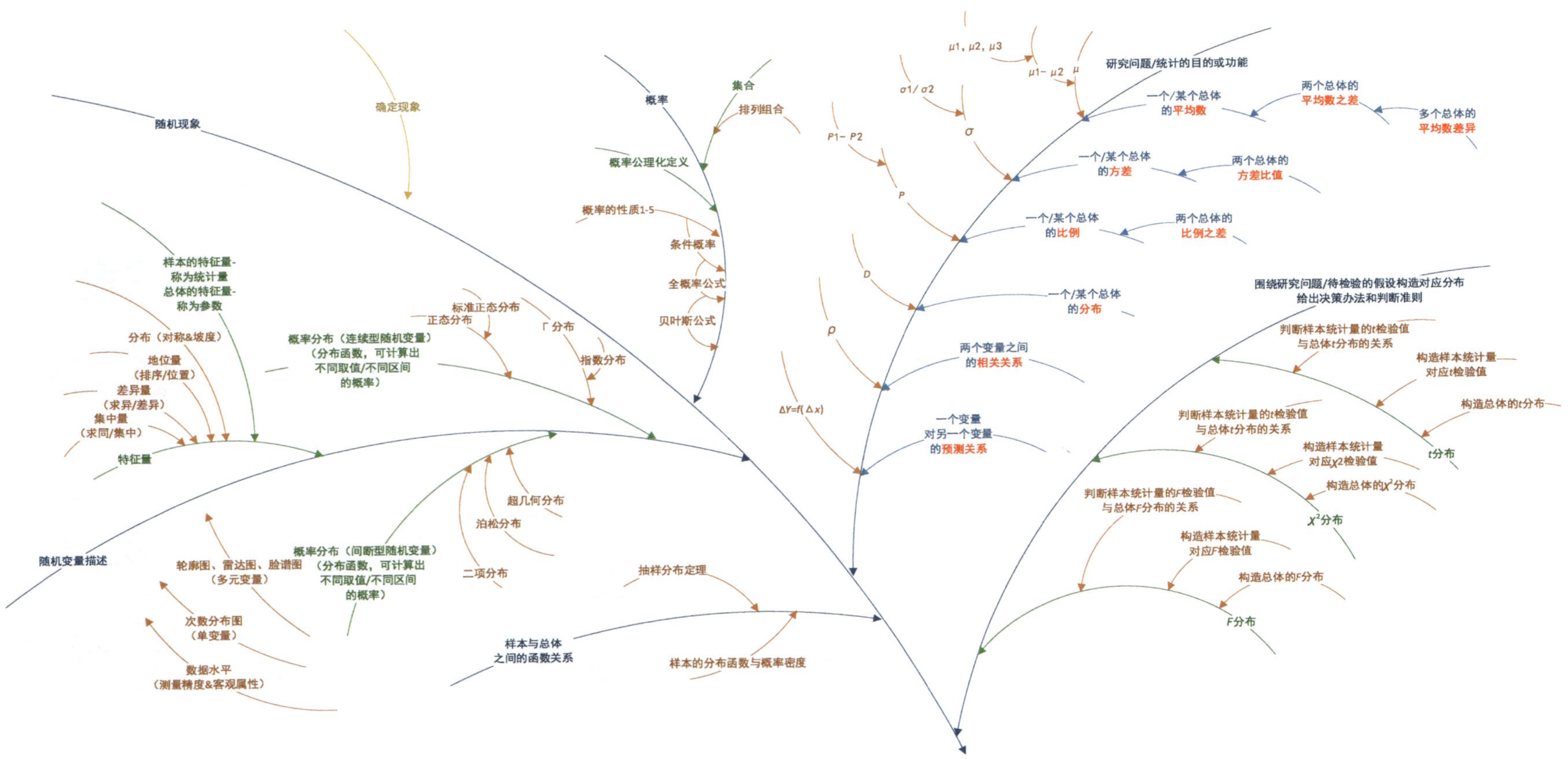

图 3.26 支撑研究假设、单称事实、其两个总体三角恋情的基本概念树状图

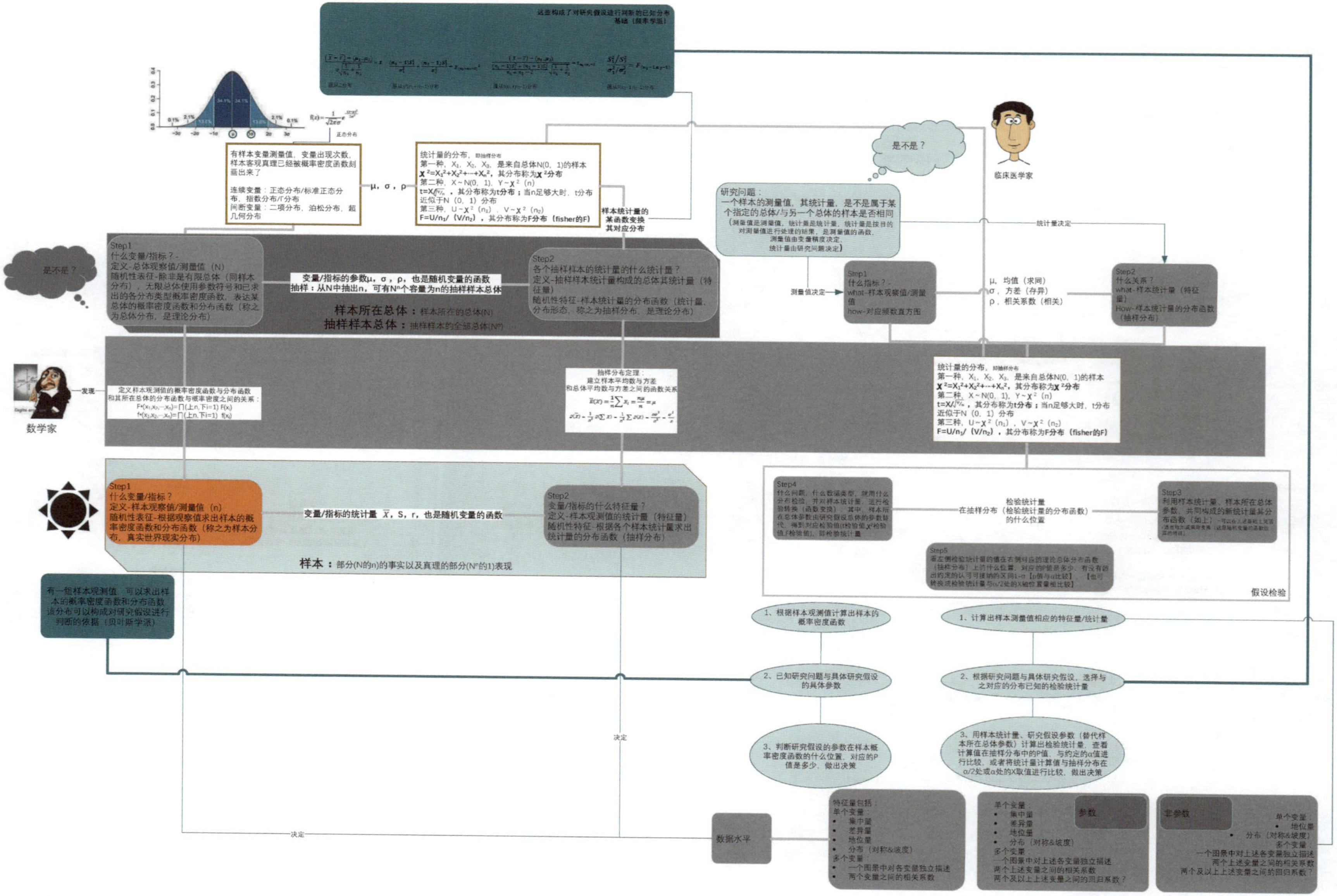

图 3.27　当回临床科学家，接过数学家手中的接力棒，独自完成推理的思维导航图

统计，正是以正态分布为事实起点，抓住事物性质和矛盾的两大核心，即算术平均数（求同）和标准差（存异），继而藉由发现的样本及其总体特征量之间的函数关系，进行剔除参数存在属性的标准化转换，而只保留通用的位置量，又整体基于标准化转换后的算术平均数和标准差的概率密度分布函数，进一步对标准正态分布的基本参数，即算术平均数和标准差，进行各种基于真实世界各类研究问题的函数转换，而得到新的、仅与样本容量有关的已知分布。正是基于这个已知的分布，才构成了对各个试验结果其相关函数变换值，可进行研判的基础。其中标准化位置量也即 Z 值，代表着一般数值离开算术平均数（μ，中心）具体是几个标准差（σ，离散）距离的数量。1 个标准差距离可覆盖 68.3%的一般取值，2 个标准差距离可覆盖 95.5%的一般取值，而 99.7%的一般取值都分布在离中心（μ，算术平均数）3 个标准差（σ）以内的距离，两侧加起来就是 6 个 σ，这就是工业上所说的 6σ 原则，也即工业标准的容错率不得超过 1－99.7%，或者 99.7%概率下一切生产都应该处于正常状态。

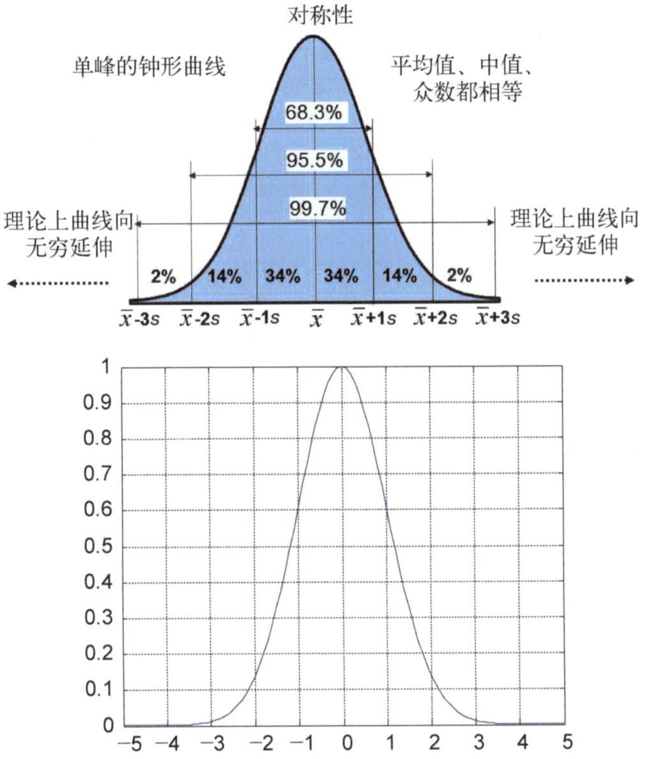

图 3.28 欣赏正态分布之美，领悟标准正态分布之实

6 概率论与数理统计中的数学推导逻辑

我们一路从第三支路出发，花了近 3 万字，来重点介绍和描述第三支路“概率论与数理统计”对于“单称事实属性判断和利用、单称事实如何过渡到全称事实/规律”的处理方法。如要与前述部分形成呼应的话，第 1 章和第 2 章旨在描述如何归纳，以提出一个研究假设，第 3 章则旨在描述如何演绎，对得到的归纳假设/全称规律进行证明和研判。

单称与全称，归纳与演绎，科学发现与科学证明，这三个基本点，构成了整个科学研究的诞生过程、演绎过程，这也正是经验事实，得以进入科学理论世界的实际历程。

知识到底是如何诞生的？

从单称经过归纳到全称，以全称假设为前提，构建单称事实，对全称假设进行检验。

而数学，是使得这个过程变得存在、合理并白箱化的工具。

数学在面对随机现象时，其发展出概率论与数理统计这门学科来解决【随机现象的随机性】以及【由此而产生的单称事实在全称事实面前的局限性】。

概率是刻画和描述这种随机性的工具，是一切的重中之重，而参数估计和假设检验只是一种解决问题的常人逻辑思维，数学家能想到的常人也必然能够理解。

除了概率作为刻画工具，参数估计和假设检验作为思维逻辑，数学家在其中超出一般人刻板认知的是，认真一点点刻画(表 3.5)和建立其对大自然各类事件的绝对临摹，即各种总体分布的具体形态和诞生场景，及参数特征。

表 3.5　研究后验概率时各数学家抛掷硬币以发现正面概率特征的抛掷试验次数

试　验　者	抛 掷 次 数	正面朝上次数	正面朝上率
德摩根	2 048	1 061	0.518 1
蒲　丰	4 040	2 048	0.506 9
皮尔逊(Karl Pearson，父)	12 000	6 019	0.501 6
皮尔逊(Egon Pearson，子)	24 000	12 012	0.500 5

关于客观世界是什么，数学家和我们一样，先是藉由观察—试验，最后是临摹和表达。

关于概念之间的关系是什么，数学家和我们一样，也是藉由观察—试验，最后是推理和证明。

数学家有什么？一双善于发现的眼睛、一颗大胆临摹自然的心和一副大胆推理并严密闭环论证的大脑。

图 3.29 是数学家的论证逻辑和非数学家的论证逻辑之间的关系，其中金黄色代表数学、黑色代表非数学。有红色背景的，是知识的起源假设，是所有归纳和演绎的起点。如果你有兴趣，可以自己感受数学这门纯粹逻辑学科与其他应用学科的异同，以增加使用数学来解决本学科问题的思维能力(图 3.30)。

7　三个关于

在上述内容中，我们跨过了大批的基本概念，以上已有树状图进行综合呈现，下面进一步地对其中重要的概念进行更为详细地介绍，以帮助你更好地理解上文的推导过程。

(1) 关于常人思维很容易想到的统计分析

不妨用常人思维考虑下，当你开始观察(一切科学研究始于观察，始于描述)某个指标的数值

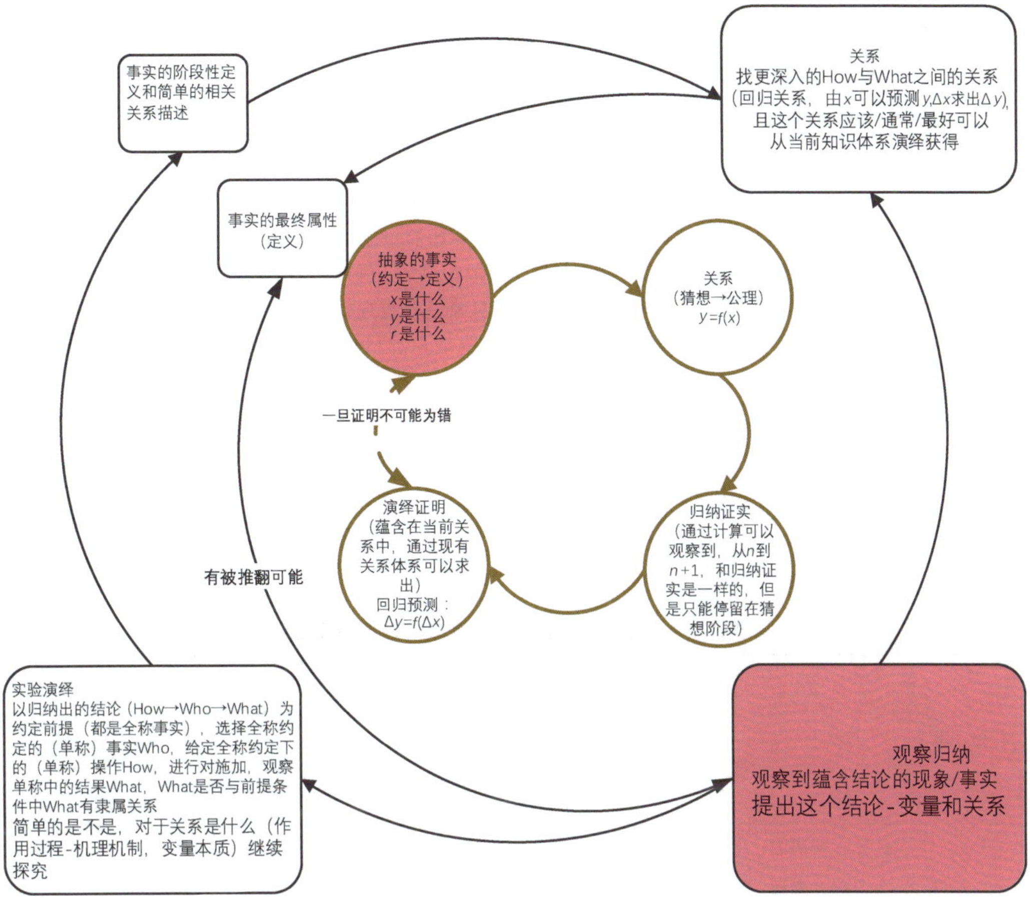

图 3.29　真实经验世界的应用科学与逻辑唯理世界的数学科学学科，获得知识的不同推理路径

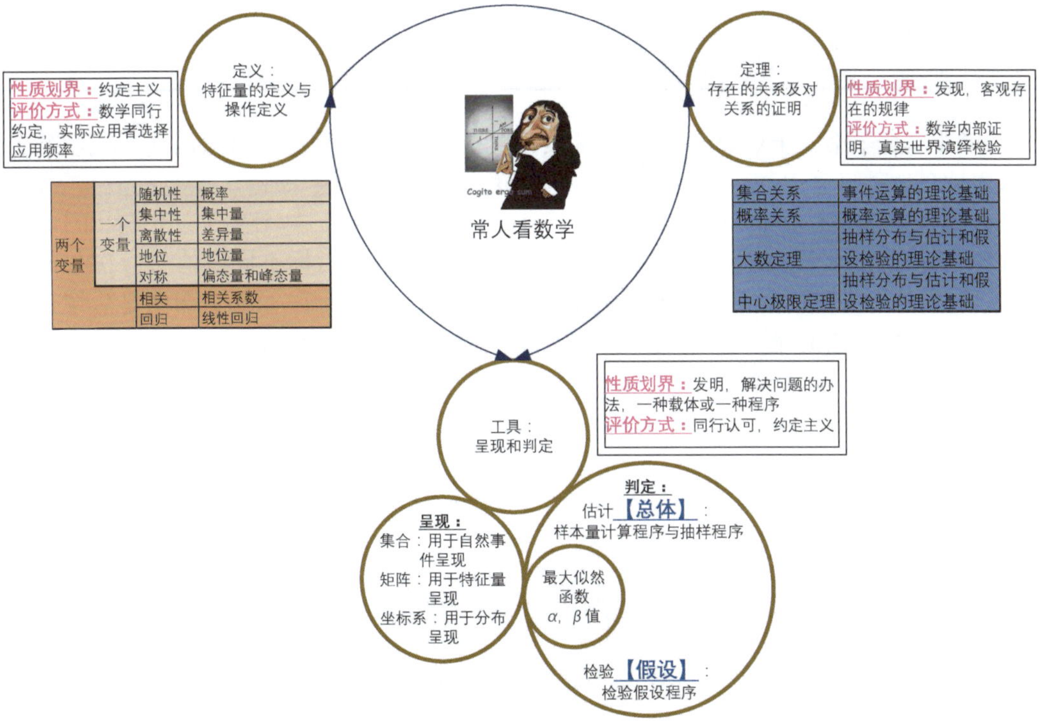

图 3.30　数学世界对关系的刻画和对事实的刻画及逻辑思维与思维工具

(样本观测值)时，基本想了解以下三个问题：① 绝对值是多少？涉及具体多少的数量取值(如指标查出来多少?)，② 相对位置是多少？涉及总范围及数值的顺序列位(这指标正常不正常?一切始于比较)，③ 占比多少？涉及不同取值及其数量的分布(我这种情况多吗?)。(除非一个指标就是简单的计数，一个人，两个人，一棵树，两棵树，但是这种原始简单的计量对于我们挖掘大自然更深的规律并予以应用，是提供不了什么实质性帮助的，我们要想自由地获得某一种现象的某一种特征 y，就必须进入现象内部去，找特征出现的前提条件 x，r，一旦深入其中，研究对象就会微观或抽象到超出人眼可及的范围，那么，这时就需要对这个对象建立一种新的刻画体系或度量方法，这时，我们对一个指标的刻画，首先是建立定义，假设其存在，再经过一段时间的分类和比较研究，最后才终于实现定量测量。)

这些最基本的思考，已经全面涵盖了一个有意义的数值的基本特征。分别包括，① 数值取值(数值本身作为对不同指标的度量，受指标本身特性及测量工具的影响，对属性本身的刻画，精细度不同，其是相对的)；② 数值地位(数值所在位置，数值出现的频次，由数值自身属性唯一决定，其是绝对的，这也是诊断性试验的理论假设，测同一个指标，无论什么工具，如果所测对象确系相同，理应有相对位置上的一致性)，其属性见表 3.6。

表 3.6　常人思维看样本上的单个数值特征量

分　类	明　　细	原始值 一组观测值的列队 样本 取值	原始值分布 一组观测值的二维列队 样本 频次
值	离散：分类	√	
	离散：等级	√	
	连续：等距	√	
	连续：比率	√	
分　布	某次事件在未来时空上的取值	√	√
	某次事件在横截面空间上的数值	√	√

上述完成了第一步对数值的白描，需要用到的工具，一是对指标数值的测量或度量工具，这是个学科问题(从分类概念，到比较概念到定量概念，关于定量概念及其测量：我们必须有一套测量过程的规则，这些规则不是别的，不过是告诉我们怎样为一定的物体或过程指定某种数目，以至于我们可以说，这个数目代表了这物体的量值，《科学哲学导论》[①] p62)，二是用来刻画指标不同取值对应次数的计数工具，数学上可以用分布表(频数表)和分布图(频率直方图)来表示，这个分布图是后续刻画总体分布的事实依据(在不确定性现象中，单称事实不能代表全称事实，但是全称事实的本质属性却只能借单称事实来体现)。样本观测值单个数值、样本各数值及其频次[频率(frequency)＝单值对应频次/频次加和总数]、样本所代表总体的所有样本值及其概率[概率(probability)]，三者之间的关系，如表 3.7(关于分布，此处仅是由于思维需要，取其字面的含义，即什么值和其出现多少次，关于根据“样本分布”抽象出的“总体分布”及其数学公式定义，以及“抽样分布”，即对于给定样本容量 n 的样本，如何刻画其所代表样本容量 N 总体的分布，后续会给出简要介绍)。

---

① R. 卡尔纳普. 科学哲学导论. 张华夏，李平译. 北京：中国人民大学出版社，2007：62.

表 3.7　常人思维透过样本表现临摹总体分布全貌

分　类	明　　细	原始值	原始值分布			
		一组观测值的列队	一组观测值的二维列队			
		样本	样本	总　体		
		取值	频次	概率	概率密度函数	分布函数
值	离散：分类	√				
	离散：等级	√				
	连续：等距	√				
	连续：比率	√				
分　布	某次事件在未来时空上的取值	√	√			
	某次事件在横截面空间上的数值	√	√			
	一类事件在未来时空上的取值表现： 1. 独立事件出现的比例：0-1 分布、二项分布、超几何分布、均匀分布 2. 独立事件出现的次数：泊松分布 3. 独立事件出现的间隔时间：指数分布 4. 受当前状态影响的事件未来出现的比例：马尔可夫分布	√	√	√	√	√
	一种事件在横截面空间上的数值表现：正态分布	√	√	√	√	√

如果测量某一指标的一批数据，我们会进一步考虑对这个数据进行一个统计，来快速获得它的核心特征，这些核心特征经过人们的长期实践和数理统计学家的充分归纳，目前发展出以下常用特征量(包括一维变量和二维变量的常用特征)。很显然的是，特征量并不是什么玄妙的东西，它纯粹是人类自身逻辑思考习惯和对数据的某种研究需要互相作用而逐步发展起来的一种计算方法，因此，它是一种基于需要的约定主义操作，其次，它与观察值之间是前述约定的函数关系，算法中不含有未知数，可以根据观测值直接计算出来。相关特征量示意图见表 3.8。

表 3.8　常人思维分析多个样本关系所用特征量及在总体上如何应用该特征量

分类	明　细	原始值	原始值分布				原始值的统计量 一维随机变量的特征值			原始值的统计量 二维随机变量的特征值		
		一组观测值的列队	一组观测值的二维列队				计算出一组观测值的某个统计量 A			计算出二组观测值之间某种关系的统计量 A		
		样本	样本	总体			样本			样本		
		取值	频次	概率	概率密度函数	分布函数	定义	计算公式/方法	特征及适用条件	定义	计算公式/方法	特征及适用条件
值	离散：分类	√										
	离散：等级	√										
	连续：等距	√										
	连续：比率	√										

（续表）

分类	明　细	原始值	原始值分布				原始值的统计量 一维随机变量的特征值			原始值的统计量 二维随机变量的特征值		
		一组观测值的列队	一组观测值的二维列队				计算出一组观测值的某个统计量A			计算出二组观测值之间某种关系的统计量A		
		样本	样本	总体			样本			样本		
		取值	频次	概率	概率密度函数	分布函数	定义	计算公式/方法	特征及适用条件	定义	计算公式/方法	特征及适用条件
分布	某次事件在未来时空上的取值	√	√									
	某次事件在横截面空间上的数值	√	√									
	非正态分布	√	√	√	√	√						
	正态分布	√	√	√	√	√						
集中量	算术平均数						√	√	√			
	中位数						√	√	√			
	众数						√	√	√			
	加权平均数						√	√	√			
	几何平均数						√	√	√			
差异量	全距						√	√	√			
	四分位距						√	√	√			
	离差						√	√	√			
	平均差						√	√	√			
	方差						√	√	√			
	标准差						√	√	√			
	差异系数						√	√	√			
地位量	百分位数						√	√	√			
	百分等级						√	√	√			
偏态量和峰态量	偏态量：偏度系数法						√	√	√			
	偏态量：四分位距法						√	√	√			
	偏态量：动差法						√	√	√			
	峰态量：百分位数法						√	√	√			
	峰态量：四级动差法						√	√	√			
相关系数	相关系数									√	√	√
	积差相关系数									√	√	√
	等级相关系数：斯皮尔曼等级相关系数									√	√	√
	等级相关系数：肯德尔和谐系数									√	√	√

(续表)

分类	明细	原始值	原始值分布				原始值的统计量 一维随机变量的特征值			原始值的统计量 二维随机变量的特征值		
		一组观测值的列队	一组观测值的二维列队				计算出一组观测值的某个统计量A			计算出二组观测值之间某种关系的统计量A		
		样本	样本	总体			样本			样本		
		取值	频次	概率	概率密度函数	分布函数	定义	计算公式/方法	特征及适用条件	定义	计算公式/方法	特征及适用条件
相关系数	质量相关系数：二列相关系数									√	√	√
	质量相关系数：点二列相关系数									√	√	√
	质量相关系数：多列相关系数									√	√	√
	复相关分析									√	√	√
	偏相关分析									√	√	√
线性回归	线性回归									√	√	√
	一元线性回归方程									√	√	√
	二元线性回归方程									√	√	√
	多元线性回归方程									√	√	√
	非线性回归模型：多项式模型									√	√	√
	非线性回归模型：指数模型									√	√	√
	非线性回归模型：幂函数模型									√	√	√
	非线性回归模型：成长曲线模型									√	√	√

关于特征量具体如何计算并不是很重要，因为你知道或不知道，它的计算公式就在那里，你认可或不认可，它就是那样一种约定，对于研究者来说，需要时刻牢记的是，① 样本特征量是直接对样本观测值进行相关计算而得到的，计算公式中没有未知的东西，也就是说，看上去再复杂的公式，你也可以通过手算来完成；② 样本特征量是研究者研究征途上的第一批成果，是研究结果的第一部分，用于快速了解样本的整体概貌；③ 根据我们一般的求同存异思维，平均数(数学期望)是最关键的集中量(求同)，方差是最关键的差异量(存异)。其他统计量都是对这两个变量的组合和变换(数学家喜欢归一的思想，即所有演绎结论都希望归到极少数量的定义公理下，这似乎既是自然之属性，也是数学家对自己工作的要求，那么，在统计量上，平均数和方差就是其他各类变换统计量的上游源头，其函数定义下文有详述)。

以下是数理统计背景同行眼中的特征量归类方式(表3.9)，其中附有具体的计算公式，这只是为了给你一个确定的感知，以加强对上述提醒三点的理解，可以欣赏公式的形态，而无需记住公式的内容。此外，以下内容还涉及：① 集合及集合计算属性(定义、关系),② 概率及概率计算属性(定义、关系),③ 变量(事件与概率组合,事件用集合表示)及变量加和属性(定义、关系)。由于大家都对这些定义至少有一定的概念认知,故不具体展开,在本书恰当的位置,如对你有帮助,会对重点予以介绍,如果有兴趣进一步补充相关知识,可阅读概率论与数理统计相关书籍。

如要对有哪些特征量有一个一览无余的认知,翻看表 3.8 即可。

表 3.9　研究单样本时的特征量与研究双样本时的特征量

<table>
<tr><th></th><th>特征量</th><th>离散型变量</th><th>连续型变量</th></tr>
<tr><td rowspan="7">一维随机变量的数字特征(特征量)</td><td rowspan="2">平均值(数学期望)</td><td>设 X 是离散型随机变量,其分布律为 $P(X=x_k)=p_k$, $k=1, 2, \cdots, n$,
$E(X)=\sum_{k=1}^{n}x_k p_k$ (要求绝对收敛)</td><td>设 X 是连续型随机变量,其概率密度为 $f(x)$,
$E(X)=\int_{-\infty}^{+\infty}xf(x)dx$ (要求绝对收敛)</td></tr>
<tr><td colspan="2">平均值(期望)的性质,即能否对其加减乘除及如何加减乘除
a) $E(C)=C$
b) $E(CX)=CE(X)$
c) $E(X+Y)=E(X)+E(Y)$, $E\left(\sum_{i=1}^{n}C_iX_i\right)=\sum_{i=1}^{n}C_iE(X_i)$
d) $E(XY)=E(X)E(Y)$,充分条件: X 和 Y 独立;充要条件: X 和 Y 不相关</td></tr>
<tr><td>函数的平均值(期望)</td><td>$Y=g(X)$
$E(Y)=\sum_{k=1}^{n}g(x_k)p_k$</td><td>$Y=g(X)$
$E(Y)=\int_{-\infty}^{+\infty}g(x)f(x)dx$</td></tr>
<tr><td rowspan="2">方差
$D(X)=E[X-E(X)]^2$,
标准差
$\sigma(X)=\sqrt{D(X)}$</td><td>$D(X)=\sum_{k}[x_k-E(X)]^2p_k$</td><td>$D(X)=\int_{-\infty}^{+\infty}[x-E(X)]^2f(x)dx$</td></tr>
<tr><td colspan="2">方差的性质,即能否对其加减乘除及如何加减乘除
a) $D(C)=0$; $E(C)=C$
b) $D(aX)=a^2D(X)$; $E(aX)=aE(X)$
c) $D(aX+b)=a^2D(X)$; $E(aX+b)=aE(X)+b$
d) $D(X)=E(X^2)-E^2(X)$
e) $D(X\pm Y)=D(X)+D(Y)$,充分条件: X 和 Y 独立;充要条件: X 和 Y 不相关
f) $D(X\pm Y)=D(X)+D(Y)\pm 2E[(X-E(X))(Y-E(Y))]$,无条件成立
g) $E(X+Y)=E(X)+E(Y)$,无条件成立</td></tr>
<tr><td>矩</td><td>① 对于正整数 k,称随机变量 X 的 k 次幂的数学期望为 X 的 k 阶原点矩,记为 v_k,即
$v_k=E(X^k)=\sum_{i}x_i^kp_i$, $k=1, 2, \cdots$
② 对于正整数 k,称随机变量 X 与 $E(X)$ 差的 k 次幂的数学期望为 X 的 k 阶中心矩,记为 μ_k,即 $\mu_k=E(X-E(X))^k=\sum_{i}(x_i-E(X))^kp_i$
$k=1, 2, \cdots$</td><td>① 对于正整数 k,称随机变量 X 的 k 次幂的数学期望为 X 的 k 阶原点矩,记为 v_k,即
$v_k=E(X^k)=\int_{-\infty}^{+\infty}x^kf(x)dx$, $k=1, 2, \cdots$
② 对于正整数 k,称随机变量 X 与 $E(X)$ 差的 k 次幂的数学期望为 X 的 k 阶中心矩,记为 μ_k,即
$\mu_k=E(X-E(X))^k$
$=\int_{-\infty}^{+\infty}(x-E(X))^kf(x)dx$
$k=1, 2, \cdots$</td></tr>
</table>

(续表)

<table>
<tr><th></th><th>特征量</th><th>离散型变量</th><th>连续型变量</th></tr>
<tr><td rowspan="8">二维随机变量的数字特征(特征量)</td><td>平均值(数学期望)</td><td>$E(X)=\sum_{i=1}^{n}x_ip_i$；$E(Y)=\sum_{j=1}^{n}y_jp_j$</td><td>$E(X)=\int_{-\infty}^{+\infty}xf_X(x)dx$；$E(Y)=\int_{-\infty}^{+\infty}yf_Y(y)dy$</td></tr>
<tr><td>函数的平均值(期望)</td><td>$E[G(X,Y)]=\sum_i\sum_j G(x_i,y_j)p_{ij}$</td><td>$E[G(X,Y)]=\int_{-\infty}^{+\infty}\int_{-\infty}^{+\infty}G(x,y)f(x,y)dxdy$</td></tr>
<tr><td>方差</td><td>$D(X)=\sum_i[x_i-E(X)]^2p_i$
$D(Y)=\sum_j[x_j-E(Y)]^2p_j$</td><td>$D(X)=\int_{-\infty}^{+\infty}[x-E(X)]^2f_X(x)dx$
$D(Y)=\int_{-\infty}^{+\infty}[y-E(Y)]^2f_Y(y)dy$</td></tr>
<tr><td>协方差</td><td colspan="2">对于随机变量 X 与 Y，称它们的二阶混合中心矩 μ_{11} 为 X 与 Y 的协方差或相关矩，记为 σ_{XY} 或 $\mathrm{cov}(X,Y)$，即 $\sigma_{XY}=\mu_{11}=E[(X-E(X))(Y-E(Y))]$
与记号 σ_{XY} 相对应，X 与 Y 的方差 $D(X)$ 与 $D(Y)$ 也可分别记为 σ_{XX} 与 σ_{YY}
协方差的性质
a) $\mathrm{cov}(X,Y)=\mathrm{cov}(Y,X)$
b) $\mathrm{cov}(aX,bY)=ab\mathrm{cov}(X,Y)$
c) $\mathrm{cov}(X_1+X_2,Y)=\mathrm{cov}(X_1,Y)+\mathrm{cov}(X_2,Y)$；$\mathrm{cov}(X,Y)=E(XY)-E(X)E(Y)$</td></tr>
<tr><td>相关系数</td><td colspan="2">对于随机变量 X 与 Y，如果 $D(X)>0$，$D(Y)>0$，则称 $\frac{\sigma_{XY}}{\sqrt{D(X)}\sqrt{D(Y)}}$ 为 X 与 Y 的相关系数，记作 ρ_{XY}(有时可简记为 ρ)
$|\rho|\leqslant 1$，当 $|\rho|=1$ 时，称 X 与 Y 完全相关：$P(X=aY+b)=1$
完全相关 $\begin{cases}\text{正相关，当 }\rho=1\text{ 时}(a>0),\\ \text{负相关，当 }\rho=-1\text{ 时}(a<0),\end{cases}$
而当 $\rho=0$ 时，称 X 与 Y 不相关
以下五个命题是等价的：① $\rho_{XY}=0$；② $\mathrm{cov}(X,Y)=0$；③ $E(XY)=E(X)E(Y)$；④ $D(X+Y)=D(X)+D(Y)$；⑤ $D(X-Y)=D(X)+D(Y)$。
独立和不相关
a) 若随机变量 X 与 Y 相互独立，则 $\rho_{XY}=0$；反之不真
b) 若 $(X,Y)\sim N(\mu_1,\mu_2,\sigma_1^2,\sigma_2^2,\rho)$，则 X 与 Y 相互独立的充要条件是 X 和 Y 不相关</td></tr>
<tr><td>协方差矩阵</td><td colspan="2">$\begin{pmatrix}\sigma_{XX} & \sigma_{XY}\\ \sigma_{YX} & \sigma_{YY}\end{pmatrix}$</td></tr>
<tr><td>混合矩</td><td colspan="2">对于随机变量 X 与 Y，如果有 $E(X^kY^l)$ 存在，则称之为 X 与 Y 的 $k+l$ 阶混合原点矩，记为 υ_{kl}；$k+l$ 阶混合中心矩记为：$u_{kl}=E\{[X-E(X)]^k[Y-E(Y)]^l\}$</td></tr>
</table>

常人思维至此，已经充分完成了样本层面的数据统计分析问题：不论是各个数值的分布，还是整体数量的集中特征、离散特征以及两个数量之间的相关特征和回归特征，都可以通过对应的函数关系式求得。这就是经验世界告诉我们的全部，称为统计学的描述部分(图 3.31)，如果不去思考那些样本对所谓真理的代表问题，以及所有样本与研究假设总体之间关系的问题，整个统计学到这里就结束了，历史上的这个时刻大约是 20 世纪 20 年代。

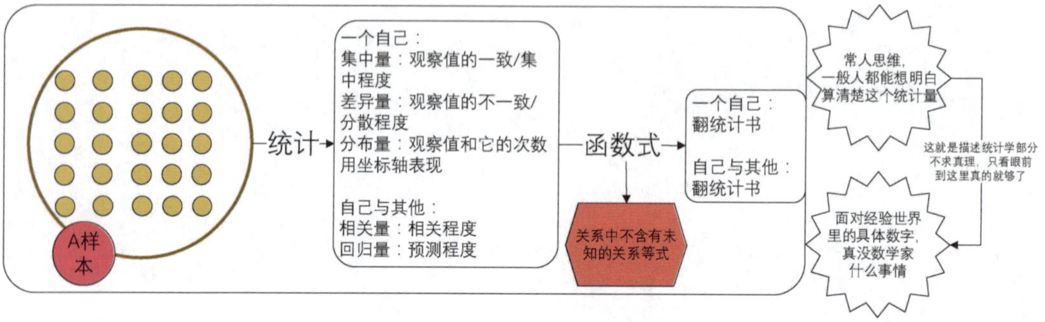

图 3.31　描述性统计的单纯与限制

然而，没有哪个科学家会满足于以上“部分事实的一般描述等是什么”的这类问题，他们工作了许久、观察了许久、思考了许久、最终归纳出了一个“全称规律可能是怎样”的猜想阶段的论断/结论/假设[有 x，有 y，有驱策 x 出现 y 的客观决定关系 $f(x|r)$]，他们的目的是，验证心中的这个结论或者直觉，到底“对不对”或者“是不是”的问题，继而，以“发现 x 的存在”为科学探索之第一步，进一步地开启“对 x 的改造和技术转化”之旅，来控制一开始的那个 y 的出现。

投射一下其中的数学逻辑关系，以上内容，只是个根据研究假设进行研究设计得到的一次单称事实，对单称事实上的样本测量值进行毫无悬念的数学运算问题。而单称事实与其所在总体，以及与研究假设所代表总体之间的关系，均未建立，因此，既不能根据样本值推断其所在总体情况(推断意味着知道两者之间的关系，且关系中的未知数有望被求解)，也不能做出单称事实所在总体与研究假设所在总体的关系判断(“判断”意味着有参考系或者标准答案，是把“点”与“比点大的范围”进行对标的逻辑，那么，谁是点？谁是参照系？点用什么代表？参照系用什么代表？)。

在研究中，研究者开展试验，测量样本是为了一定程度上表征目标总体或意象中的总体(从现象中抽象提炼出的总体)，以此为基础，用【研究假设驱策下产生的单称事实结果】，来判断研究假设是否正确的问题。也即所有的问题，后来归结为，所取样本代表的总体(怎么得到样本所代表的总体)与研究假设所代表的总体(怎么得到代表研究假设的总体)是否可判断为一个总体？其背后，有两个问题要回答，① 真实世界只有单称事实，首先回答单称事实对其所代表总体的代表性(推断：代表性如何？概率论与数理统计中称为总体估计)；② 已知单称事实对其所代表总体的代表性，进一步使用该单称事实的数量表现，对其与【可代表研究假设的总体】的关系进行判断(判断：用什么评判什么？概率论与数理统计中称为假设检验)。

如何从有限/单称事实得到其所代表的无限/全称事实？

如何用有限/单称事实来证明一个期望在无限/全称事实上可能成立的结论？

也即所有的问题，都发生在从单称事实向全称事实摆渡时，如何厘清“单称事实”与“全称事实”的关系这个永恒的哲学命题上（图 3.32）。我们不禁又想起了休谟的归纳诘难和卡尔纳普的“一个重大的、令人困惑的问题，乃是我们怎样能够从这样的单称陈述出发到达全称规律的断言”。

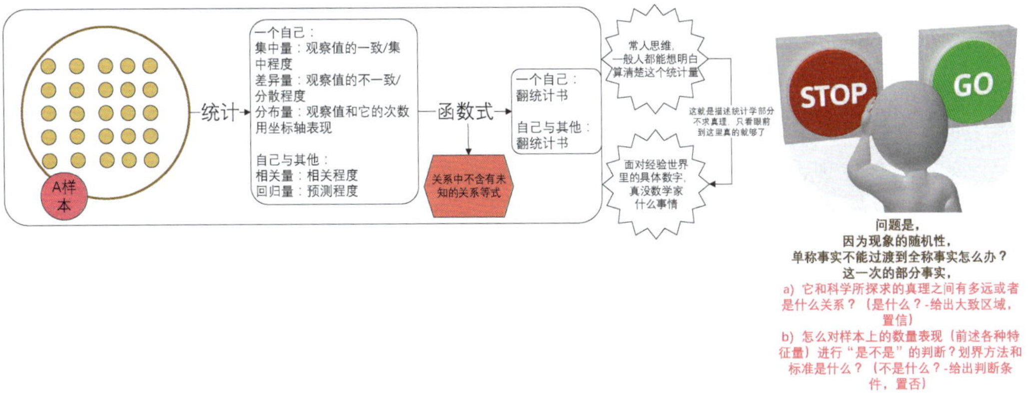

图 3.32　飞越单称事实，飞向全称事实

（2）关于概率

1）概率

概率，是解决随机现象随机性这一属性的唯一的一个存在属性上的工具（即是对客观事物事实/存在属性的描述），非常重要，但是也比较难懂，颇具哲学意味，又有数学般的精确。概率可被描述，并可参与一系列的函数运算，其独特的运算性质和加减乘除一样的基础。由概率衍生出的要构建概率所必需的底层要素有：集合工具、排列组合运算方法、事件用集合表示后事件之间的运算方法。这些运算方法，在处理随机现象时，就像四则运算法则一样的基础，或者说是在原来单纯的加减乘除积微运算上，又加了一层新的集合运算或概率运算（概率是基本，即客观存在，集合只是表征概率时用到的思维工具）逻辑。

以下具体地说说概率。

概率在没有被科学定义之前就已被普遍地研究和使用，它是人们思维中特别能够从直观上接受和感知的一个概念，指某种结果发生的可能性大小，不过直到 1933 年，概率精准的数学概念和定义才被俄国数学家柯尔莫哥洛夫（Андрей Николаевич Колмогоров，俄罗斯 1903.4.25—1987.10.20）提出来，如下（以下摘自原著《数学——它的内容，方法和意义》①）：

事件 A 在条件 S 之下，有确定的概率 $P(A/S)=P$，也即在各个充分长的试验（即实现条件组 S）序列中所得到的事件 A 实现的频率大致相同并且接近于 p（此处是第 r 个试验序列中的试验次数，是在这次试验中事件 A 出现的次数）；我们仅只是假定有这种常数 $p=P(A/S)$ 存在（客观上是由条件组 S 与事件 A 之间的关系的特性来决定），使得“一般来说”，当试验次数 n 越大时，频率 v 就越与它靠近；这种假定可以在很广泛的一类现象中得到良好的证实，我们自然就称这一类现象为概率随机现象。因为我们是把概率了解为频率 v（此处 $0\leqslant m\leqslant n$，于是 $0\leqslant v\leqslant$

---

① A. D. 亚历山大洛夫，等. 数学——它的内容，方法和意义（第二卷）. 秦元勋，等译. 北京：科学出版社，2001：263.

1)的正常数值，所以，我们自然规定任何事件 A 的概率 $0\leqslant P(A/S)\leqslant 1$。

设 Ω 为样本空间，A 为事件，对每一个事件 A 都有一个实数 $P(A)$，若满足下列三个条件：

a) $0\leqslant P(A)\leqslant 1$。

b) $P(\Omega)=1$。

c) 对于两两互不相容的事件 A_1，A_2，…，有 $P(\bigcup_{i=1}^{\infty}A_i)=\sum_{i=1}^{\infty}P(A_i)$ 常称为可列(完全)可加性。

则称 $P(A)$为事件 A 的概率。

这时你会发现，概率，是一个类似于神一般的存在，首先，没有基于客观事实的频率观察(你会说，你可以给定，那么你给定的概率其基础来自哪里？毫无由来的给定，谁会信服？接着这个主观给定也一样依附于该给定通过各种渠道搜集到的观察证据)，概率便没有出处，无所依附。概率是对频率的极限抽象和模拟，正如同概念是对一般事实的存在和关系的抽象一样；然而，在面对已发生的单称事实时，频率是个铁定的事实，说概率就毫无必要，甚至是错的；也即我们只对那些未发生的事情，基于过往的频率观察，来说“概率”一事，它正如同子弹在出枪膛后仍在空中飞行的那个悬而未决、发而未定的状态。(此外，不论多么简单的事实，总是要在发生过许多次以后，人们才能从经验的观察中，形成对某个事件出现时某一类结果的出现频次其稳定值的认知。它在理论和实际上都是后验的，即经验过之后才知道；是否有什么先验的概率呢，也即在发生之前就能够完整地猜测其各类结果的发生频率？既然是不需要实践就能够得出的，那必然是在一定约束条件下，根据逻辑推理得到的，这个约束条件就是，各类结果必须是等概率事件，如掷骰子，假定骰子是 6 个面，在每个面完全相同前提下，每次以同样条件掷出，若干次试验后，每个面被掷出朝上的次数应该是一样的，也即只有对于等概率事件，我们才能不试验，也可以推断它某个结果的频率表现，而其他非等概率事件，没有长期的观察和实践，是得不出什么认知来的。这就是概率的约定先验性和必然后验性。然而，“等概率”这个条件在真实世界中是极少存在的，同时尽管人们是通过试验才得到各类事件的频率极限值，然而概率，却是蕴含在事物中“不以人是否已认知为转移”的客观属性。和我们前文所述的理论总体一样，来自经验认知，但是实在科学理论世界，我们摸它不着，但是认为它是客观存在的，是蕴含事物广泛规律且不以人的意志为转移的客观事物属性。)简单地说，概率比频率更准确，概率永远正确，但它只是虚无的存在，是一种前验或验前的提示和引导，一旦事件发生，概率就消失在频率的实相中了(概率也很好地拟合了人类的意识过程，发生前百般猜测，发生后唯一结果)。

2) 随机性

随机性，是真实世界中随机事件客观存在的属性，在上文中，我们已经反复刻画了它和确定性现象之间的联系和区别，随机性简单地说，就把确定性现象发生时其唯一结果的概率 1 分解到了许多不同结果上，这些结果和在一起，分享这个发生概率 1，也就是说各个结果发生的概率加和为 1。这样一来，有结果的具体取值，有每个取值具体对应的概率，且概率加和之后为 1，我们推测出，如果某类事实确系稳定存在，那么它的每个具体取值和其对应的概率，所形成的一种存在形态，是可以线性刻画出来的(各种总体分布)，并可通过明确的函数关系式进行标准化表达，即概率密度函数(如今我们已不需要去求解它，因为答案已经被数学家求出，同时，在当前计算机普遍使用的时代，面对全新的全称事实，计算机可以直接且精准地拟合出单称事实所在总体的分布，下文还会进一步提到)；此外，我们还可以想到对具体取值和其对应概率的函数关系式进行累计加和，可以得到随具体取值增长，任意指定取值区间的概率总和，即分布函数(即在具体取值上对概率进行累计，得到的概率之和，与具体取值区间之间的关系)。

那么，自然界中的随机性表现出哪些形态呢？

上文我们在分析样本的描述性数量特征时讲到分布，指出有若干种分布(均匀分布、伯努利分布、两点分布、二项分布、几何分布、泊松分布、指数分布、正态分布)基本刻画了自然界中的各种事实分布规律，同时，数学家们发现有一种分布，即正态分布，是其他所有非正态分布的极限分布(也就是观察数量足够充分时，数值与他们的概率之间重现呈现出正态分布关系)。

这个发现是惊人的：我们仍要再重复一次，正态分布是单称事实向全称事实摆渡的第一摆渡人，它是明确的、天然存在的事实依据；另一个摆渡人是样本与总体之间的关系，即样本平均数的统计量与总体参数之间的关系，它是明确的、客观存在的关系依据。这两点是概率论与数理统计的地基，是第一定义和公理，其他的定理都是从这两个起源上，演绎分化下去的。

3）概率与随机性及分布之间的关系

从以上概率的公理化定义可以看出：概率是事件的数值函数，在明确的问题背景中，清晰的发生条件下，一组完整的事件与各个事件对应的概率，会构成一个关于这个事件的完整分布和刻画，这就是某种事件的理论总体分布，它可以直观地显示出不同的事件其对应的概率。因此，概率也好，分布也罢，前者描述随机性的单一事件，后者描述随机性的整体形态。这时生成三个概念(图3.33)：概率、概率密度函数、分布函数；第一个是定义，第二个是单一事件概率求解的函数式，第三个是背景条件中某个规律触发的一组完备事件的概率综合表现。

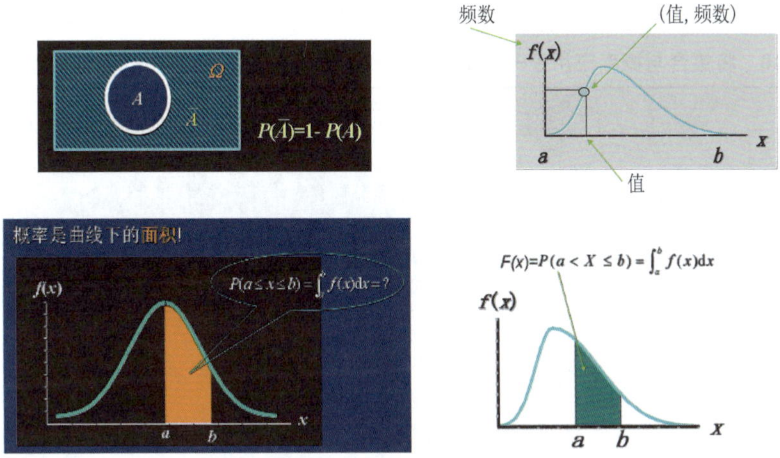

图3.33 概率及其生长示意图

4）集合

当我们前述谈到概率时，它的表现形式，它的运算形式，它的一些客观存在的形式，都是建立在集合出现的基础上的。集合的出现是数学史上光明重现的重要时刻，由数学家康托尔(Cantor, Georg Ferdinand Ludwig Philipp，德国，1845.3.3—1918.1.6)提出，如上所述，集合，其实是个思维工具。没有这个思维工具，人脑已经无法对一些事件及事件之间的关系进行处理，集合的出现使得事件摆放有了容器，加上概率本身的事实存在属性，我们得以对事件或真实世界的研究对象进行运算。以下是几种常见的用集合来对事件关系概率进行运算的情景(图3.34、表3.10)。

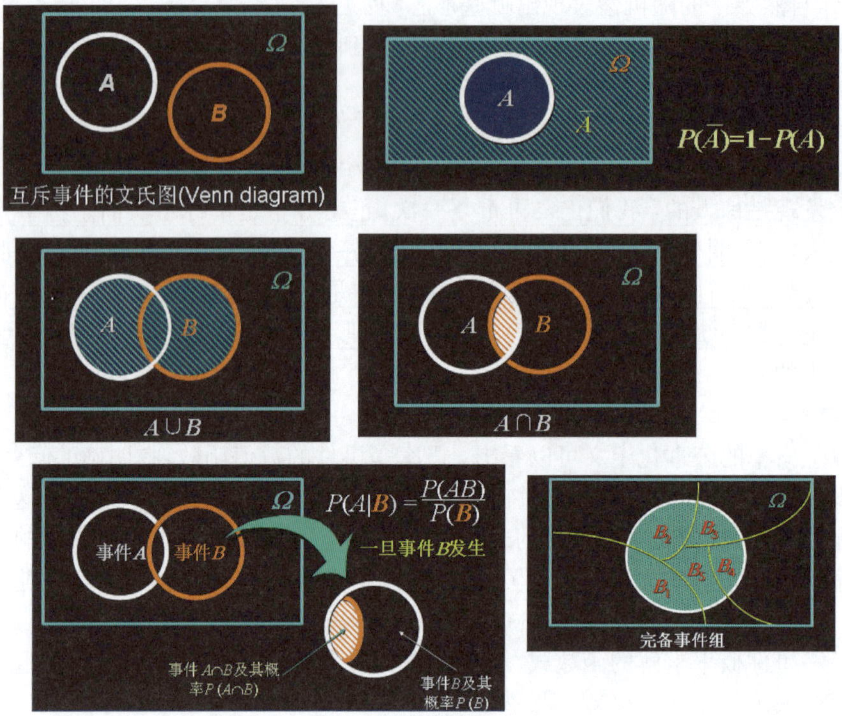

图 3.34 用集合的形式表征事件的实质

表 3.10 将集合与概率应用于一般事实关系或基础事实关系的数学运算(经典事实概型)

1. 排列组合公式	$P_m^n = \frac{m!}{(m-n)!}$ 从 m 个人中挑出 n 个人进行排列的可能数 $C_m^n = \frac{m!}{n!\,(m-n)!}$ 从 m 个人中挑出 n 个人进行组合的可能数
2. 加法和乘法原理	**A. 加法原理(两种方法均能完成此事)：$m+n$** 某件事由两种方法来完成，第一种方法可由 m 种方法完成，第二种方法可由 n 种方法来完成，则这件事可由 $m+n$ 种方法来完成 **B. 乘法原理(两个步骤分别不能完成这件事)：$m \times n$** 某件事由两个步骤来完成，第一个步骤可由 m 种方法完成，第二个步骤可由 n 种方法来完成，则这件事可由 $m \times n$ 种方法来完成
3. 一些常见排列	重复排列和非重复排列(有序) 对立事件(至少有一个) 顺序问题
4. 随机试验和随机事件	如果一个试验在相同条件下可以重复进行，而每次试验的可能结果不止一个，但在进行一次试验之前却不能断言它出现哪个结果，则称这种试验为随机试验。试验的可能结果称为随机事件 **A. 试验(experiment)** a) 通常我们把根据某一研究目的，在一定条件下对自然现象所进行的观察或试验统称为试验(trial) - 掷一颗骰子，观察其出现的点数 - 从一副 52 张扑克牌中抽取一张，并观察其结果(纸牌的数字或花色) b) 随机试验：一个试验如果满足下述三个特性，则称其为一个随机试验(random trial)，简称试验

(续表)

4. 随机试验和随机事件	· 试验可以在相同条件下多次重复进行 · 每次试验的可能结果不止一个，并且事先知道会有哪些可能的结果 · 每次试验总是恰好出现这些可能结果中的一个，但在一次试验之前却不能肯定这次试验会出现哪一个结果 例如，在一定孵化条件下，孵化6枚种蛋，观察其出雏情况；又如观察两头临产妊娠母牛所产犊牛的性别情况，它们都具有随机试验的三个特征，因此都是随机试验 B. **事件(event)** a) 事件：试验的每一个可能结果(任何样本点集合)，用大写字母 A, B, C, …表示 - 掷一颗骰子出现的点数为3 b) 随机事件(random event)：每次试验可能出现也可能不出现的事件，简称事件(event)，通常用 A、B、C 等来表示 - 掷一颗骰子可能出现的点数 · 基本事件(elementary event)：不能被分解成其他事件组合的基本事件，也称为样本点(sample point) - 抛一枚均匀硬币，“出现正面”和“出现反面” · 必然事件(certain event)，我们把在一定条件下必然会发生的事件称为必然事件(certain event)，用 Ω 表示 - 掷一颗骰子出现的点数小于7 · 不可能事件(impossible event)：我们把在一定条件下不可能发生的事件称为不可能事件(impossible event)，用 $\varnothing$ 表示 - 掷一颗骰子出现的点数大于6 【例1】在编号为1、2、3、…、10的十头猪中随机抽取1头，有10种不同的可能结果：“取得一个编号是1”“取得一个编号是2”…“取得一个编号是10”，这10个事件都是不可能再分的事件，它们都是基本事件 若由若干个基本事件组合而成的事件称为复合事件(compound event)。如“取得一个编号是2的倍数”是一个复合事件，它由“取得一个编号是2”“是4”“是6”“是8”“是10”5个基本事件组合而成 【例2】在严格按妊娠期母猪饲养管理的要求饲养的条件下，妊娠正常的母猪经114天左右产仔，就是一个必然事件 【例3】在满足一定孵化条件下，从石头孵化出雏鸡，就是一个不可能事件 必然事件与不可能事件实际上是确定性现象，即它们不是随机事件，但是为了方便起见，我们把它们看作为两个特殊的随机事件
5. 基本事件、样本空间和事件	在一个试验下，不管事件有多少个，总可以从其中找出这样一组事件，它具有如下性质：① 每进行一次试验，必须发生且只能发生这一组中的一个事件；② 任何事件，都是由这一组中的部分事件组成的 这样一组事件中的每一个事件称为基本事件，用 ω 来表示 基本事件的全体，称为试验的样本空间，用 Ω 表示 一个事件就是由 Ω 中的部分点(基本事件 ω)组成的集合。通常用大写字母 A, B, C, …表示事件，它们是 Ω 的子集 Ω 为必然事件，$\varnothing$ 为不可能事件 不可能事件($\varnothing$)的概率为零，而概率为零的事件不一定是不可能事件；同理，必然事件(Ω)的概率为1，而概率为1的事件也不一定是必然事件 **样本空间与样本点** A. **样本空间(sample space)** - 一个试验中所有结果的集合，用 Ω 表示 - 例如，在掷一颗骰子的试验中，样本空间表示为：$\Omega=\{1, 2, 3, 4, 5, 6\}$ - 在投掷硬币的试验中，$\Omega=\{$正面，反面$\}$ B. **样本点(sample point)** - 样本空间中每一个特定的试验结果 - 用符号 ω 表示

（续表）

6. 事件的关系与运算	a) 关系： 如果事件 A 的组成部分也是事件 B 的组成部分，（A 发生必有事件 B 发生）：$A\subset B$ 如果同时有 $A\subset B$，$B\supset A$，则称事件 A 与事件 B 等价，或称 A 等于 B：$A=B$ A、B 中至少有一个发生的事件：$A\cup B$，或者 $A+B$ 属于 A 而不属于 B 的部分所构成的事件，称为 A 与 B 的差，记为 $A-B$，也可表示为 $A-AB$ 或者 $A\overline{B}$，它表示 A 发生而 B 不发生的事件 A、B 同时发生：$A\cap B$，或者 AB。$A\cap B=\varnothing$，则表示 A 与 B 不可能同时发生，称事件 A 与事件 B 互不相容或者互斥；基本事件是互不相容的 $\Omega-A$ 称为事件 A 的逆事件，或称 A 的对立事件，记为 $\overline{A}$；它表示 A 不发生的事件；互斥未必对立 b) 运算： 结合率：$A(BC)=(AB)C$，$A\cup(B\cup C)=(A\cup B)\cup C$ 分配率：$(AB)\cup C=(A\cup C)\cap(B\cup C)$，$(A\cup B)\cap C=(AC)\cup(BC)$ 德摩根率：$\overline{\bigcap\limits_{i=1}^{\infty}A_i}=\bigcup\limits_{i=1}^{\infty}\overline{A_i}$，$\overline{A\cup B}=\overline{A}\cap\overline{B}$，$\overline{A\cap B}=\overline{A}\cup\overline{B}$
7. 概率的公理化定义	设 Ω 为样本空间，A 为事件，对每一个事件 A 都有一个实数 $P(A)$，若满足下列三个条件：① $0\leqslant P(A)\leqslant 1$；② $P(\Omega)=1$；③ 对于两两互不相容的事件 A_1，A_2，…有 $P\left(\bigcup\limits_{i=1}^{\infty}A_i\right)=\sum\limits_{i=1}^{\infty}P(A_i)$ 常称为可列（完全）可加性，则称 $P(A)$ 为事件 A 的概率 **概率定义：**研究随机试验，仅知道可能发生哪些随机事件是不够的，还需了解各种随机事件发生的可能性大小，以揭示这些事件的内在的统计规律性，从而指导实践。这就要求有一个能够刻画事件发生可能性大小的数量指标，这指标应该是事件本身所固有的，且不随人的主观意志而改变，人们称为概率（probability）。事件 A 的概率记为 $P(A)$ **概率的统计定义：**在相同条件下进行 n 次重复试验，如果随机事件 A 发生的次数为 m，那么 m/n 称为随机事件 A 的频率（frequency）；当试验重复数 n 逐渐增大时，随机事件 A 的频率越来越稳定地接近某一数值 p，那么就把 p 称为随机事件 A 的概率。这样定义的概率称为统计概率（statistics probability）
8. 古典概型	a) $\Omega=\{\omega_1,\omega_2,\cdots,\omega_n\}$， b) $P(\omega_1)=P(\omega_2)=\cdots=P(\omega_n)=\dfrac{1}{n}$ 设任一事件 A，它是由 ω_1，ω_2，…，ω_m 组成的，则有 $P(A)=\{(\omega_1)\cup(\omega_2)\cup\cdots\cup(\omega_m)\}=P(\omega_1)+P(\omega_2)+\cdots+P(\omega_m)=\dfrac{m}{n}=\dfrac{A\text{所包含的基本事件数}}{\text{基本事件总数}}$
9. 几何概型	若随机试验的结果为无限不可数并且每个结果出现的可能性均匀，同时样本空间中的每一个基本事件可以使用一个有界区域来描述，则称此随机试验为几何概型。对任一事件 A，$P(A)=\dfrac{L(A)}{L(\Omega)}$。其中 L 为几何度量（长度、面积、体积）
10. 加法公式	$P(A+B)=P(A)+P(B)-P(AB)$ 当 $P(AB)=0$ 时，$P(A+B)=P(A)+P(B)$
11. 减法公式	$P(A-B)=P(A)-P(AB)$ 当 $B\subset A$ 时，$P(A-B)=P(A)-P(B)$ 当 $A=\Omega$ 时，$P(\overline{B})=1-P(B)$

(续表)

12. 条件概率	定义设 A、B 是两个事件，且 $P(A)>0$，则称 $\frac{P(AB)}{P(A)}$ 为事件 A 发生条件下，事件 B 发生的条件概率，记为 $P(B/A)=\frac{P(AB)}{P(A)}$ 条件概率是概率的一种，所有概率的性质都适合于条件概率 例如，$P(\Omega/B)=1\Rightarrow P(\overline{B}/A)=1-P(B/A)$
13. 乘法公式	乘法公式：$P(AB)=P(A)P(B/A)$ 更一般地，对事件 A_1，A_2，$\cdots$ A_n，若 $P(A_1A_2\cdots A_{n-1})>0$，则有 $P(A_1A_2\cdots A_n)=P(A_1)P(A_2\mid A_1)P(A_3\mid A_1A_2)\cdots P(A_n\mid A_1A_2\cdots A_{n-1})$
14. 独立性	**A. 两个事件的独立性** 设事件 A、B 满足 $P(AB)=P(A)P(B)$，则称事件 A、B 是相互独立的 若事件 A、B 相互独立，且 $P(A)>0$，则有 $P(B\mid A)=\frac{P(AB)}{P(A)}=\frac{P(A)P(B)}{P(A)}=P(B)$ 若事件 A、B 相互独立，则可得到 $\overline{A}$ 与 B、A 与 $\overline{B}$、$\overline{A}$ 与 $\overline{B}$ 也都相互独立 必然事件 Ω 和不可能事件 $\emptyset$ 与任何事件都相互独立。 $\emptyset$ 与任何事件都互斥 **B. 多个事件的独立性** 设 ABC 是三个事件，如果满足两两独立的条件， $P(AB)=P(A)P(B)$；$P(BC)=P(B)P(C)$；$P(CA)=P(C)P(A)$ 并且同时满足 $P(ABC)=P(A)P(B)P(C)$ 那么 A、B、C 相互独立 对于 n 个事件类似
15. 全概公式	设事件 B_1，B_2，$\cdots$，B_n 满足：① B_1，B_2，$\cdots$，B_n 两两互不相容，$P(B_i)>0(i=1,2,\cdots,n)$；② $A\subset\bigcup_{i=1}^{n}B_i$， 则有 $P(A)=P(B_1)P(A\mid B_1)+P(B_2)P(A\mid B_2)+\cdots+P(B_n)P(A\mid B_n)$
16. 贝叶斯公式	设事件 B_1，B_2，$\cdots$，B_n 及 A 满足：① B_1，B_2，$\cdots$，B_n 两两互不相容，$P(B_i)>0$，$i=1,2,\cdots,n$；② $A\subset\bigcup_{i=1}^{n}B_i$，$P(A)>0$， 则 $P(B_i/A)=\frac{P(B_i)P(A/B_i)}{\sum_{j=1}^{n}P(B_j)P(A/B_j)}$，$i=1,2,\cdots,n$。此公式即为贝叶斯公式 $P(B_i)$，$(i=1,2,\cdots,n)$ 通常叫先验概率。$P(B_i/A)$，$(i=1,2,\cdots,n)$，通常称为后验概率。贝叶斯公式反映了“因果”的概率规律，并作出了“由果朔因”的推断
17. 伯努利概型	我们作了 n 次试验，且满足：① 每次试验只有两种可能结果，A 发生或 A 不发生；② n 次试验是重复进行的，即 A 发生的概率每次均一样；③ 每次试验是独立的，即每次试验 A 发生与否与其他次试验 A 发生与否是互不影响的 这种试验称为伯努利概型，或称为 n 重伯努利试验 用 p 表示每次试验 A 发生的概率，则 $\overline{A}$ 发生的概率为 $1-p=q$，用 $P_n(k)$ 表示 n 重伯努利试验中 A 出现 $k(0\leqslant k\leqslant n)$ 次的概率 $P_n(k)=C_n^kp^kq^{n-k}$，$k=0,1,2,\cdots,n$

(3) 关于分布

1) 总体分布

在上文“(1) 关于常人思维很容易想到的统计分析”中已有提及，这个客观描述中，有两个变量，一个是具体取值，一个是对应概率，也即分布本身约定的是取值和其对应概率之间的函数关系；而这个变量的属性和对应概率，基于对真实世界事件分布的观察和总结，可以分为两个侧面（上文已对此有过如下描述，① 某次事件在未来时空上的取值；② 某次事件在横截面空间上的数值；更具体地说，一类事件在未来时空上的取值表现：① 独立事件出现的比例：0-1 分布、二项分布、超几何分布、均匀分布；② 独立事件出现的次数：泊松分布；③ 独立事件出现的间隔时间：指数分布；④ 受当前状态影响的事件未来出现的比例：马尔可夫分布；一种事件在横截面空间上的数值表现：正态分布），一是对现存的某个变量，其真实取值的概率刻画（涉及不同的取值、数学家提出的概率与取值之间的函数关系、可以由取值和函数关系计算出的对应的概率），二是对即将发生的某个事件，其在某一时间或空间范围内发生不同次数时的概率刻画或者其两次出现之间不同时间间隔对应的概率刻画（涉及不同的取值、数学家提出的概率与取值之间的函数关系、可以由取值和函数关系计算出的对应的概率）。这样，我们就可以根据函数关系式和不同实际取值，求出其对应的概率。

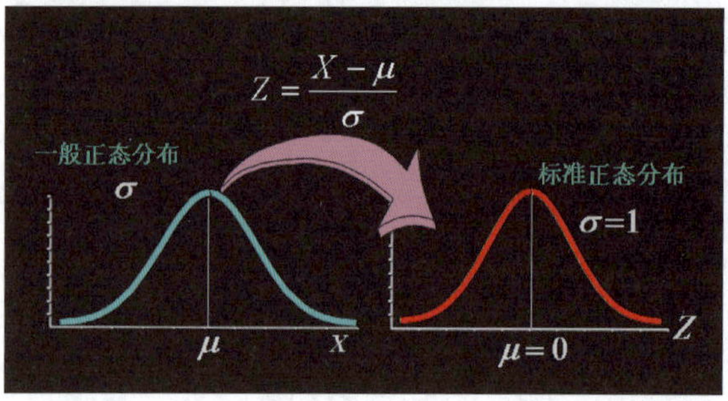

图 3.35　从正态分布到标准正态分布的变身示意图

显然你会发现，这个刻画总体分布的函数，有两个未知量，一个是各个变量的取值，一个是总体变量的个数，它们合在一起正好可以表征常用特征量，数学家们会如何处理这个问题？用总体参数（总体上的常用特征量，称为参数）代替各个变量的取值和总体变量个数放入函数式中，不仅使得概率密度函数式简约有美感（请回看前述已介绍的总体分布内容），且引发了更进一步的思考和处理，即启用上文已提到的策略——标准化转化剔除参数，而得到没有特殊事实未知参数的、只有通用的变量关系及位置量的已知标准分布，自此，标准正态分布便犹如自由女神，起身并矗立于一切随机事实的中心，和概率论与数理统计的中轴位置（图 3.35）。

在刻画大自然的各种分布中，上文已经提到，正态分布是众分布的极限状态，我们本着一般化原则，只要了解正态分布的性质和正态分布在什么条件下会成为其他分布即可；进一步地，当许多现象都符合正态分布时，它们的异同又是什么，继续本着一般化原则，我们发现不同的正态分布，其相同的钟形形态下，导致彼此间差异的是各个正态分布的平均数和方差，如果将各个平均数和方差进行一次标准化转化（剔除原始值），就会统一地得到平均数为 0，方差为 1 的特殊正态分布，即标准正态分布（下文详述）。

这个标准正态分布的已知，和标准化转换的方法，以及正态分布是所有非正态分布的极限分布，概率的运算性质，概率的函数（对概率进行研究需求上的形式变换）的运算性质，构成了我们开展实质性分析的事实依据和理论基础。

总体分布长什么样子？拣几个关键的来感性认识一下（表 3.11）（需要记住的是，总体分布是对客观世界的真实刻画和临摹，是事实基础，其获得，来自对现实的观察和试验，以及对其中核心特征的把握）。

表 3.11　将集合与概率应用于真实世界基本问题情境的数学运算(分布函数示意图)

总体分布					
名　称 括号前是分布的名称首字母，括号里面是参数	场　　景	概率密度函数 $p(x)$ 每个原始值计算其概率的公式	期望 原始值的平均数	方差 原始值的方差	图形 横轴是原始值，纵轴是原始值出现的概率
均匀分布 $U[a, b]$	分为连续型均匀分布和离散型均匀分布； 离散型均匀分布： a) n 种可能的结果 b) 每个可能的概率相等($1/n$) 连续型均匀分布： a) 可能的结果是连续的 b) 每个可能的概率相等	$p(x)=\begin{cases}\frac{1}{b-a}, & a\leqslant x\leqslant b\\ 0, & 其他\end{cases}$ $a<b$，常数	$\frac{a+b}{2}$	$\frac{(b-a)^2}{12}$	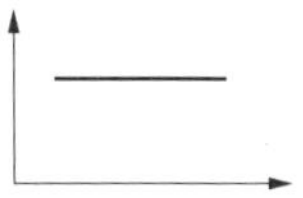
伯努利分布 两点分布	一个离散型随机变量 X，只取 0 和 1 两个可能的值；它们的分布律为 $P(X=x)=p^x q^{1-x}(0<p<1)$ 则称随机变量 X 服从参数为 p 的两点分布，记作 $X\sim B(1, p)$	$p_k=\begin{cases}q, & k=0\\ p, & k=1\end{cases}$ $0<p<1, q=1-p$	p	pq	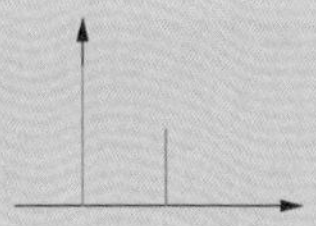
二项分布 $b(k, n, p)$	重复试验(n 个相同试验，每次试验两种结果，每种结果概率恒定-伯努利试验)设该事件 A 出现的概率为 π，则在 n 次独立试验中，事件 A 恰好出现 K 次的概率 $P(k=0)$，$P(k=1)$，$P(k=3)$，… 所有可能的概率共同组成了一个分布，即二项分布；二项分布在事件发生概率很小，重复次数 n 很大的情况下，其分布近似泊松分布	$b(k, n, p)=\binom{n}{k}p^k q^{n-k}$ $k=0, 1, \cdots, n$ $0<p<1, q=1-p$	np	npq	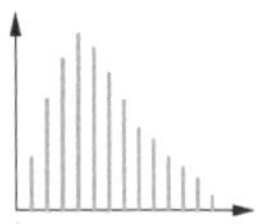
几何分布 $g(k, p)$	在无穷次贝努利试验中，事件 A 首次发生时所需要的试验次数 k 的分布。采用不重复抽样，各次试验并不独立，成功的概率也互不相等；总体元素的数目 N 很小，或样本容量 n 相对于 N 来说较大时，样本中"成功"的次数则服从超几何概率分布	$g(k, p)=q^{k-1}p$ $k=1, 2, \cdots, n$ $0<p<1, q=1-p$	$\frac{1}{p}$	$\frac{q}{p^2}$	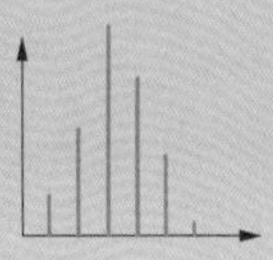
泊松分布 $p(k, \lambda)$	一个单位内(时间、面积、空间)某稀有事件，此事件发生 K 次的概率 $P(k=0)$，$P(k=1)$，$P(k=3)$，所有可能的概率共同组成了一个分布，即泊松分布，用于描述在一指定时间范围内或在一定的长度、面积、体积之内每一事件出现次数的分布， a) 由 1837 年法国数学家泊松(D. Poisson，法国，1781—1840)首次提出，在自然界和人们的现实生活中，经常要遇到随机时刻出现的某种事件，我们把在随机时刻相继出现的事件所形成的序列，叫作随机事件流，若"事件流"具有平稳性，无后效性、普通性，则称该"事件流"为泊松事件流(泊松流)	$p(k, \lambda)=\frac{\lambda^k}{k!}e^{-\lambda}, \lambda>0$ $k=0, 1, 2, \cdots, n$	λ	λ	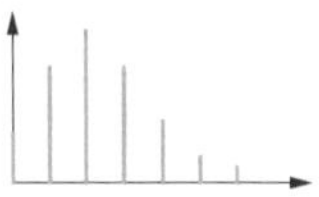

（续表）

总体分布					
名　称 括号前是分布的名称首字母，括号里面是参数	场　　景	概率密度函数 $p(x)$ 每个原始值计算 其概率的公式	期望 原始值的平均数	方差 原始值的方差	图形 横轴是原始值，纵轴是原始值出现的概率
	b) 泊松分布的例子，一定时间段内，某航空公司接到的订票电话数；一定时间内，到车站等候公共汽车的人数；一定路段内，路面出现大损坏的次数；一定时间段内，放射性物质放射的粒子数；一匹布上发现的疵点个数；一定页数的书刊上出现的错别字个数				
指数分布	与泊松分布互导，指数分布用来描述独立随机事件两次发生之间的时间间隔，如旅客进机场的时间间隔、中文维基百科新条目出现的时间间隔等等。常用于各种“寿命”分布的近似。 a) 连续型分布 b) 无记忆：已经使用了 s 小时的元件，它能再使用 t 小时的概率，与一个从未使用过的元件使用 t 小时的概率相同。即它对已经使用过的 s 小时没有记忆	$p(x)=\begin{cases}\lambda e^{-\lambda x}, & x\geqslant 0\\ 0, & x<0\end{cases}$ $\lambda>0$，常数	$\frac{1}{\lambda}$	$\frac{1}{\lambda^2}$	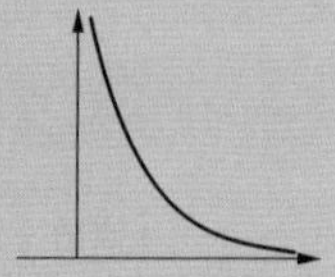
正态分布 高斯分布 $N(a,\sigma^2)$	描述一个群体的某个指标，这个指标是连续的；每个特定指标在整个群体中都有一个概率，所有指标概率共同组成了一个分布，这个分布就是正态分布。 由 C. F. 高斯(Carl Friedrich Gauss，德国，1777—1855)作为描述误差相对频数分布的模型而提出 a) 描述连续型随机变量的最重要的分布 b) 许多现象都可以由正态分布来描述；可用于近似离散型随机变量的分布，例如，二项分布；是经典统计推断的基础，是总体分布中的重中之重	$p(x)=\frac{1}{\sqrt{2\pi}\sigma}e^{\frac{-(x-\mu)^2}{2\sigma^2}}$ $-\infty<x<\infty$， $a,\sigma>0$，常数	a	σ^2	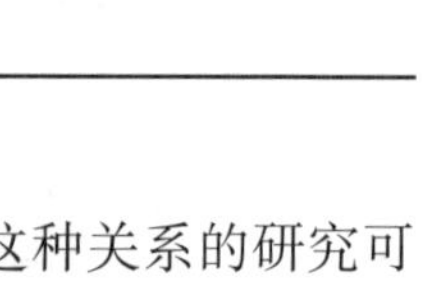

2）抽样分布

研究总体与从中抽取的样本之间的关系是统计学的中心内容。对这种关系的研究可从两方面着手，一是从总体到样本，这就是研究抽样分布(sampling distribution)的问题；二是从样本到总体，这就是统计推断(statistical inference)问题。统计推断是以总体分布和样本抽样分布的理论关系为基础的。为了能正确地利用样本去推断总体，并能正确地理解统计推断的结论，须对样本的抽样分布有所了解。我们知道，由总体中随机地抽取若干个体组成样本，即使每次抽取的样本含量相等，其统计量（如 S）也将随样本的不同而有所不同，因而样本统计量也是随机变量，也有其概率分布。我们把统计量的概率分布称为抽样分布。

3）抽样方法

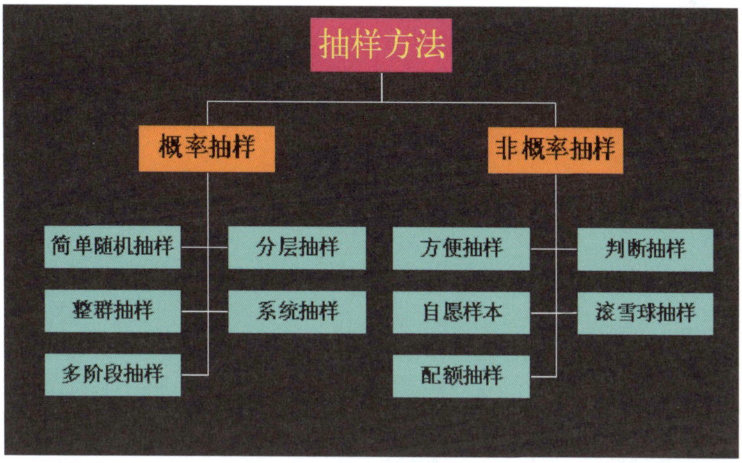

图 3.36　抽样方法及其对随机的内在需求

表 3.12　单称事实与其两个总体，三个总是被混淆的分布

总体分布	样本分布(sample distribution)	抽样分布(sampling distribution)
总体中各元素的观察值所形成的分布	一个样本中各观察值的分布	样本统计量（如样本均值，样本比例，样本方差等）的概率分布，是一种理论分布
分布通常是未知的	也称经验分布	在重复选取容量为 n 的样本时，由该统计量的所有可能取值形成的相对频数分布
可以假定它服从某种分布	当样本容量 n 逐渐增大时，样本分布逐渐接近总体的分布	结果来自容量相同的【所有可能】样本；提供了样本统计量长远而稳定的信息，是进行推断的理论基础，也是抽样推断科学性的重要依据
离散型分布：二项分布、泊松分布；连续型分布：指数分布、正态分布		（样本上的某个统计量的变换量的理论分布）χ^2 分布、t 分布、F 分布

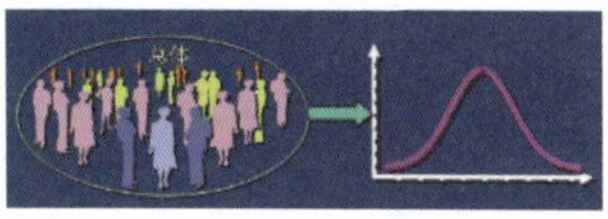

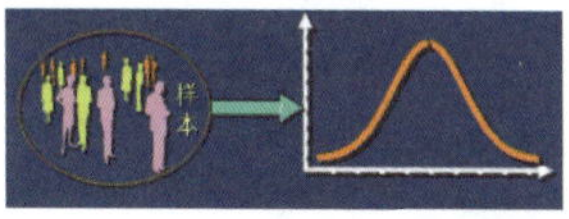

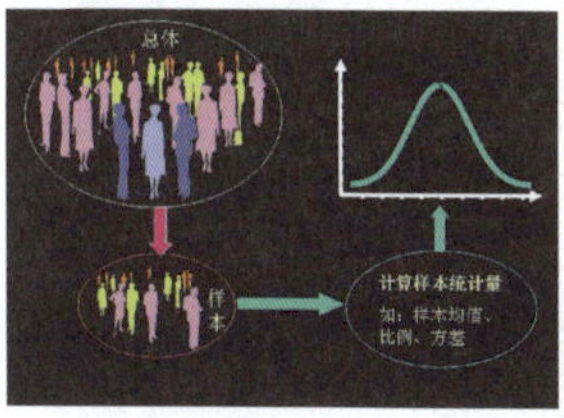

表 3.13　单称事实与其两个总体的特征量与分布比较

单称事实（通过观测值计算得到对应的检验统计量—即样本统计量的下列变换）			假设的全称事实/结论（假设的特征量是什么类型，样本量有多少）			
函数关系式及分布	单样本 X X, $E(X)=\mu$, $D(X)=\sigma^2$	两样本 X, Y $\overline{X}$, $E(\overline{X})=\mu_1$, $D(\overline{X})=\sigma_1^2/n_1$, $\overline{Y}$, $E(\overline{Y})=\mu_2$, $D(\overline{Y})=\sigma_2^2/n_2$	概率密度	期望	方差	只与样本量有关的分布
X, $E(X)=\mu$, $D(X)=\sigma^2$ X 分布 $\sim N(\mu, \sigma^2)$						
$\overline{X}$, $E(\overline{X})=\mu$, $D(\overline{X})=\sigma^2/n$ $\overline{X}$ 分布 $\sim N(\mu, \sigma^2/n)$						
$\frac{X-\mu}{\sigma}=Z$ Z 分布 $\sim N(0, 1)$	$\frac{\overline{X}-\mu}{\sigma/\sqrt{n}}=Z$	$\frac{(\overline{X}-\overline{Y})-(\mu_1-\mu_2)}{\sigma\sqrt{\frac{1}{n_1}+\frac{1}{n_2}}}=Z$				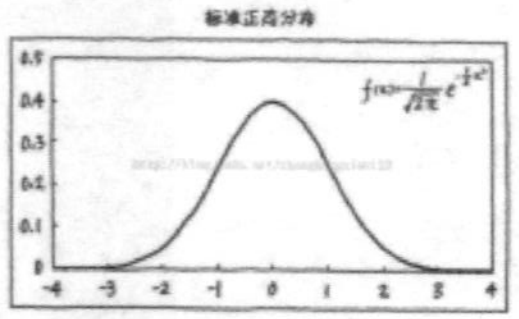 标准正态分布 （已知的，已被刻画完成的）
$\frac{Z}{\sqrt{\chi^2/n}}=t$ t 分布 $\sim t(n)$	$\frac{\overline{X}-\mu}{S/\sqrt{n}}=t_{n-1}$	$\frac{(\overline{X}-\overline{Y})-(\mu_1-\mu_2)}{\sqrt{\frac{(n_1-1)S_1^2+(n_2-1)S_2^2}{n_1+n_2-2}}\sqrt{\frac{1}{n_1}+\frac{1}{n_2}}}=t_{n_1+n_2-2}$	$p(x)=\frac{\Gamma\left(\frac{n+1}{2}\right)}{\sqrt{n\pi}\,\Gamma\left(\frac{n}{2}\right)}\left(1+\frac{x^2}{n}\right)^{-(n+1)/2}$ $-\infty<x<\infty$，n 正整数	$0(n>1)$	$\frac{n}{n-2}$ $(n>2)$	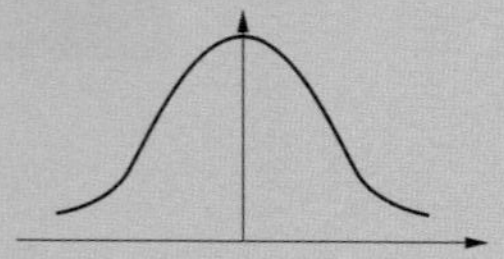

（续表）

单称事实（通过观测值计算得到对应的检验统计量—即样本统计量的下列变换）			假设的全称事实/结论（假设的特征量是什么类型，样本量有多少）			
函数关系式及分布	单样本 X X，$E(X)=\mu$，$D(X)=\sigma^2$	两样本 X，Y $\overline{X}$，$E(\overline{X})=\mu_1$，$D(\overline{X})=\sigma_1^2/n_1$， $\overline{Y}$，$E(\overline{Y})=\mu_2$，$D(\overline{Y})=\sigma_2^2/n_2$	概率密度	期望	方差	只与样本量有关的分布
$Z_1^2+Z_2^2+\cdots+Z_n^2=\chi^2$ χ^2 分布 $\sim\chi^2(n)$	$\dfrac{(n-1)S^2}{\sigma^2}=\chi^2_{(n-1)}$	$\dfrac{(n_1-1)S_1^2}{\sigma_1^2}+\dfrac{(n_2-1)S_2^2}{\sigma_2^2}=\chi^2_{(n_1+n_2-2)}$	$p(x)=\begin{cases}\dfrac{1}{2^{\frac{n}{2}}\Gamma\left(\frac{n}{2}\right)}x^{\frac{n}{2}}e^{-\frac{x}{2}}, & x\geqslant 0\\ 0, & x<0\end{cases}$ n 正整数	n	$2n$	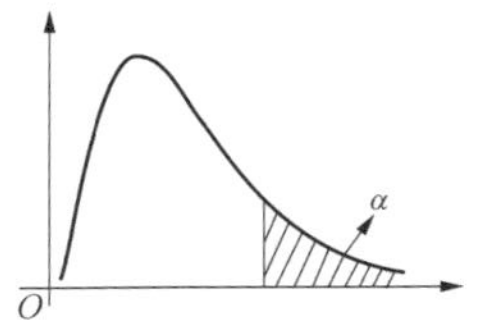
$\dfrac{\chi^2_{n_1}/n_1}{\chi^2_{n_2}/n_2}=F$ F 分布 $\sim F(n_1,n_2)$		$\dfrac{S_1^2/S_2^2}{\sigma_1^2/\sigma_2^2}=F(n_1-1,\ n_2-1)$	$p(x)=\begin{cases}\dfrac{\Gamma\left(\frac{k_1+k_2}{2}\right)\left(\frac{k_1}{k_2}\right)^{\frac{k_1}{2}}\left(x^{\frac{k_1}{2}-1}\right)}{\left(1+\frac{k_1}{k_2}x\right)^{\frac{k_1+k_2}{2}}\Gamma\left(\frac{k_1}{2}\right)\Gamma\left(\frac{k_2}{2}\right)}, x\geqslant 0\\ 0, x<0\end{cases}$ k_1，k_2 正整数	$\dfrac{k_2}{k_2-2}$ $(k_2>2)$	$\dfrac{2k_2^2(k_1+k_2-2)}{k_1(k_2-2)^2(k_2-4)}$ $(k_2>4)$	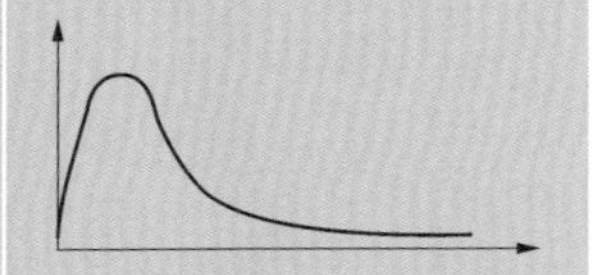
单称事实的实际取值是多少？与假设的全集进行比对，在整个理论分布的什么位置？ 理论分布的值与对应的概率一一对应			假设的对应理论分布（一定样本量下的全集）			

关于样本均值 $\overline{X}$，样本方差 S^2，有以下的结果，设 X_1，X_2，…，X_n 是来自总体 X（不管服从什么分布，只要它的均值和方差存在）的样本，且 $E(X)=\mu$，$D(X)=\sigma^2$，则有 $E(\overline{X})=\mu$，$D(\overline{X})=\sigma^2/n$（唯一的单称事实与全称事实之间的关系跳板）；抽样分布定理，获得过程：试验、观察、证明。

4）三大分布

t 分布（t distribution），设 $X\sim N(0,1)$，$Y\sim\chi^2(n)$ 且 X，Y 相互独立，则称随机变量 $t=\dfrac{X}{\sqrt{Y/n}}$ 服从自由度为 n 的 t 分布，记为 $t\sim t(n)$，t 分布又称学生氏（student）分布，$t(n)$ 分布的概率密度函数为 $\dfrac{\overline{X}-\mu}{S/\sqrt{n}}\sim t(n-1)$，通过这一转换关系，可以求出单次试验样本的 t 值，在 $t(n-1)$ 的分布上，查看样本的 t 值所在的位置，并作出判断。

t 分布(student t distribution)：

a）t 分布是以 0 为中心的一簇曲线，每个自由度决定一个曲线。

b）自由度是一个抽样小样本中的具体观测值的个数（抽样样本含量）-1。

c）总体样本呈正态分布[抽样样本含量较小时，要求总体样本呈正态分布，如果抽样样本含量很大（如 $n\geqslant100$），由中心极限定理可知抽样样本均数也近似正态分布，因而"差值"的概率也呈正态分布，而 t 分布的每一条曲线实际上都是正态分布曲线]。

d）从一个总体样本中抽取很多个小样本——抽样。

e）每个小样本都有一个均值。

f）每个小样本的均值与总体样本均值有一个差值，这个差值用 t 估计。

全国成年人身高平均值

$$t=\frac{\overline{X}-\mu}{s/\sqrt{n}}\sim t_v$$

我们班身高的标准误，替代总体标准差 σ

g）可能有多个小样本的差值估计都是 t，t 出现的次数占所有小样本的比例可以用一个概率衡量。

$$f(x)=\frac{\Gamma\left(\frac{n+1}{2}\right)}{\sqrt{n\pi}\,\Gamma\left(\frac{n}{2}\right)}\left(1+\frac{x^2}{n}\right)^{(x+1)/2}$$

h）所有 t 值的概率组成一个分布，就是 t 分布的一个曲线。

i）另外做一个抽样，每个小样本包含的观测值不同，则形成 t 分布的另外一个曲线。

j）自由度越大，则曲线越接近于标准正态分布。

k）t 分布只与自由度相关。

t 分布的概率密度函数如下图 3.37（v 为自由度）。

χ^2 分布（χ^2 distribution，又叫卡方分布，chi square distribution），由阿贝（Ernst Karl

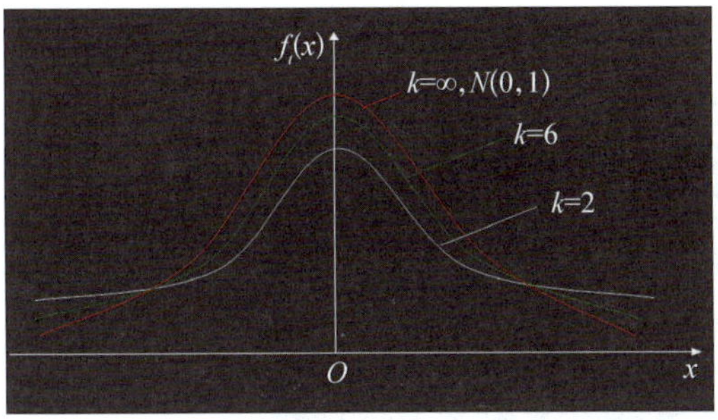

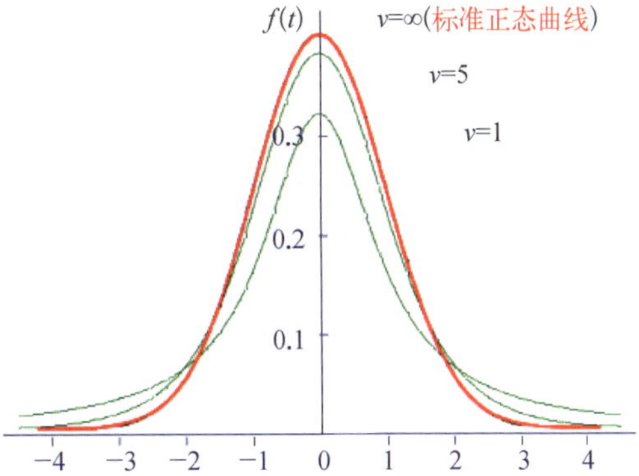

图 3.37　从已知的 Z 分布变换而来的 t 分布及其形态

Abbe，德国，1840. 1. 23—1905. 1. 14）于 1863 年[①]首先给出，后来由海尔墨特（Friedrich Robert Helmert，德国，1843. 7. 31—1917. 6. 15）和卡·皮尔逊（Karl Pearson，英国，1857. 3. 27—1936. 4. 27）分别于 1875 年和 1900 年推导出来。定义：设 χ_1，χ_2，χ_3，…，χ_n 独立同分布，且 $\chi_i \sim N(0,1)$，则随机变量 $\chi^2=\chi_1^2+\chi_2^2+\cdots+\chi_n^2=\sum_{i=1}^{n}\chi_i^2$ 的分布，称为具有 n 个自由度的 χ^2 分布，记为 $\chi^2 \sim \chi^2(n)$，自由度是指等式右端包含的独立变量的个数。$\chi^2(n)$分布的概率密度函数为$\dfrac{(n-1)S^2}{\sigma^2}\sim\chi^2(n-1)$，通过这一转换关系，可以求出单次试验样本的 χ^2 值，在 $\chi^2(n-1)$的分布上，查看样本的 χ^2 值所在的位置，并作出判断。

χ^2 分布：

a) χ^2 分布也是一簇曲线，每个自由度决定一个曲线。

b) 自由度是一个抽样小样本中的具体观测值的个数(抽样样本含量)−1。

c) 总体样本呈正态分布(抽样样本含量(n)较小时，要求总体样本呈正态分布)。

d) 从总体样本中抽取 n 个观测值：z_1，z_2，z_3，…——抽样。

e) 将它们平方后求和，这个和用一个新变量表示，即 χ^2。

$$\chi^2=Z_1^2+Z_2^2\cdots+Z_k^2=\sum_{i=1}^{k}\left(\frac{x_i-\mu}{\sigma}\right)^2$$

f) 重复抽样并获得多个 χ^2：χ_1^2，χ_2^2，χ_3^2，χ_4^2，…

g) 可能有多次抽样的 χ^2 值相同，同一个 χ^2 值的抽样次数占总次数的比例可以用一个概率表示：

$$f(\chi^2)=\frac{1}{2\Gamma(v/2)}\left(\frac{\chi^2}{2}\right)^{(v/2-1)}e^{-\chi^2/2}$$

h) 所有的概率值共同组成一个分布，就是 χ^2 分布的一条曲线。

i) 另外做一次，只要从总体中选取观测值数目 n 不同，得到的就是另外一条曲线。

j) 自由度越大，则曲线越接近于标准正态分布。

---

① 圣安德鲁斯大学数学与统计学院. 阿贝生平传记. http://www-groups.dcs.st-andrews.ac.uk/history/Biographies/Abbe.html[2017-11-21].

k) χ^2 分布只与自由度相关。

χ^2 分布的概率密度函数如下图 3.38(n 在这里为自由度)。

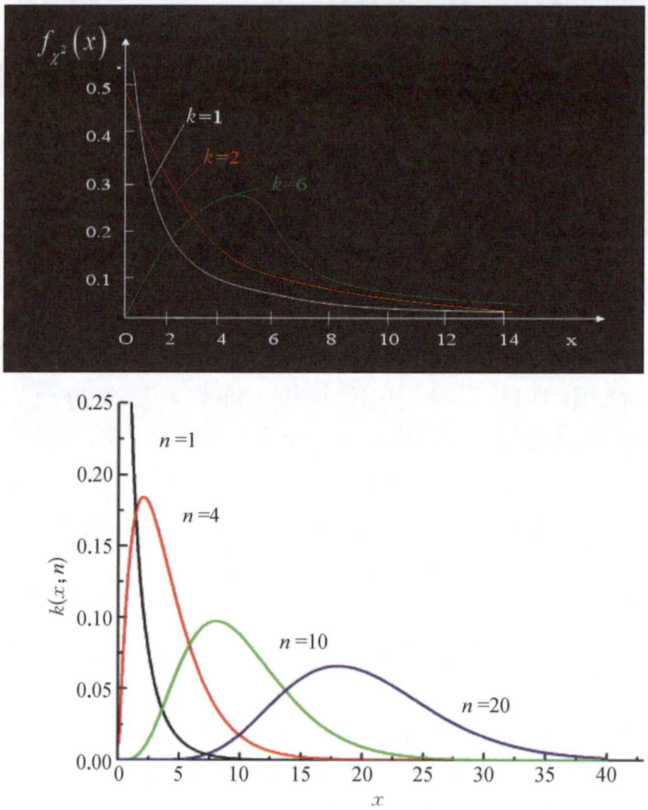

图 3.38 从已知的 Z 分布变换而来的 χ^2 分布及其形态

F 分布(F - distribution),由统计学家费希尔(R. A. Ronald Aylmer Fisher,英国,1890. 2. 17—1962. 7. 29)提出的,以其姓氏的第一个字母来命名,定义,设若 U 为服从自由度为 n_1 的 χ^2 分布,即 $U \sim \chi^2(n_1)$,V 为服从自由度为 n_2 的 χ^2 分布,即 $V \sim \chi^2(n_2)$,且 U 和 V 相互独立,则 $F=\dfrac{U/n_1}{V/n_2}$ 称 F 为服从自由度 n_1 和 n_2 的 F 分布,记为 $F \sim F(n_1,\ n_2)$,F 分布的密度函数为:

$\dfrac{S_1^2/S_2^2}{\sigma_1^2/\sigma_2^2} \sim F(n_1-1,\ n_2-1)$,通过这一转换关系,可以求出单次试验样本的 F 值,在 $F(n_1-1,\ n_2-1)$ 的分布上,查看样本的 F 值所在的位置,并作出判断。

F 分布:

a) F 分布也是一簇曲线,每对自由度决定一个曲线。

b) 自由度是一个抽样小样本中的具体观测值的个数(抽样样本含量)-1。

c) 两总体样本方差比的分布。

d) 总体样本呈正态分布[抽样样本含量(n)较小时,要求总体样本呈正态分布]。

e) 从总体样本中抽取两个样本,两个样中的观测值数目可相同也可不同,分别记为 n_1 和 n_2。

f）分别计算出 χ^2：χ_1，χ_2。

g）构建一个新变量 F：$F=\dfrac{\dfrac{\chi_1^2}{df_1}}{\dfrac{\chi_2^2}{df_2}}$。

h）重复抽取样本，计算多个 F 值：F_1，F_2，F_3，…

i）可能有多次抽样的 F 值相同，同一个 F 值的抽样次数占总次数的比例可以用一个概率表示。

$$f(F)=\frac{\Gamma\left(\dfrac{v_1+v_2}{2}\right)v_1^{v_1/2}v_2^{v_2/2}F^{\frac{v_1}{2}-1}}{\Gamma\left(\dfrac{v_1}{2}\right)\Gamma\left(\dfrac{v_2}{2}\right)(v_1F+v_2)^{\frac{v_1+v_2}{2}}}$$

j）所有的概率值共同组成一个分布，就是 F 分布的一条曲线。

k）另外做一次，只要从总体中选取观测值数目 n 不同，得到的就是另外一条曲线。

l）两个自由度越大，则曲线越接近于标准正态分布。

m）F 分布只与自由度相关。

F 分布的概率密度函数如下图 3.39(m，n 在这里为自由度)。

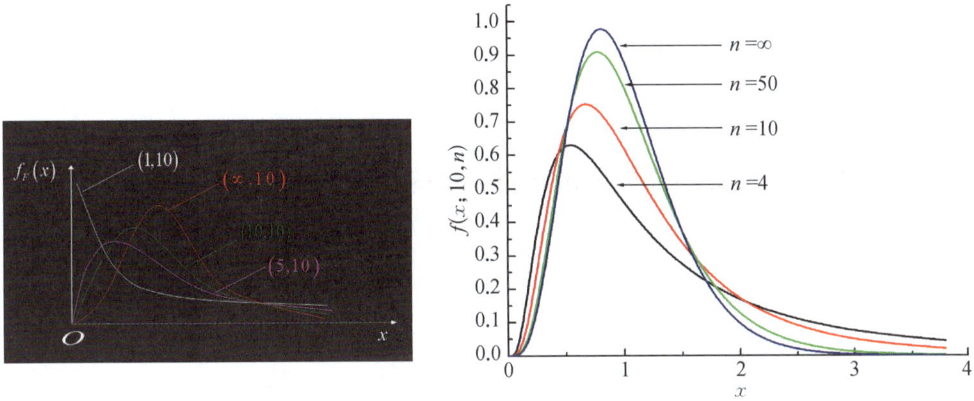

图 3.39 从已知的 Z 分布变换而来的 F 分布及其形态

第4章 什么是研究方法：逻辑推理与事实论证

在上述内容中，我们已经或多或少地提到了归纳、演绎、类比、比较、因果、论证等词汇和概念，这些词比较抽象，差别似乎不是那么明显，但每一个都无法被另一个替代，同时，仔细查看，发现它们又以动词或名词的形式客观存在于人的思维活动中，对思维活动的发生阶段、时间轴方向、所用思考对象或物料、所期望达到的目的进行精准地客观描述。

这些思维活动和思维目的，正是在思维活动层面，描述人们开展研究的方法，简称研究方法，它们确系客观存在，它们不是被创造，而是可以理解为征询和调查过许多人类之后，大家统一且普遍使用的思维方式，也因此，它们只能被描述，不能被创造，以及在科学研究的8个要素中，它们是被选择，而不是被建立，它们只是被普遍地执行，而不服务于具体的答案本身。

这么说，似乎能理解，但又更加复杂抽象了，没关系，下面我们来进一步地澄清和解构它们。只要你认同，那么它们其实就一直在那里，你可以根据你的研究问题的特征和你所能调集的资源本身，进行选择和使用。

1　基本推理方式：归纳逻辑与演绎逻辑(发现与证明)

(1) 归纳逻辑

归纳逻辑，即归纳法、归纳推理(inductive reasoning)，通常被定义为，从特殊到一般的逻辑推理，也常被称为一种或然性(概然性)推理，或扩展性推理。

以上定义，是从归纳逻辑的特点上对其进行定义的，没有反映出其操作定义，如果细究和描述其操作过程，可以定义为，所谓归纳逻辑，是指“人们以一系列经验事物或知识素材为依据，寻找出其服从的基本规律或共同规律，并假设同类事物中的其他事物也服从这些规律，从而将这些规律作为预测同类事物的其他事物的基本原理”的一种认知方法。也即，在思维层面，根据一类事物(全称事实对应的总体)的**部分对象(单称事实)具有某种性质**，推出这类事物的所有对象(总体对应的全称事实)**都具有这种性质的推理**，叫作归纳推理(简称归纳)，是从特殊到一般的过程，属于合情推理。

归纳逻辑是逻辑的一个分支，有两层内涵或两种内容范围。

1) 狭义的归纳逻辑

其研究对象是，前提(事实观察)和逻辑数据模型结论(内在规律)之间具有或然联系的归纳推理，也即在形成研究假设的阶段，当研究者观察了一定数量的同质性现象时，通过比较求同，得出：当 r 时，有 $y=f(x)$，然而，这一结论是从有限的单称事实观察和求同(归纳推理)而找到的，受限于单称事实的局部性和有限性，我们必须承认并记得，这个结论只能是部分的或者或然的正确。

2）广义的归纳逻辑

其还包括在进行归纳推理时所使用的科学方法，亦称归纳法，也即在形成上述研究假设(猜想)过程中，研究者本身所用到的归纳思维。我们已经在很多处强调、解释和剖析过这个归纳的思维过程及其重要性，归纳思维是人类所特有的，是所有创新创造的前提条件，简单地说，它的核心功能是从纷繁事实或现象中，通过求同存异，找出其背后的一般规律来，在找出一般规律之前，需要一系列的思维活动，包括**足量的知识储备、充分的与现实接洽的机会、透过现象提取效应变量(因变量)、透过现象进一步找出效应变量背后的前因或近因变量(自变量)、透过现象构建起效应变量和前因变量之间的函数关系**。在这一过程中，最为核心的部分，① 通过比较归类来求同存异，通过分析综合、抽象概括来析取本质规律，② 对现实不满、有更高预期的心理动机(具体见表 4.1)。没有前者(前述①)，后者(前述②)的存在没有意义，不可能被实现，只剩下无止境的抱怨和原地踏步；没有后者，前者永远不可能被发动，工作一百年也是非常高兴和满意。如果我们用一句大白话来概括，前者是能力，后者是欲望，能力和欲望之间的关系，你应该能够清晰地分辨。

表 4.1　进行归纳时人类大脑的思维方法与推理方式

思维方法与推理方式	具　体　内　涵
比　较	比较是确定对象共同点和差异点的方法。通过比较，既可以认识对象之间的相似，也可以了解对象之间的差异，从而为进一步的科学分类提供基础。运用比较方法，重要的是在表面上差异极大的对象中识“同”，或在表面上相同或相似的对象中辨“异”。正如黑格尔所说：“假如一个人能看出当前即显而易见的差别，譬如，能区别一支笔和一头骆驼，我们不会说这人有了不起的聪明。同样，另一方面，一个人能比较两个近似的东西，如橡树和槐树，或寺院与教堂，而知其相似，我们也不能说他有很高的比较能力。我们所要求的，是要能看出异中之同和同中之异。” 在进行比较时必须注意以下两点： a）要在同一关系下进行比较。也就是说，对象之间是可比的。如果拿不能相比的东西来勉强相比，就会犯“比附”的错误。比如，木之长是空间的长度，夜之长是时间的长度，二者不能比长短 b）选择与制定精确的，稳定的比较标准。比如，在生物学中广泛使用生物标本，地质学中广泛使用矿石标本，用它们来认证不同品种的生物和矿石。这些标本就是比较的标准。现在研究陨石或登月采集的月岩物质，也是将它们同地球上的矿石标本比较 c）要在对象的实质方面进行比较。例如，比较两位大学生谁更优秀，必须就他们的思想品德、学习成绩、实践能力等实质方面进行比较，而不是就性别、籍贯、家庭贫富等方面进行比较
归　类	归类是根据对象的共同点和差异点，把对象按类区分开来的方法。通过归类，可以使杂乱无章的现象条理化，使大量的事实材料系统化。归类是在比较的基础上进行的。通过比较，找出事物间的相同点和差异点，然后把具有相同点的事实材料归为同一类，把具有差异点的事实材料分成不同的类。如全世界 40 万种左右植物，可把它们归为四大类(门)：藻菌植物门，苔藓植物门，蕨类植物门和种子植物门。由门再往下分可以得出纲、目、科、属、种各级单位。归类与词项的划分是有区别的： a）思维进程的方向不同。词项的划分是从较大的类，划分出较小的类。而归类则相反，它是从个体开始，上升到类，再上升到一般性更大的类 b）作用不同。词项的划分是为了明确词项。归类则是把占有的材料系统化的方法。更为重要的是，由于正确的分类系统反映了事物的本质特征和内部规律性的联系，因而具有科学的预见性，能够指导人们寻找或认识新的具体事物。例如，以达尔文生物进化论为基础建立起来的生物自然分类系统，曾预言了许多当时尚未发现的过渡性生物。始祖鸟就是达尔文所预言并被人找到的一种。始祖鸟是介于爬虫类和鸟类之间的中间类型。它把这两类动物之间的空隙填补起来了，说明鸟类是由爬虫类演变而来的

（续表）

思维方法与推理方式	具 体 内 涵
分 析	分析是将事物“分解成简单要素”。综合就是“组合，结合，凑合在一起”。也就是说，将事物分解成组成部分，要素，研究清楚了再凑合起来，事物以新的形象展示出来。这就是采用了分析与综合的方法。如分析一篇英文文章的结构，先是得到句子，单词，最后得到 26 个字母
综 合	综合是由字母组成单词、句子、再由句子组成文章，这些是文法所要研究的题材。如白色的光经过棱镜片，分解成红橙黄绿青蓝紫七色光；反过来，七色光又合成白色光。这就是光谱的分析与综合，由此可以解释彩虹的成因
分析和综合	分析和综合是两种不同的方法，它们在认识方向上是相反的。但它们又是密切结合，相辅相成的。一方面，分析是综合的基础；另一方面，分析也依赖于综合，没有一定的综合为指导，就无从对事物作深入分析
抽 象	抽象是人们在研究活动中，应用思维能力，排除对象次要的，非本质的因素，抽出其主要的，本质的因素，从而达到认识对象本质的方法
概 括	概括是在思维中把对象本质的，规律性的认识，推广到所有同类的其他事物上去的方法。如发现“能导电”这一“金属”的共同本质后，可把这种共同的本质推广到全部金属上去，概括出全部金属都具有“能导电”的本质属性

我们还是要强调，这些能力和欲望，一直都是人之所以为人的基本生理和心理特征，或者统称为生物学特征，无论你是否发现，它们都是客观存在的，只是你作为这些规律的存在主体，什么时候对其进行调用的问题。因此下文的时间序列介绍只是表明，人们分别在什么阶段，发现了人类自身的这样一些思维规律。在有关客观规律的思维世界里，没有发明，只有发现。

我们进一步来看，归纳逻辑按其发展阶段，又可以分为古典归纳逻辑和现代归纳逻辑两大类型。

1）古典归纳逻辑

古典归纳逻辑起源于亚里士多德，由弗朗西斯·培根（Francis Bacon，英国，1561. 1. 22—1626. 4. 9）奠基，约翰·穆勒（John Stuart Mill，英国，1806. 5. 20—1873. 5. 8）加以完善和发展（由他们发现和提出，而不是发明），主要包括枚举归纳法、消去归纳法，同时也包括用归纳逻辑提出假说并用归纳逻辑检验假说的方法。

A. 枚举归纳法

从枚举一类事物（全称事实）中的若干份子（单称事实）具有某种性质，而得出这类事物的所有份子都具有该性质的逻辑方法，就叫枚举归纳法。枚举归纳法只依靠所枚举的事例的数量，因此，它所得到的结论的可靠程度较低，一旦遇到一个反例，结论就会被推翻。但是，枚举归纳法仍有一定的作用，通过枚举归纳法得到的结论可作为进一步研究的假说，也是所有归纳逻辑（方法）的入门动作。

B. 消去归纳法

弗朗西斯·培根所提出的“三表法”和“排斥法”相结合的归纳法（培根的“三表法”由三大步骤组成：第一步，收集材料。准备一部充足、完善的自然的和实验的历史。这是全部工作的基础。培根将他的归纳法区别于简单枚举归纳法，认为后者“是很幼稚的；它的结论是不稳固的，只要碰到一个与之相矛盾的例证便会发生危险；它一般地只根据少数的、并且只是根据那些手边的事实来作决定”。第二步，运用“三表法”来整理材料。弗·培根提出的三种例证表是：①“具有表”，把具有所要考察的某种性质的一些例证列在一起。②“接近中的缺乏表”，在这里列举出与上表中的例证情形近似可是却没有出现所要考察的某种性质的一些例证。③“程度表”或称“比较表”，在这里列举出按不同程度出现的所要考察的某些性质的一些例证。第三步，进行真正的归纳。弗·培根所谓真正的归纳又分为三个小步骤：① 排除法，即排除和拒绝这样一些性质：这些性质是在有给定的性质存在的例证中不存在的；或在给定性质不存在的例证中存在的；或者在这些例证中给定性质减少而它却增加，或给定性质增加而它却减少的。在进行这种排除的过程中已经为真正的归纳打下了基础。② 根据三表所列示的事例，做一次正面地解释自然的尝试，就是通过排除之后得出正面的结论。③ 纠正解释偏差的几种帮助。培根列举了九种帮助，如“具有优先权的例证”“归纳法的改正”“按题目的性质改变研究方法”等。这九种“帮助”旨在校正以上程序中的失误，以求得尽可能准确的结论)，以及穆勒所提出的求因果联系的契合法、差异法[19世纪英国哲学家J. S. 穆勒所提出的归纳方法。他在《逻辑体系》(*A system of logic, ratiocinative and inductive*, 1843)第3卷“论归纳”第8章“论实验研究四法”中，表述了5条规则：① 如果所研究的对象的两个或两个以上的事例只有一个情况是共同的，那么这个唯一的使所有事例有一致之处的情况，就是给定现象的原因或结果。② 如果所研究的现象出现于其中的一个事例和它不出现于其中的事例只有一个情况并非共同而这个情况只出现于前者中，此外的每个情况是共同的，那么这个唯一的使两个事例有差异的情况，就是该现象的结果或原因，或原因的一个必要部分。③ 如果现象出现于其中的两个或两个以上的事例只有一个情况是共同的，而现象不出现于其中的两个或两个以上的事例除没有那个情况外并无任何共同之处，那么这个唯一的使两组事例有差异的情况，就是该现象的结果或原因，或原因的一个必要部分。④ 从任何现象减去那种由于以前的归纳而得知为某些先行条件的结果的部分，于是，现象的剩余部分就是其余先行条件的结果。⑤ 凡是每当另一现象以某种特殊方式发生变化时，以任一方式发生变化的现象，就是另一现象的一个原因或一个结果，或者是由于某种因果事实而与之有联系]，都是消去归纳法。它们的共同特征是：根据所研究的对象有选择地安排事例或实验，然后通过比较消去某些假说，得到比较可靠的结论。

简单地说，枚举归纳法重在求同，而消去归纳法重在存异，**通过求同，找到共同的效应变量，是一个找 $y=f(x|r)$ 中 y，f 的过程，通过存异，不断分化出实现效应变量所需要的各种精密的前提条件及其在效应产出上的产量差异，是一个找 $y=f(x|r)$ 中 x，r 的过程**。

C. 假说方法

假说方法根据一组证据提出一个或一些假说，然后从某一特定的假说演绎出一些结论，这可以写成蕴涵式：“A→B”，接着检验这些结论。如果检验的结果是：B伪，根据否定式推理：就要否定这个假说。如果检验的结果是B真，就暂时接受这个假说。例如，科学史上关于光的本性的两个著名假说“微粒说”和“波动说”，它们都各自能解释一些光的现象，但又不能完全解释另一些光的现象，只具有一定程度的真实性，后来终于被“波粒二象说”所取代。关于这一点，我们在本书第2章的“随机性、确证度和 α、β”这一部分有描述，也即间接论证法，可用于讨论和间接论证。可简单地理解为找人际关系，举个不恰切的例子，以某某亲戚的伟大，来间接暗示自己也可能或将可能是个伟大的人。这本身已是一种曲线救国的论证方式，如果使用者又发生**证据属性**(如在论证A通路的有效性时，用的是在B通路上的反应优势)上的跳转，那么就会变成经验世界中的权威效应和明星效应泛滥。在科学体系中，它只能是一种临时的做法，水平相当于在本系列书籍第一本《逻辑篇》中所说的亚里士多德年代。

2) 现代归纳逻辑

现代归纳逻辑出现以及发展于19世纪中叶以后。归纳方法的研究和数学里的概率统计相结合，使其得到了迅速的发展(这些我们在前文已经有充分的、原理层的描述了，这里再来温故一下)。现代不同的科学领域，所应用的归纳方法不尽相同。如在设计科学实验时用培根、穆勒的归纳方法与数理统计相结合的方法，在医学流行病学和经济学中多应用数理统计

(重在发现和呈现客观事实)。现代归纳逻辑在理论方面的一种发展趋势，就是用数理逻辑的工具，对归纳推理进行系统的、形式化的研究(定义归纳结论的形式结构、推理过程、测量和量化归纳推理结果的或然性)，构造出各种归纳逻辑的公理系统。概率逻辑和模态归纳逻辑就是其中的两种。

A. 概率逻辑

概率逻辑与数学中的概率统计不同，后者的发展是由于数学和实验科学的需要；**而概率逻辑是由于数理逻辑的发展和研究归纳逻辑的需要**。概率逻辑从 20 世纪 20 年代开始形成不同的系统，在其发展过程中，R. 卡尔纳普做出了重要贡献。卡尔纳普把归纳推理主要分为 5 种：① 直接推理，这是从总体到样本的推理。所谓总体是指所考察的一类事物，样本则是从总体中随机抽出的若干个体组成的子类。直接推理的前提是总体中某一性质 M 出现的频率，结论是某个样本中 M 出现的同样频率。② 预测的推理，这是从一个样本到另一个不同样本的推理。③ 类比推理，即根据两个个体之间的相似性从一个个体到另一个个体的推理。④ 逆推理，这是从一个样本到总体的推理。⑤ 普遍的推理，这是从样本到具有普遍形式的假设的推理。

尽管概率逻辑与概率论与数理统计，不论是名称上就有着明显的差异，还是所在学科及所具备功能上就有着各自的设置初衷，但是概率论与数理统计在用到概率逻辑时，其分析哲学依然来自概率逻辑或者与概率逻辑相同，而当概率逻辑在用到形式表达、量化计算及假设检验时，其运算哲学依然来自概率论与数理统计。两者由概率而相连接，各自负责科学知识诞生历程中的不同阶段。

作为研究者，如何以研究问题和研究过程为线索，融贯顺畅地应用概率逻辑与概率论与数理统计，本书前文已有较为完整的、一个逻辑下的连贯描述。你可以返回阅读，加深理解。

B. 模态归纳逻辑

20 世纪中叶以来，有学者如美国 P. J. 科恩，用模态逻辑作为处理归纳推理的**工具**。科恩指出，卡尔纳普的概率逻辑面临不少困难，对归纳推理**不宜作概率处理**。他所提出的归纳逻辑的研究对象，是**证据 e 对假设 h 的支持度**，用 $s(h, e)$表示，s 称为支持函数。

在他看来，**支持度可列为不同的等级，不同等级的支持度，就是证据给予假设不同等级的必然性，一个被证明了的理论就是由较低级的必然性达到较高级的必然性**(理论也是可以进化的，随着认知增长，随着更多现象出现确证，随着测量技术提升，理论必然会不断进化，进化的方向包括反转和否定)。不同等级的支持度是广义模态逻辑的研究对象。

这些理论基础其实对临床研究者来说，是非常有启示的，在本系列书籍第二本《方法篇》中，我们多次介绍了临床医学循证证据等级的问题，到底什么是等级，对其进行分层和赋值的原理是什么？综合该节的全部内容，可以理解为研究者所获得结论的确证度问题，① 首先，单说确证度，它是由假设提出的方法和假说验证的方法来决定的；② 其次要特别注意区分评价证据强度的前置条件，如果是预测的推理，即从一个样本到总体的推理，随机对照试验无疑是逻辑最严密的、可论证因果关系的方法；而如果是类比推理，即根据两个个体之间的相似性从一个个体到另一个个体的推理，或者是普遍的推理，即从样本到具有普遍形式的假设的推理，则眼见为实、逐条分解现象背后的实质，即病例报告就是证据等级最高的论证方法。它不能纳入时间轴和预测推理，但是在横断面的效应上，是证据确凿的，治愈就是治愈，好转就是好转，异常明确，不容置疑。

所以，不同的研究设计或者研究类型或者相应的研究报告类型，并没有高低贵贱的等级之分，它们原本就是针对问题不同的发展阶段和人类对问题不同的认知阶段，而设置或形成的论证和解决方案。去掉适用背景或者前提条件，对其进行评头论头并没有什么意义，只会引人误入歧途，理解并用好才是硬道理。

（2）演绎逻辑

演绎逻辑，即演绎法、演绎推理（deductive reasoning），通常被定义为，从一般到特殊的逻辑推理方法，也常被称为一种必然性推理，或保真性推理；还可以定义为，结论在普遍性上不大于前提的推理，或“结论在确定性上，同前提一样”的推理。

所谓演绎推理，就是从一般性的前提出发，通过推导即“演绎”，得出具体陈述或个别结论的过程。演绎推理的逻辑形式对于理性的重要意义在于，它对人的思维保持严密性、一贯性有着不可替代的校正作用。

在我们前述大量的篇幅介绍中，研究者提出研究问题，形成一般假设，接着用有限总体或者部分单称事实来对一般假设进行论证，**这就是一个演绎过程**。正是由于演绎推理的保真性，因此在研究者经过千辛万苦提出的一般假设面前，一个特殊事件上的演绎失败就能推翻一般假设。这就是我们反复强调，一旦**开始演绎的验证试验**，第一，研究者在取样时，一定要找准研究对象，一定是和自己研究假设中完全一致的研究对象，如果扩展特征范围，要做到心中有数和设置相应的群组；第二，研究者在进行研究设计时，一定要搞清楚使研究假设发生的、本次研究设定的前提条件（包括已证明的和本次研究拟证明的），一定要通过分组设置（对照），对前提条件进行控制和凸显，而显示出本次研究的自变量与预期的因变量之间的预测关系及发生的前提条件，同时，有些前提条件的达成要在纳入样本时进行考虑；第三，研究者好不容易设计这次试验，一定要注意在确保第一点的条件下，使得单称事实的样本在结构上充分表现了研究假设中的目标人群，也即在明确样本特征前提下，做到随机纳入（使得纳入的样本在基本特征上符合正态分布而还原其所代表总体的本身），其次无论如何做到了随机，抽样由于局部性，天然就自带着不能完全代表总体的随机误差，知道了抽样误差的客观存在，明确了研究期待看到的试验差异，为了防止抽样误差遮盖了实际存在的试验差异，我们必须要选择足够的样本量来集体论证试验差异到底存在还是不存在。因此，我们在研究设计中所讲究的一招一式，都是由背后的归纳逻辑、演绎逻辑、概率逻辑与概率论与数理统计所决策的，或者说由它们做背后逻辑原理和数学原理上的支撑。

演绎逻辑确实用于验证归纳逻辑所形成的结论，也因此，我们在本系列书籍第二本《方法篇》中说，研究问题的解决是一个不那么困难的顺流而下的执行过程，执行过程中需要兼顾以上要点，方能不负归纳逻辑费尽心力诞生的研究假设。爱因斯坦，对这两个阶段的阐述是：“想象力比知识更重要。”“逻辑会把你从A带到B，想象力能带你去任何地方。”“创新不是由逻辑思维带来的，尽管最后的产物有赖于一个符合逻辑的结构。”归纳主义者也一样地因此而反对或贬低演绎逻辑，认为演绎逻辑不是一种科学的方法，其基本理由有两个。

一是认为演绎逻辑不能给人以新知识，因为它的结论本身就包含在前提之中。如从“凡人皆死”“苏格拉底是人”这个前提，推知“苏格拉底必死”这个结论。这里并没有告诉人以任何新知识。因为，“凡人（苏格拉底是人）皆死”本身就包含了“苏格拉底必死”。

二是认为演绎逻辑不能证明其前提的正确性，必然导致先验论。演绎逻辑必须以一定的基本原理为前提，在不引入更基本的基本原理之前，这些基本原理是不可能通过演绎逻辑本身被发现或证明的。而引入更基本的基本原理之后，这些基本原理虽然能被演绎逻辑所发现或证明，但是所引入的那些更基本的基本原理却又不能被演绎逻辑本身所发现或证明。因此依此类推，演绎逻辑要能作为一种完全的、根本性的方法而存在，就必须假设存在一些"先验"的、根本性的、绝对的真理，这些真理是不可能被演绎逻辑本身所发现或证明的，而其他的一切知识却都可以从这些"先验"真理中推演出来。

读起来似乎很拗口，但是其中的道理，又不容置疑，没错，演绎逻辑就是这样一种思维方式，正是因为它这一明确的特征，所以，演绎逻辑被认为是在假定前提为真下的保真性推理，我们需要这样的思维方式，没有演绎逻辑，归纳逻辑所诞生的任何伟大假说都无法从其神坛上走下来，迈向真实世界；归纳逻辑所产生的全称事实或规律，只有通过演绎逻辑的单称事实之真身，才能被我们所观察到。"眼见为实"依旧是我们这个时代和物种朴素的认识论和世界观；"举个例子"仍旧是比任何雄辩和断言都更亲密的朋友。此外，在本系列书籍第一本《逻辑篇》中，我们还提到，当我们把不同前提进行组合，使用演绎推理的保真性得出矛盾的与事实明显不符的结论时，又会引发我们对假定前提的修正，所以，保真性还可以让我们证伪一些以前被认为正确的假设或命题；同时，当我们把不同前提进行组合时，我们也会同样地得出新的结论，当新的结论在此前已经被许多现象所证实时，这将是令研究者非常兴奋的时刻，因为他们从旧的命题中藉由保真性构建了新的结论，在结论被现象证实的同时，现象被结论解释的同时，命题中的前提假设也再次得到巩固。

所以，无论我们如何评价归纳逻辑和演绎逻辑，它们都没高低之分，缺了任何一个，我们的证明或证伪都变得寸步难行，我们科学世界理论体系和知识的增加也变得不再可能。**归纳逻辑和演绎逻辑是客观存在的，它们是人类所特有的、每一个研究者都可以调用的思维方式**，它们正在大量地、频繁地发生于科学研究的过程中和科学家的思维活动中，推动着我们有更多的发现，进而产生更多的发明，并把它们用于人类的发展。

2　基本论证方式：进行归纳与演绎推理时的思维活动（研究假设与研究设计）

逻辑思考必须落地，否则一系列的思维活动并不可见，我们不能只看到和知道脑电波在活跃，我们需要具体了解它们排列组合所生成的事件层级的意义。**外显【逻辑思考或推理的】过程，从付诸口头表达、到付诸文字表达，到付诸事实演绎、到付诸试验客体变化等，都是【逻辑思考逐步落地的】过程，这个从逻辑层到物理层逐步落地和外显的过程也就是我们科学研究实施的过程**。在实施前，我们先藉由口头表达和文字表达将其外显为研究计划书。在其中，我们将围绕着某一具体科学问题，具体界定我们是通过哪些物理化的形式完成了每一个归纳过程以得出研究假设，和接下来将通过哪些物理化的形式来完成每一个演绎过程以论证研究假设中的每一个独立命题。

简单地说，我们所能做的事情，不过是：逻辑推理和事实求证。这时再来看"实践是检验真理的唯一标准"，就觉得是可以践行和指导行为的原则。

那么那些即将发生的物理化过程，我们如何提前盘点一下呢？以下就是从逻辑层梳理一下，我们在围绕某一问题开展具体的归纳和演绎活动时实际可采用的方法，或者说思维可操纵的对象或被操作客体，往下细读就能明白。

（1）事实枚举论证

紧接着前述已提及的“枚举归纳法”，在实际运用中，运用事实论证进行论证时，列举的事实可以有两种形式，即概括总体性事实和枚举个别事实。概括总体性事实的说服力在于事实所体现的普遍性，它是对事实的总体或全局的全面性统计或概括。采用枚举个别事例的论证方式，不要求全面周到，只需枚举几个事例即可。但需要注意的是，要确保概括总体性事实的结论没有漏洞，就必须在概括时覆盖了事实的全集，这种情况只有在有限总体时才可能实现，如果是无限总体，用有限代表无限，我们很难保障自己概括的普遍性；而相反，大部分情况下，我们只是取了其中的部分事实进行规律抽象，来作为论据，此时根据问题类型判断是典型代表非概率抽样，还是整体代表随机概率抽样（其中，更为详尽的推理与演绎，请参见本系列书籍第二本《方法篇》p71～78）。

这时，真实世界已发生的事实，是思维逻辑所操作的对象，观察事实、对事实进行分析。

（2）理论论证

理论论证顾名思义，是用那些被科学体系纳入的，截止到目前被实践验证下来，对现实的解释能力和预测能力较好，特别是在较大范围内仍显示出解释力和预测力的规律，以它们为理论层面的客观事实，来作为自己形成观点或论证观点的依据和脚手架。由于，我们研究假设阶段形成的论点和从研究结果中形成的观点，一般是从具体的材料中抽象概括出来的，其实质是归纳法，而归纳法在很多条件下是很难完全的，因此，如有被验证可靠的理论对归纳结果加以衡量，就能够保证或巩固其可靠性。

（3）比较论证

比较论证是一种由个别到个别的论证方法，亦属于归纳逻辑的产物。通常将它分为两类：一类是类比法，另一类是对比法。

1）类比论证

类比论证是根据两个对象在某些属性上的相同或相似，推论两者在其他属性上也有相同或相似，其逻辑形式为：A具有a、b、c、d的属性，B具有a、b、c的属性，所以，B可能具有d的属性，属于形式逻辑中的归纳推理。

类比论证属于或然性推理，是一种从特殊到特殊、从个别到个别的推理方式，其结论不一定为真，只有一定程度上的可靠性。在某些情况下，有时无法获得更确切的论据。运用类比论证，有时是有效的。类比论证有一定的哲学依据，因为世界是多样的，又是统一的。从思维方式来看，类比论证，不拘于事物表面上的差异，把不同的事物联系起来考查，试图在异中求同，是包含了辩证法的因素的，在认识客观世界的过程中有其意义。

许多类比的结论虽然不一定是真实的，但是可以作为进一步研究的假说。但是，作为一种论证方式，由于它是一种或然性推理，其结论不是完全可靠，所以在表述上多用“可能”；另外，即使一个基本正确的类比结论中，也包含着某些谬误。一般来说，类比推理的可靠程度，取决于共有属性和推出属性之间的联系（也即对共有属性的解释和预测）。**如果共有**

属性和推出属性之间的联系密切，结论的可靠程度就越大；如果联系程度低，结论的可靠程度就低；如果是无关的，就不能进行类比。

我国传统医学中医学，就是频繁使用类比思维开展思维活动和实践活动的地带。正如上文所述，是否可用和能走多远，完全取决于共同属性和推理出的共有属性之间的联系，可惜的是，我们对共同属性的推理，还是在哲学假设上，对推理出共有属性之间的关系的方法和解释，迄今还没有很好的对策。因此，一切止于"类比思维层级的解释和发展至今已普遍流传的应用"。

2）对比论证

对比论证则是一种求异的思维方式，它侧重于从事物的相反或相异的属性比较中，来揭示需要论证的论点的本质。对比论证方式的运用范围很广，因为可以进行比较的事物很多，中与外、古与今、大与小、强与弱等，都适合于进行比较，在比较中分析和阐明了两者的差异和对立之后，是非昭然，自然就能够确立论点了。对比可以是两个对象之间的比较，也可以是同一对象自身前后不同阶段之间的比较，前者称为横向比较，后者称为纵向比较。但在运用纵向对比的论证方式时，不能停留在形式逻辑的静态判断的层面上，否则，有时会显得说服力不够。

对比论证，在以干预和控制为目标的研究中应用太普遍了，可以说，我们就是在对比中，确定了新的干预方案的地位，在对比中，找到了效应发生的新思路、新通路、新位点、新靶点，给出了对现象发生的底层原理的解释。

没有对比，就找不到差异；而更重要的是，没有可比较的对比（对结果效应有贡献的无关变量没有被均衡控制或测量），再显著的差异也是无法解释和被接受的。

3）因果论证

因果论证，与前两种论证非常不同，前两种论证可以不包含任何具体问题，只是从逻辑上进行形式和数学判断即可。而因果论证是前两者的基础上，引入了时间轴和空间转换的这一要素。

在自然界和社会中，各种现象之间是普遍联系的，因果联系是现象之间普遍联系的表现形式之一。因果联系是普遍的和必然的联系，没有一个现象不是由一定的原因引发的；而当原因和一切必要条件都存在时，结果就必然产生。所谓原因，指的是产生某一现象并先于某一现象的现象；所谓结果，指的是原因发生作用的后果。原因与结果具有时间上的先后关系，但具有时间先后关系的现象并非都是因果关系；除了时间的先后关系之外，因果关系还必须具备一个条件，即结果是由于原因的作用所引起的。如何论证结果是原因所引起的？就是前文所述的空间转换要素，在时间上的先后顺序成立后，必须要有学科知识上的支持，来证明，原因是通过物质、能量、信息三类中的某一类通路或形式转换成了结果，也因此，我们说，**数学逻辑论证不能回应因果关系，只有学科内知识加入其中进行解释，我们才能构建明确的因果关系**。在推论过程中，根据客观事物之间都具有这种普遍的和必然的因果联系的规律性，通过提示原因来论证结果，就是因果论证。

至此，我们所有可以开展的归纳思维活动和演绎思维活动，其开展过程中所藉由的客体和论证的方式，均已完成并准备就绪，接下来，围绕着某一具体问题，必须要进入到事实论证层级和环节，进一步地用逻辑思维活动外显出来的计划书，来驱动真实世界中的一系列指向研究目标的研究活动。

3 基本取证方式：进行归纳与演绎推理时的操作活动（研究方法与研究工具）

如何开始取证？如何正式落地归纳论证计划和演绎论证计划？进行归纳和演绎推理时的操作活动，直接指向研究过程中的研究方法与研究工具。

（1）观察与描述

观察与描述是科学研究中，最基本、最普遍的方法，是研究者在科学研究活动中获得感性经验和事实的根本途径，也是检验和发展假说的实践基础。观察的目的，是为了捕捉到现象，描述的目标，是将现象的特征进行精确的定义乃至测量。

观察具有强烈的能动性。科学的观察是具有能动性的感性认识活动，而不是简单反射式的感觉。

观察的背后隐藏着选择，什么决定着选择？研究者本人，具体指研究者的历史生活、日常观察、临床实践和全部的知识积累，同样的时间空间，不同的人涂绘出不同的人生，同样的真实世界，不同的研究者观察不同的有趣的现象。观察，既作用于形成研究假设时，观察，也作用于验证研究假设时。关于观察，法国生理学家克洛德·贝尔纳（Claude Bernard，法国，1813.7.12—1878.2.10），曾在《实验医学研究导论》①（*An Introduction to the Study of Experimental Medicine*）（1865），一书中有过精妙地陈述，由于该书一气呵成，很难从中切取片段还能保留原来的意味，故推荐你自行品鉴阅读，全书只有237页，售价只要10元人民币。

需要注意的是，**在形成研究假设阶段的观察，充满选择性**，但**在对研究假设进行论证的阶段，观察则要求具有客观性**，客观性即要使观察所感知的现象和过程能正确反映客观事实，不能只记录和汇报你期望看到的，对于那些并存的事实，也必须一同记录和汇报。**要记住的是，观察所获得的事实材料是认识事物的依据，是科学研究的基础**。

（2）调查与解释

调查研究是较早被使用的研究方法。调查研究的主要目的是为研究问题提供第一手的材料和数据，使得研究者不仅能够了解现实问题，同时还能够构建较为封闭的理论系统，提供调查问题的合理解释。调查研究也是明确事件内涵及尝试分析事件因果关系的重要措施。在调查研究中，按照研究者对事物认知程度的深浅层次，可分为描述性、解释性、预测性调查三个类别；根据调查中对于研究对象的测量精度划分，则可分为定性调查、定量调查。还有学者将调查研究按时间跨度分为横向调查（横断面）与纵向调查（向前或向后）（你不要去背，尝试理解就行了。分得这么细，是为了让你区别调查的层次，以更深入地理解调查）。

在具体操作层面，访谈（结构化与半结构化的）、问卷调查是较为常用的两种措施，问卷调查中可包括结构化的施测量表。而与前述描述性、解释性、预测性相对应的研究工具，访谈提纲基本对应描述性调查，初步了解问题轮廓，问卷调查基本对应解释性调查，已

① 克洛德·贝尔纳. 实验医学研究导论. 夏康农，管光东译. 北京：商务印书馆，1996.

从访谈中获得了问题的基本构成，开始收录问题中与效应变量相关的因素，量表基本对应预测性调查，原因在于量表本身已是一个有明确因果关系的测量系统，通过测量可以获得对应的特征取值，而特征被量化之前已经对该特征的发生发展形成了充分的认知，因此有了特征测量值就能够预测该特征未来的发展趋势（此段可以结合本系列书籍第一本《逻辑篇》“第7章科学研究的渔网系列”研究工具部分来阅读）。

调查研究与观察研究的主要区分原则是：调查研究中，研究者须与研究对象发生一定程度的交互，有利的一面在于，调查研究不再是被动观察，而是主动出击向数据携带者或研究对象获得目标答案，不利的一面也在于，由于调查研究中引入了新的变量，即调查者本人、调查时所用的研究工具和调查这一行为本身，这组新变量的引入犹如蝴蝶效应，会对研究对象所在系统产生一系列或大或小的反应，其结果研究对象是否会向调查者提供真实答案？调查中所用的研究工具是否能够准确表征调查问题本身，并被调查者和被调查对象理解？调查过程是否过大地差异于日常观察过程而得到偏离真实情况的答案？这些都是由调查研究自身特点决定的、在调查研究过程中需要考虑的一系列问题。具体如何分析和处理这些问题，以控制对研究数据真实性产生的影响，在本系列书籍第一本《逻辑篇》“第7章　科学研究的渔网系列”中有较为明细地阐述。

此外，与观察研究相比，在人类认知问题的发展阶段上，调查研究显然离真相更近了。科学研究的最终目标是为了控制和改造自然，以及对目前还不能控制的重要事件做出预言或预测，并随之采取行动以主动改变事件演进的过程；具体表现为，了解目标效应变量的影响因素（相关），进一步地到决定因素（因果），再进一步地明确效应变量也即因变量和可以控制的自变量之间的数量关系，最终实现在一定程度上精准地改变自变量以实现产生预期因变量的变化。**要实现对事件发展趋势的预测和最终的精准控制，我们不能只是观察，观察之后要立即要锁定关键的因素，并进一步地对关键因素进行跟踪调查和了解，获得它们的实质属性，这一过程都是主动出击的调查研究来完成的，主动测量、连续测量、纳入时间变量、看到事件形态变化，是这一阶段不断获得对事物形态和规律认知的研究方法**。在临床研究中，我们把以调查研究为内核的研究设计称为队列研究，如果向过去回溯则是病例对照研究，它们的基本逻辑原理就是上述的调查研究。

(3) 假说与实验演绎

选择自然世界或社会世界的一部分并进行观察（如果没有对研究对象进行干预，可以把观察和调查都合并为观察）后，下一步就要构建科学假说（通常认为科学假说是一个明确的理论体系，比单个项目或课题的研究假设要更为完整，可以用于回应一个社会现象或者自然现象）。

构建假说并通过演绎方法进行假说论证，是现代科学体系中最为普遍的方法学。简单的假说不过是观察结果的概括（研究假设），而上升到科学层面的科学假说，则要假定出现各现象之间的联系，或更为复杂的因果关系。研究者的研究方向，往往在此步才体现出来（也即要完成一个“现象”解构的全垒打，才可能锻造一个有思想、有方向的研究者）。提出假说的可能性，是建立在自然界中存在某种秩序的假定之上的。实际上，研究者们已经证明自然界的各个部分都有一个大致的秩序，但是仍有未曾探明的部分，至今仍顽固地抵挡着研究者的进攻。此时，研究的假说是否能够连接现有世界与未知世界并成为重要的通道，是考量研究者水平的重要标杆。

一个研究的研究假设往往是简单并容易被演绎推理的，一个科学假说的正确性，则需要通过归纳演绎、数学建模、构建实验环境进行验证后，方能被验证，此外不只是一轮这样的过程，而是对现象中出现的各个分支进行一一解决后，才可能完成一个科学假说的建立和证明过程求解，进而形成一个可用于科学决策的理论体系。

在验证研究假设或科学假说(演绎推理、科学实验)的过程中，数学运算(或者只是呈现和表达，以及娴熟的逻辑推理)，将帮助研究者发挥更大的作用。尝试从假说中演绎出数学形式的结论，已经在众多学科领域中发挥了重要的作用。由于数学符号能够使那些用自然语言论述起来繁复不堪的论证过程，用简洁、明确的函数形式就可以完成，因此，数学建模与对应变量的采集验证在现代科学体系中，几乎是不可替代的重要方法，值得更大范围和更高频率的应用。

紧接着，对假说给出事实回复的是科学实验，实验作为一种科学认识方法，最初是应用于基础自然科学领域(物理、化学等)，之后逐渐移植到社会科学领域。不同的学科，所用的科学实验室不同，社会科学就是真实世界，现在也开始用一些构造的情景或场景来做控制研究或做仿真模拟或预测决策，自然科学则主要是理化实验室，动物实验室和生理实验室等，大家的研究对象不同，但遵循的范式和标准是一致的。作为验证研究假设或科学假说的方法，实验研究法是实验者有目的、有意识的通过改变某些自然或社会环境的实践活动，来认识实验对象的本质及其规律的方法。实验研究法的基本要素是① 实验者，即实验研究中有目的、有意识的活动主体；② 实验对象，即实验研究所要认识的客体；③ 实验环境和手段，实验环境即实验对象所处的自然与社会条件。实验手段是借助技术进行刺激、干预、控制、检测实验对象的活动；④ 实验研究的过程，就是这些要素相互作用、相互影响的过程；⑤ 实验结果，即实验过程所呈现出来的客观事实。不论是否符合研究者预期，它都证据确凿地代表着客观事实，是检验假说的金标准，因此，如何根据研究假设进行相应的研究设计来获得与之对应的研究数据，我们在前面的演绎部分已经反复强调其中的研究设计要领，这里不再重复。

研究假设或科学假说的形成以及科学实验室的诞生，是科学研究方法的巨大进步，基于提出的研究假设或科学假说，在实验室里，我们可以更量化、主动地控制我们希望控制的参数，并对它们实现精准测量；同时，我们还可以高质量重复实验；而其中最为重要的是，我们可以让事物发生发展的进程加速，这为我们获得事实规律节约了大量时间，进而加快科学研究改造自然界的步伐。

以上三种方式，是我们将科学研究的论证逻辑，藉由研究计划书的精准控制，进一步投射到真实世界的科学实践活动中时，作为研究者，其表现出来的各种研究动作和行为特征，以及它们所能达到的研究效能。

需要注意的是，时代变化、科技进步，无论我们如何改变研究场景、改变测量手段、改变获得数据的工具，其背后的逻辑内核并没有变，依然很稳健地表现为如上的内容。希望其中絮絮叨叨的阐述能够帮助你从纷繁的新增术语和方法论套路中厘清概念，认清方向，轻松前行。**还是那句老话，在人类天生的、自然的思维能力和思维方式面前，我们并没有创造什么，也无需创造，我们只需更耐心、更细心地发现这些客观事实，并以自己的思维为研究对象，进行厘清、训练和内化，直至可以轻松地调集自己的思维能力来应对和胜任科学研究中的各项任务，即可。**

第5章
写在快结束时的一些话：分享与探讨

至此，本书概念篇即将结束。概念篇的目的在于，帮助你把开展科学研究前应该了解的一些基本知识和基本原理搞清楚，主要是逻辑推理和数学推理的部分。但显然矛盾的是，如果没有开展过研究活动，这些概念对我们来说既陌生又显得没有必要，因此实际中，真正能静下心来阅读并有所感悟的，往往是那些已经开展一些研究活动的研究者。这些研究者体验过：在开展研究的过程中，有些是跟着感觉走，有时是跟着权威走，有时是跟着趋势走，有时则完全如履薄冰、放手一搏的心态，**原因在于，我们缺乏了一些关于科学研究的基础课**，在我们尝到一些苦头，有了一些感觉之后，愿本书以上的内容能够给你一些共鸣和启示。当实践结合理论，二者互为佐证时，终有一天，你会体验到，明白基础原理和基本结构之后开展科研时那种视野清晰、如有神助的感觉有多好，提起笔来每一点立论、论证以及驳论思维清晰、下笔如有神的感觉有多好。**在这个时候，研究者对科研的内在兴趣才会被真正激发起来，而兴趣必将会带领你走向更高更远的地方**。我们很乐意地看到，终于，那些在从事科研的临床工作者们说，科学研究原来就是我的思维方式，唯有如此，这样的研究状态才是可持续的，这样的研究成果才是值得期待的。

在本书的最后，我们补充了三点笔者的观点和见解，它们来自对科研群体的日常观察和交流，以提升科研兴趣、提高科研效率为目标进行分析和提出观点，希望与你分享探讨。

1 重新认识基础、应用和开发研究

(1) 一些认知上的误区

当有临床研究者开始走进科学实验室，使用高通量、高精度的设备设施，以动物、组织、细胞为研究对象，开展科学实验时，如果你还只是站在床前继续观察你的病人，似乎就显得非常的穷酸和没有范儿，以至于一些还没开始开展研究的临床工作者就会提前抱怨，我们这个也没有，那个也没有，连个基础实验都不能做，怎么搞科研啊？包括国家自然科学基金中，如果临床医学领域出现一些关于组织结构创新理论、社群学习理论、知识传播理论的研究内容时，大家就会觉得非常诧异，国自然不是资助基础研究的吗？为什么还资助这些应用类的课题？也有人说，我们医生在临床上只能做做应用类的研究，你看没有基础实验室，也没有设备设施，更没有相应的实验人员，是不可能做什么基础实验的，哪来的什么重大发现？就这样随便弄弄吧。

显然以上的理解，有许多误区，并且充斥着浓浓的自嘲自卑和推卸责任的意味。如果知道提出基础研究、应用研究、开发研究的概念会导致这样的结果，那么最开始提出这一分类的人一定会很失望。到底什么是基础研究，应用研究，开发研究？它们之间的联系和区别是什么？在本系列书籍第一本《逻辑篇》对应内容中，我们已经有较为清晰的阐述，这里进一步地简约分析，目的是让你能够清晰理解与之对应的、对问题进行解决的三个不同阶段。

(2) 基础之发现

无论人类如何进步和发展，有一点我们很难做到，那就是创造规律，我们可以创造演绎规律的载体，如新国家、新社会、新组织（organization）、新形态、新理念、新物种、新细胞、新组织（tissue）、新序列等，但是我们却无法创造规律，相反在客体对象被物理化和施以存在的那一刻，它的功能，也就随着结构一起固化，它的用结构演绎功能的决策机制也即规律，就成为不可修正的事实。而要期待出现一个新的规律，必须让结构改变或创造一种新结构。就是这一点结构-功能-决策机制上的惰性，决定着万事万物的稳定性和区别性。而发现结构-功能背后的决策机制，也即规律，或者机制，或者我们在上文“6W1H”章节所说的 How-Why-Would，恰恰是整个科学研究的第一步，对这一点的发现就是基础研究的目的和目标。我们已经分析过，要知道规律，也即研究要进展到预测阶段，必须从观察描述开始，经历研究的描述阶段，解释阶段，才能进入预测阶段，和后续的控制阶段和评价阶段。

基础研究的目标是发现，发现各种层级（群体、个体、器官、组织、细胞、基因序列、分子）现象背后的基础规律，也因此它们会有大量的工作要做，如何确定一个值得追踪的现象，并对其背后的规律进行解构？是必须基于大量的观察才可能萌生想法、明确方向的。**那么，在哪里完成观察？当然是在自己的工作半径内、最终获益的目标群体中去观察**，只有在观察（如果没有对研究对象进行干预，可以把观察和调查都合并为观察）中通过横断面调查、通过回顾性调查、通过前瞻性调查，对变量属性形成清晰认知，对变量关系建立稳健猜测时，我们才会进入验证以实现预测阶段。到了这一阶段，我们采取其他研究对象代替人类，并不是从经济、方便、好用、快速、高端的角度考量的（建立基础实验室绝对是烧钱的事情），而是因为试验伦理，在我们约定了人的权益大于其他生物时，当我们不确定自己初步假定的规律是否一定可行时，我们不可能将其应用在人身上、拿人直接作为研究对象来验证，于是，大量的基础实验室才开始开展起来，用人的替代物作为研究对象，来进一步展开验证假说的研究。

然而事情发展至今，有许多研究者根本没有把自己的研究推进到这一步，就开始以这一步的缺失作为借口断了自己的前路，事实上真正到了这一步，只要你的假说够明确，无论是外包第三方科学实验室，还是与其他具备基础实验室条件的研究者合作都是可以解决的；还有一些研究者，正好钱多又求心安，不管有没有想法，先上基础实验室和各种检测技术线，拿着临床的生物样本，就开始漫无目的地分析做实验了，实在没有思路就与国外实验室合作，这许多的无效试验下去，最后连自己也搞不清方向。原来以为只要提高了放大镜的倍数，就自然知道该往哪儿看了，而现在没发现还是没发现，没想法还是没想法，临床工作中都没有方向的，拿了一个放大倍数极高的放大镜，恐怕只会让人更加地头晕，而不是清醒。

基础研究的目标是发现规律，所有服务于规律发现的研究场所、研究工具、研究设计、研究团队，都是构成基础研究的一部分，而完全不必从**研究对象的大小**上，对其进行刻板的、无意义的界定。

不是研究对象个子小的、微观到看不见的，就是基础研究。

(3) 应用之发明

在规律面前，我们人类的工作就是发现，重大发现若干年以后还会以奖励的方式被追加纪念。

人类的智慧更多地，是体现在发明上。不知道规律，是盲的，茫然和盲目，知道规律却不懂得应用，是悲哀的，浪费大自然对人类的启示。在发现阶段，规律是个抽象的东西，最大程度的物理外显就是变成文字，顶多配上示意图，或者理想实验模型，推广方式是参加学术会议、发表学术论文向同行报道，必要时也可以向更广泛的社会群体通报，为后续的应用转化做铺垫，这是基础研究的目标。

到了应用研究环节，就必须想办法，把规律进行对应的、实质性的物理化外显，也即用自然界的材料，对规律进行表征，以看到规律对材料的属性驱动，其中，这个材料是广义的，驱动也是广义的。具体，如把一种理化性质，用一种化学结构的材料如某一种药物表征出来，药物这个载体自带着规律可实现某种目标的变化，对应的受试对象服用下去，药物就会在适应的体内环境中发挥**规律**的作用，带来对应的改变。这就是应用研究的目的，把基础研究的规律进行对应的、材料形式的外显。随着时代的发展，这种材料还可以是一种互联网产品，以信息的形式构成。

应用研究的目标是发明，把规律用适合的形式外显出来，放在对应的现实环境中发挥作用。如今，为了更全面地占有在某个领域的学术优势和未来的科技优势，加之产业的加入和科学研究的国界化，许多基础研究的发现都是连带着应用研究的发明一起申请知识产权保护，全球的专利之争已经进入白热化阶段；此外，应用研究的发明，有原始创新，也包括局部改良，理论上来说，形态上的改良也被认为是发明，全是占了一些"其核心特征就是形态或者功能就是藉形态来表达的产品类"的光，如手机外观设计。**但是目前，比较多的研究者为了获得一个专利，把比较多的精力放在局部改良上，而不是原始创新上**；而在人的时间总量有限的约束条件下，**把精力放在对基础研究发现通向真实世界发明的原始创新上，无疑是更有科技价值的事情**。

这个阶段的研究产出，通常是对规律原理的应用进而外显成某种产品设计的原型图，构造图，以及小样，这些可以允许在验证试验之前就开始申报知识产权的保护。在知识产权的申报上，"早"通常是最大的道理。

而还有一些软性的教育方法、管理方法、组织过程、工作流程、干预方式等，它们也一样是对客观存在的理论规律的应用，并实现了明确的效应目标，那么它们的应用研究和发明是怎样的？它们的应用研究就体现在基于对理论和规律的充分理解，进行恰当的工作流程、管理方式或干预方式的开发，外显出的发明形态就是一种综合的管理策略或者干预策略，如本系列书籍第二本《方法篇》中的 PEACH 研究，这种工作流程、管理方式或干预方式的进一步验证，由于单个组成部分的安全性，可以直接在一般人群中实施，后续根据研究者的意愿可以进一步发明或者物理外显为糖尿病管理包，并可以考虑将其中的主观形式的内容进行标准化和物理化外显，以便于后续的商品实现和传播。

(4) 开发之发展

应用研究的发明使得规律的外显已经跃然纸上，呼之欲出了，原型机、构造图(包括理化结构、锻造过程等)、小样都已经有了，紧接着，一定样本数量的临床试验也完成了。这个时候，当然就要把产品变成商品，把科学技术转换成生产力。不过到了开发阶段，开发研究工业化生产中所面对的问题，与在应用研究发明中所面对的问题完全不同。在通过基础研究和应用研究使得产品的科学性得到保障前提下，开发研究的重点是，如何在工业化大批量生产的环境中控制产品的内部一致性和批间差异，以及在各种环境下产品性能的持续保持，这其中的核心是生产线标准化控制、生产质量控制、产品质量控制，原来定量的分析在工业化生产过程中被转换为经验公式，原来的发明创新到了工业化生产阶段更关注性价比。前后两个阶段重点的转移，也是一些发明，最终无法转化生产力和商品、带来发展的原因，主要有① 生产消耗大，投入产出比差，② 个性化，无法量产，③ 市场容量太小，④ 需要过多的周边产品或技术进行支持，产品独立性差，有时甚至出现周边支持技术现实中还不存在或者研究者所在国度不存在，⑤ 产品对运行环境要求高，放在其他细微差异的环境无法重现其性能。这些都是从发明迈向生产发展路上的拦路虎。**从逻辑可行到实物可见，是材料上的实现和系统功能组装上的实现，而从实物可见到商品可售，而必须符合商品的质量**[国际标准化组织(ISO)2005 年颁布的 ISO9000：2005《质量管理体系基础和术语》中对质量的定义是：一组固有特性满足要求的程度]**标准，而非科学可行性标准。**

以上内容，希望和你一起探讨并明确，我们应该如何定位自己的研究问题，定位自己研究问题所处的研究阶段，当把注意力集中到问题解决时，一切就以问题的发展阶段来定位各阶段的关键目标，这样比在不知所以的前提下给自己定位成什么研究要来得扎实得多，各种分类原本就是用来定标的，切不要在不明所以的情况下让分类给自己判了死刑或者制造了思想上的障碍。

时时刻刻，我们都应该回归自己的研究问题。

时时刻刻，以现象中要实现的目标效应为目标开展和推进研究。

2 学科无贵贱

在本系列书籍第二本《方法篇》，我们纳入了 5 个社会科学领域的案例，考量的原因，在书中已经有明确的交代。

在真实世界开展研究时，我们仍然出现和上述内容中一样的困惑，喜欢抛开问题的意义，而围绕问题的解决者和问题解决者所在机构进行高低贵贱的排列，这种刻板思维和认知定势没少影响一些研究者的坚持和选择。然而事实是，在病因导致任何疾病出现的时空链上，人类永远无法完备知晓所有的原因，就连已知晓的原因，其间的相互关系在一定时间内也难以挖掘清楚，而反过来，当围绕着我们已知的病因开展临床诊疗活动时，开发和获得针对疾病的诊断和治疗技术是前提条件，但将技术在正确时间和空间施加到患者身上并产生作用，才是技术落地的真正完结点。

因此，面对重重病因，从疾病病灶、到患者体内环境、到患者生活方式、到患者生活环境、到决定患者获得医疗服务的时间和针对性的医疗保障政策、到患者的经济水平、到患者所在城市的食物水大气、到患者的家族遗传等，如此长的干预链上，注定需要不同角色的人，负责在不同的环节，承担不同的功能；每个环节的贯彻都有每个环节要面对的研究对象、要解决的研究问题和要突破的技术难点。**我们很难说，哪一个环节要比另一环节高贵，我们也不能说，哪一个环节要比另一环节低贱，唯等到研究者自己深入该环节时，其中的专业性和困难才会浮现，才知道任何环节都有其独特的研究问题要解决，都同样地需要工匠精神**。

同时，每个环节在科学研究的原理上，都有从发现到发明到最后发展的研究过程，只是不同的研究对象，其物理化外显时所采用的策略和使用的载体不同，但其中的归纳演绎逻辑、论证推理方法、所需经历的研究过程、要走过的转化链，并没有什么实质性不同。

临床实践中，即使取最短的从临床医生开出治疗处方（包括药物、健康教育）到患者贯彻执行处方尤其是健康教育处方的临床干预链，都有若干的问题需要解决，都需要不同学科背景的同行来参与，**当前科学研究也已被要求更落地、更好地服务于现实问题和适应于真实世界**（在本系列书籍第二本《方法篇》中，PEACH研究和宫颈癌筛查都是很好的示例和启示，与此同时，社会科学一直深入真实世界研究问题的经验和方法，也值得迈入该研究阶段的临床研究者学习和参考）**，在解决问题的链条上，每一环都不可缺少，每一环都很重要，每一环都需要科学严谨认真打造，不同学科、没有贵贱，通力合作、才是正道**。

我们通过表5.1简要地梳理了不同学科在开展研究时的相同和不同之处，旨在说明学科本身并无贵贱，有些人研究医疗技术核心，有些人研究技术组合以构成更符合患者需求的医疗服务产品，有些人研究怎么样用更大的服务包来适配现实场景以更彻底地解决问题；有的人回答医疗技术如何更新，有的人研究临床医生如何培养，有的人寻思医疗资源如何组织才能向患者输出更好更便宜的服务。每个学科，都有其独特的使命，且都在让人类获得更美好更可持续的生活之生态链上各自努力着；不同的学科，只有研究的对象不同和解决的问题不同，而在研究的方法学原理上，则是完全贯通的，都有基础研究之发现、应用研究之发明、开发研究之发展，都有统一的逻辑思维、论证、取证方法。

表5.1　学科异同清单

<table>
<tr><th colspan="2">学科无贵贱之异：不同的学科特征、思维特征、测量精度</th><th colspan="3">学科无贵贱之同：共同的变量体系、变量关系与科学研究方法论</th></tr>
<tr><td>学科特征</td><td>最小研究单位及其所决定的学科领域；研究的目的和路径都是：① 定义，建立统一认知；② 表征，标引时间或空间；③ 量化，直接测量或者间接测量，给出当前值和变化趋势</td><td>变量体系</td><td colspan="2">自变量（解释变量，也包括中介变量、调节变量、协变量）、因变量（预报变量/响应变量）</td></tr>
<tr><td>思维特征</td><td>如何看待时间、空间；其中已有的知识；其中你的认知</td><td>变量关系</td><td colspan="2">函数关系、相关关系、回归关系、随机过程</td></tr>
<tr><td rowspan="3">测量精度</td><td rowspan="3">如何测量时间、空间；其中已有的知识；其中你的认知</td><td rowspan="3">科学研究方法论</td><td>一项研究的基本构成之八个基本概念</td><td>研究问题；研究假设；学科领域；研究阶段；研究类型；研究方法；研究工具；研究设计</td></tr>
<tr><td rowspan="2">一项研究的基本过程之三个阶段六个步骤</td><td>科学发现的三个阶段：揭示现象、锁定问题、验证问题</td></tr>
<tr><td>科学证明的六个步骤：提出研究问题与研究假设、制定研究计划、申请立项资助、开展研究、汇报研究发现、转化研究成果</td></tr>
</table>

恰恰由于不同学科有着不同的研究对象，在外部环境变化、导致不同学科在研究对象上出现越来越多的交集时，不同学科之间应该互相学习研究经验，充分学习其他学科在思维上的优势和在技术上的优势，并互相配合，联合开展高质量的研究，推进现实发展。为了让你看到不同学科之间的生态关系，最后，附上皮尔逊（Karl Pearson，英国，1857. 3. 27—1936. 4. 27）在《科学方法的原则》（*The grammar of science*，1892）一书中勾勒的学科关系图（表 5.2），在书中其对于科学研究和科学精神普及的高度责任感，对各个学科广泛关怀、

表 5.2　皮尔逊所刻画的学科领域

<table>
<tr><td colspan="3">A. 抽象科学</td><td colspan="5">分辨模式</td></tr>
<tr><td colspan="3">分辨的一般关系</td><td colspan="5">空间和时间独有的关系</td></tr>
<tr><td>定性的</td><td colspan="2">定量的</td><td colspan="2">空间
用定域分辨</td><td colspan="3">时间
用序列分辨</td></tr>
<tr><td rowspan="2">逻辑学、拼字学、方法论</td><td>分立的量</td><td>量的变化</td><td>定性的（位置）</td><td>定量的（大小）</td><td>定性的</td><td colspan="2">定量的</td></tr>
<tr><td>算术、代数、测量误差、概率、统计理论等</td><td>函数理论、微分学或流数理论、积分学等</td><td>描述几何学</td><td>度量几何学、三角学、测量法等</td><td>观察和描述理论（与逻辑相关）</td><td>胁变理论（大小和形状的变化）</td><td>运动学（位置的变化）</td></tr>
</table>

<table>
<tr><td colspan="6">B. 具体科学无机现象</td></tr>
<tr><td colspan="5">已还原为理想运动</td><td>还未还原为理想运动</td></tr>
<tr><td colspan="5">精确的物理科学</td><td>概要的物理科学</td></tr>
<tr><td>团块物理学</td><td>分子物理学</td><td>原子物理学</td><td colspan="2">以太物理学</td><td rowspan="3">星云理论、行星体系演化、地球的无机演化、地质学、地理学（有时称物理地理学）、气象学、矿物学、化学等</td></tr>
<tr><td rowspan="2">力学、行星理论、月球理论等等</td><td rowspan="2">弹性、塑性、内聚性、声音、晶体学、地球外形、流体力学、空气动力学、潮汐理论、气体运动论等</td><td rowspan="2">理论化学、光谱分析、太阳物理学和恒星物理学等</td><td>与分子无关</td><td>与分子有关</td></tr>
<tr><td>辐射理论（光、热、电磁波）</td><td>光、热、电、磁（与分子结构有关），如弥散吸收、传输、传导等</td></tr>
</table>

<table>
<tr><td colspan="11">C. 具体科学有机现象</td></tr>
<tr><td>空间（定域）</td><td colspan="10">时间（成长或变化）</td></tr>
<tr><td rowspan="8">自然史（在古老的意义上）、习性与地点和气候的关系（生态学）、生命形式的地理分布（生物分布学）</td><td colspan="4">不再发生状态
历史学</td><td colspan="6">再发生状态
生物学：植物的生物学-植物学；动物的生物学-动物学</td></tr>
<tr><td>一般的物种进化</td><td colspan="3">特殊的人的进化</td><td>形式和结构</td><td>成长和繁殖</td><td colspan="4">功能和行为</td></tr>
<tr><td rowspan="6">生命起源（种系发生、古生物学等）、物种起源、自然选择和性选择理论等</td><td>体格</td><td>心理官能</td><td>社会建制</td><td rowspan="6">形态学、组织构造学、解剖学等</td><td rowspan="6">胚胎学、性理论、遗传理论等</td><td>物理的</td><td colspan="3">心理学的</td></tr>
<tr><td rowspan="5">头盖学、人类学等</td><td rowspan="5">语言史、语言学、哲学史、科学、文学、艺术等</td><td rowspan="5">考古学、民俗学、习惯史、婚姻史、所有权史、宗教史、国家史、法律史等</td><td rowspan="5">生理学</td><td colspan="3">心理学</td></tr>
<tr><td>一般的</td><td colspan="2">人的特殊的</td></tr>
<tr><td rowspan="3">本能理论、意识的起源等</td><td>个体</td><td>群体</td></tr>
<tr><td rowspan="2">心灵研究、思维心理学</td><td>社会学</td></tr>
<tr><td>道德学、政治学、政治经济学、法理学等</td></tr>
</table>

深刻洞察和高度凝练的科学思维与归纳能力，让我们可以清晰地看到所有学科，其研究对象从最宏观到最微观，从最具体到最抽象的全景图和逻辑关系。

希望通过洞察到学科之间分化和融合之起源和趋势，不同学科的研究者们能够彼此尊重、互相学习，更多地开展合作研究，而不是搞学科鄙视链，完全没有必要。

3　一种值得推荐的思维模型（mental model）：要素—程序—结构—功能

最后，你会发现整个科学研究的三部曲都在讨论思维、逻辑、方法、结构、功能、程序、要素等，而本书下篇的图示，将会更多地用到这些概念。它们看上去非常的抽象，但是我们又依赖于它们来完成日常的思考和决策。作为临床工作者和科学研究者或者作为一个常人，我们每天都要面对大量的问题，有些是熟悉的，知道它的构成、运行，并且有过亲自操作或运行的经验，而更多的则是没见过的新事物，尤其是在科学研究中，我们更多的时候都是在和陌生现象和待求解的问题打交道。

紧接着的问题是，我们要怎样快速地了解和进入陌生领域，并保证我们对新现象的**解构**是完整的和充分的，以确保获得正确的认知？其次，我们常常需要立即对新问题给出解决方案，面对全新的知识领域和问题情境，我们的思维要经历怎样的从逻辑层面到物理实现层面的**建构**过程预演，以确保我们对问题认知是全面的，进而提出的解决方案是相对完备的？

或者更为简单的，当遇到新问题和新观点时，我们的思维如何变成一把锋利的解剖刀，快速地解剖问题或观点的物理形态、学科边界、生长过程、基本构成，以形成正确全面的认知而告别盲从，获得精神自由？以及更为实用的，我们要怎样才能快速地进入任何一个新领域，迅速成为半个行家？

我们基于自身的实践经验，向你推荐一种确实是原创，但一点都不算新鲜（亚里士多德、伊隆·马斯克都在不同年代以不同方式提到过）的思维模型，帮助你更好地应对以上问题，更重要的是，由此训练出自由之精神，以遇到任何问题和舆论都不轻信不盲从，而是有一套自己的思维认知体系和一把自己的思维解剖刀，快速解构、识别事实真相，而获得在任何陌生事物前面的探索勇气和安全感。

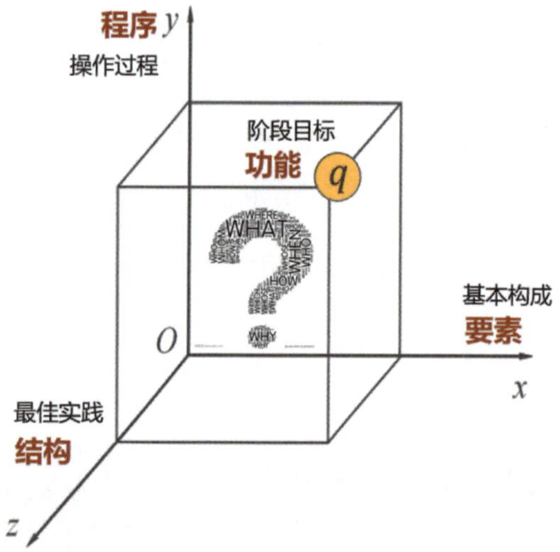

图 5.1　要素—程序—结构—功能思维模型

这个思维模型，它是一个三维的模型（图 5.1），如果你再在自己大脑中加上一个时间轴，它就是四维的，思维模型包括要素、程序、结构、功能。

要素是一种客观存在，从本质或存在上回答是什么的问题，是事物或研究对象的基本构成，对应于伊隆·马斯克（Elon Musk）所说的物理第一性原理和

亚里士多德的第一性原理(第一性原理最早来自古希腊哲学家亚里士多德，他说："在每个系统探索中存在第一性原理。第一性原理是基本的命题和假设，不能被省略和删除，也不能被违反。")，以及亚里士多德"四因说"("四因说"是古希腊哲学家亚里士多德提出的一种观点，认为万物有"形式因"、"质料因"、"动力因"、"目的因"组成，其中目的因是终极的，是最重要的。他相信自然界的每一件事物都是有其目的的。)中的质料因，对应于 $y=f(x|r)$ 中的 x，r。

程序是一种客观存在，从时间轴上回答要素如何构建或演进的问题，是事物的基本构成被动或主动地、在某种外在压力或内在动力下，进行自我生长和演进的过程，其中的动力因素，我们可以认为是客观规律，对应于亚里士多德"四因说"说中的动力因，对应于 $y=f(x|r)$ 中的 f。

结构是基于要素与程序之客观事实，和功能之要求，构建最佳的逻辑串联和外显方式，来自专家判断或共识，也即我们所指代的最佳实践，此外，它也可以是一般实践，它是"事物在空间上的基本构成"在客观规律的驱动下，按照一定的时间序列进行安装组合而形成的一种形态结构，它的目标是实现功能，它的本质是要素和程序的有机排列组合，对应于亚里士多德"四因说"中的形式因，对应于 $y=f(x|r)$ 中的 f。

功能是每一个要素在程序不同阶段以某种结构演绎时，所承担的任务或应实现的性能，是这个思维模型中要素演进生长的目标，对应于亚里士多德"四因说"中的目的因，对应于 $y=f(x|r)$ 中的 y。

要素-程序-结构-功能的思维模型，可以在两种情境下发挥作用，一种是，你遇到陌生事物，如何去解构它？一种是，你遇到功能期待，如何去建构它？无论是解构，还是建构，它们所遵循的逻辑是一样的，就是还原事物的本质，包括：

(1) 要素——基本构成

要素如果处于"逻辑构成层级"，就解剖或还原成逻辑要素，如果处于"物理构成层级"，就解剖或还原成物理要素，它的好处在于**彻底、精准、一劳永逸**，任何事物的构成，一旦解剖到保留意义的最底层，这些要素将是稳定的，各要素之间不交叉的，且不可替代的，也是最本质的。它的特征或判断方式是：已存在的不可删减、不可分解，未纳入的无需纳入，不能纳入。用伊隆·马斯克的第一性原理来说，"我们运用第一性原理，而不是比较思维去思考问题是非常重要的。我们在生活中总是倾向于比较，对别人已经做过或者正在做的事情我们也都去做，这样发展的结果只能产生细小的迭代发展。**第一性原理的思想方式是用物理学的角度看待世界，也就是说一层层拨开事物表象，看到里面的本质，再从本质一层层往上走。**"

任何事物还原到要素层，不只是让你看清楚事物的基本原理，更重要的是，你分解出来的要素，可以变成对同类事物各种演绎出来的形态进行完备性判断的参考指标，要素缺失则功能不可能实现或系统总会遭遇崩溃，要素冗余则迟早会被删除或尽早删除以节约资源。因此，到要素层的思考，才是有意义的、完整的、彻底的、可以反复使用要素集进行判断、故而称为一劳永逸的思考方式，它对应于 $y=f(x|r)$ 中的 x，r，相信你可以理解这种对应。

(2) 程序——演进过程/操作过程

程序有两种含义，解构时，只是还原，还原结果代表了某些做法的时间进程安排，但不一定是最佳的，只代表着历史的或现存的客观事实；如果是建构，则要求，选择的程序或者时间序列应该是符合事物发生发展的规律，这其中必须综合考虑施方与受方或供方与需方。哪一方是起点会有不同的执行程序之决策结果。建构时，应在可实现“可持续的且是渐进明细的交互过程”的前提下，制定出要素演进的程序安排。

在真实世界中，程序是人类最喜欢的动作和最喜欢盲动的动作，即使在完全没搞清楚要素的情况下，动起来也能给我们很多的安全感，哪怕是越动越错，南辕北辙，因为有一些永真的“老话”被我们拿来误用了，如“少说多干”“摸着石头过河”“干起来再说”“说一千道一万，不如实际干一干”，它们在大部分前提下，都是对的，只有在一种情况是错的，那就是，没摸清楚状况，完全不分析情景，即使在信息很丰富，可以花点时间制定出一个更好的行动计划的前提下，我们也一股冲动地奔出去莽干了。**需要纠正的是，正确的思考有时配以必要的沟通，也是一种行动，是一种更为精准高效的行动；其次当你莽干时，不只是离真相越来越远，还有这一行为的机会成本，和带来的拖拽效应而产生的后退**。

最后，程序对应于 $y=f(x|r)$ 中的 f，是一种动力机制和客观规律，也对应于亚里士多德四因说的动力因。

(3) 结构——最佳实践/外显形态/行动方案

结构作为要素基于程序在时间轴上的累积、所外显出来的一种外在形态，综合了空间属性和时间属性，或者说要素构成属性和程序过程属性，是一种客观的、立体的存在而由此具备了功能。

显然，相同要素下，产生的结构不是唯一的，但常常有某个时间点上大家所公认为最好的，但是随着时间流逝，又会被更好的所替代。这就是所谓最佳实践的特性，它是这个领域的从业者公投出来的，而不是约定或者指定的，一旦有新的实践，从业者们将重新投票给新的最佳实践，所以变化是正常的。

此外，结构的切割可大可小，整体结构下，可以对关键点进行更微观的结构刻画，一切基于事实需要，最后，结构对应 $y=f(x|r)$ 中的 f，同样的，它是规律和动力机制使要素所外显出来的形态，或者要素在动力机制驱动下所生长出来的一种形态，因此它仍然对应 f，是驱动力的结构，它对应亚里士多德四因说的形式因。

(4) 功能——阶段目标/系统目标

功能，义如其名，很容易理解，我们解构一个对象一定会时刻参照它的功能，且功能在最开始时起着关键的定位作用：宏观的，定位学科和知识领域；微观的，定位知识网络或者行为规则中的某一个环节或部位。

同时，我们要注意的是：在解构时，你面对的功能定位和实际的要素构成，以及已形成的构建程序和组合结构只是客观存在的既定事实，但是它们不一定是协调的；解构过程中，可互为参照，但更重要的是，实事求是，毕竟解构的目的是为了更好的建构；而在建构时，功能一经约定，就如同第一法则一样约束着我们所有的行动，我们必须在功能实现的前提下，进行要素的还原分解，求出底层的要素构成，并制定最佳的推进程序，以及在各个关键点预备多套方案但总是选择最适合当下的一套组合方案也即结构来推进，以确保功能的实现和达成。

最后，功能对应 $y=f(x|r)$ 中的 y，它是一系列由明确要素构成、经历程序过程、外显出结构形态的、已发生和未发生结果的终极目标和诉求，它对应亚里士多德四因说的目的因。

在应用上述思维模型的过程中，首先，思维不能过于刻板，所面对的事物常常是非物理的、多维的、抽象的、变化的，因此，思维需要时刻调整到新的位点上进行解构和建构，以还原整个系统或情境，还原的过程就是问题的解决过程；其次，要素—程序—结构—功能的小球最好能够在你的大脑中灵活地运行，这需要一些空间想象力，将各种变量藉由要素—程序—结构—功能的模型进行建构，并灵活地重排它们的位置；第三，要素—程序—结构—功能的思维模型适合于各种需要思考的场合和学科。它让你的思维世界更清晰、更立体了，基于此，对问题的洞察也更深刻了，对问题的解决也就更胜一筹了。

以上，是向你推荐的思维模型，尽管进行了许多补充解释，但仍免不了抽象，建议反复查看思维模型的图示，并让它在你的思维中立体起来，也许是个增进认知的好办法。

下篇

图示篇

在图示篇中，我们将踏入科学研究的具体过程里，走进每一个阶段中，把其中的关键逻辑思考和执行动作，通过图示的方法进行外显，以帮助你更直观地观察科学研究的过程形态。

整个内容分为，科学研究历程的概览——科学发现阶段—归纳——科学证明阶段—计划——科学证明阶段—取证——科学证明阶段—论证——新一轮的科学研究。

其中的结构，均按照 input(problem structure)——action(solution frame)——output(standard report)来介绍，并在必要的地方做少量的文字注释。

所有的见解、做法、忠告都镶嵌在了结构化的图示里，希望这样一种简明的方式，能够让你形成一种系统、综合的感知，继而更快地整体理解和有所收获。

同时，感谢陈甫州、许岩丽、李萍、高晓燕、许永华、杨利霞、朱建民、高文娟、刘玉等学者及研究者对本篇图示绘制的案例提供与思路启发。

第6章 科学研究历程的概览图

1 Input：problem structure

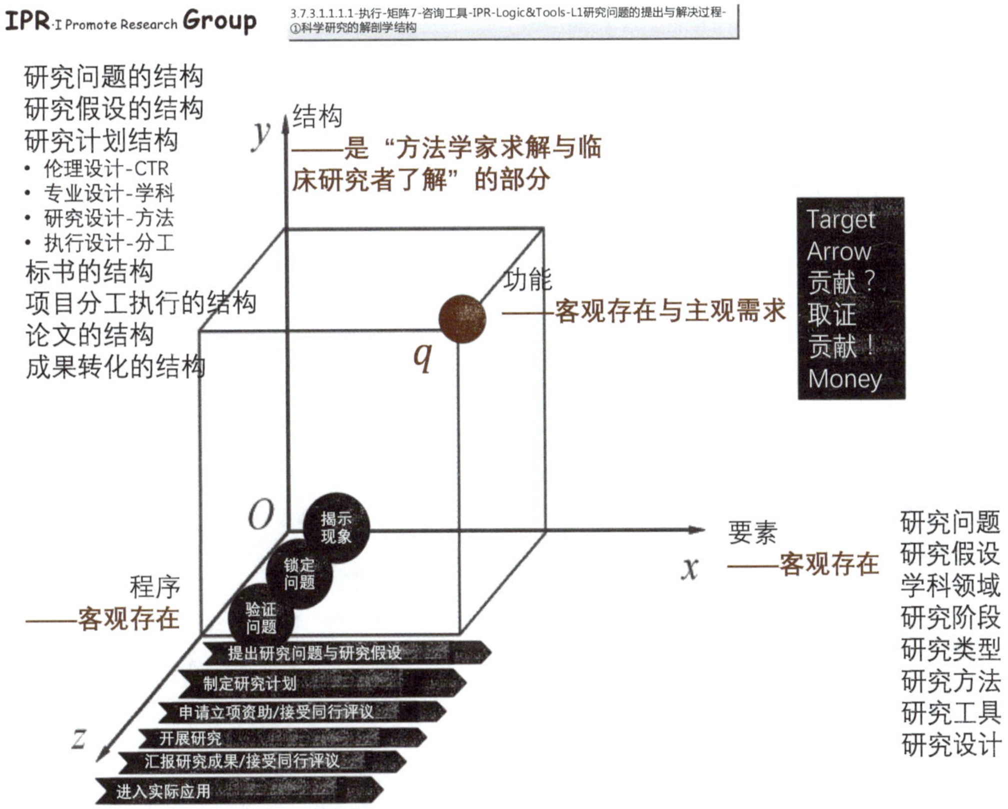

图 6.1 科学研究的解剖学结构

2 Action：solution frame

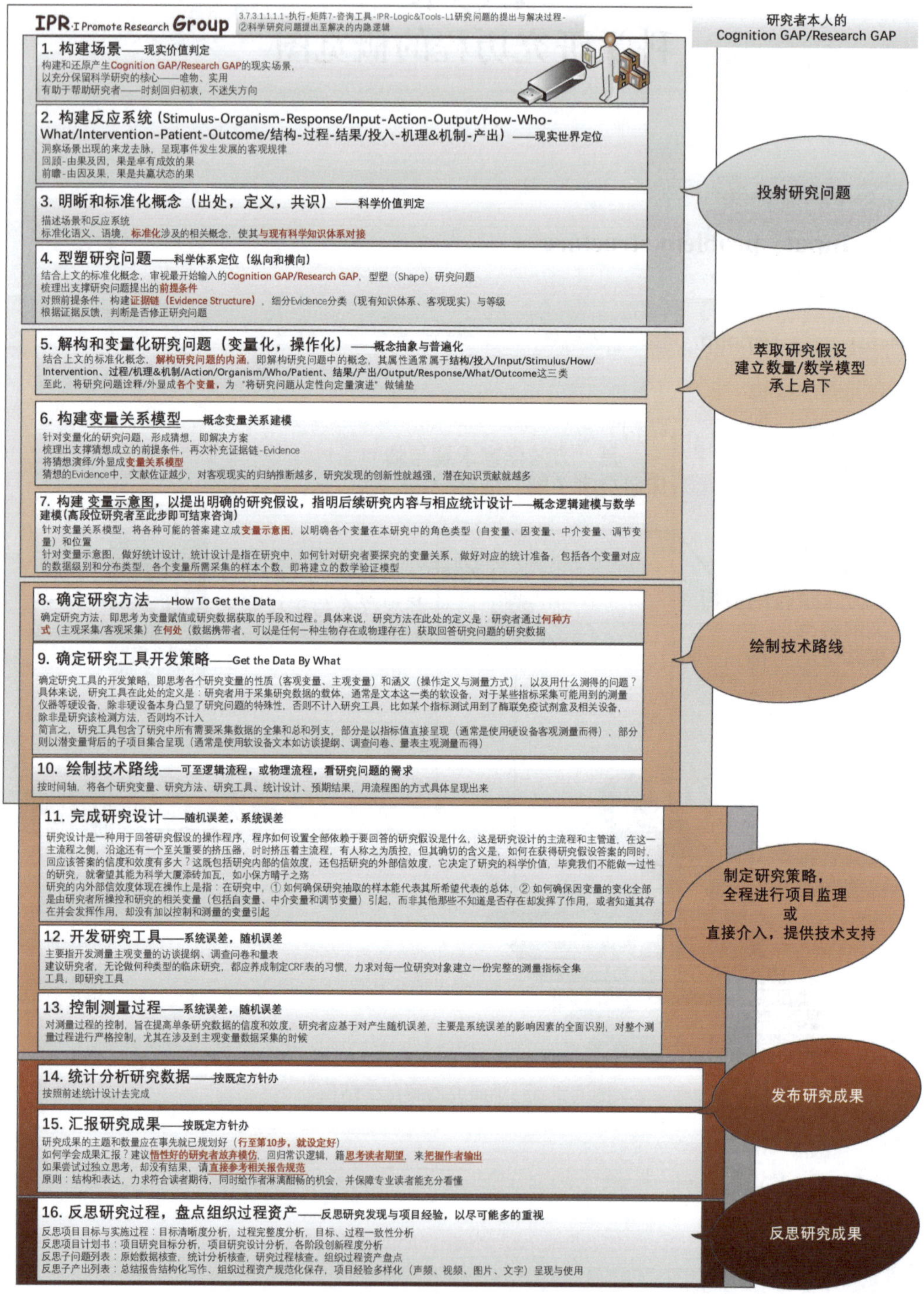

图 6.2 科学研究问题提出至解决的内隐逻辑

3　Output：standard report

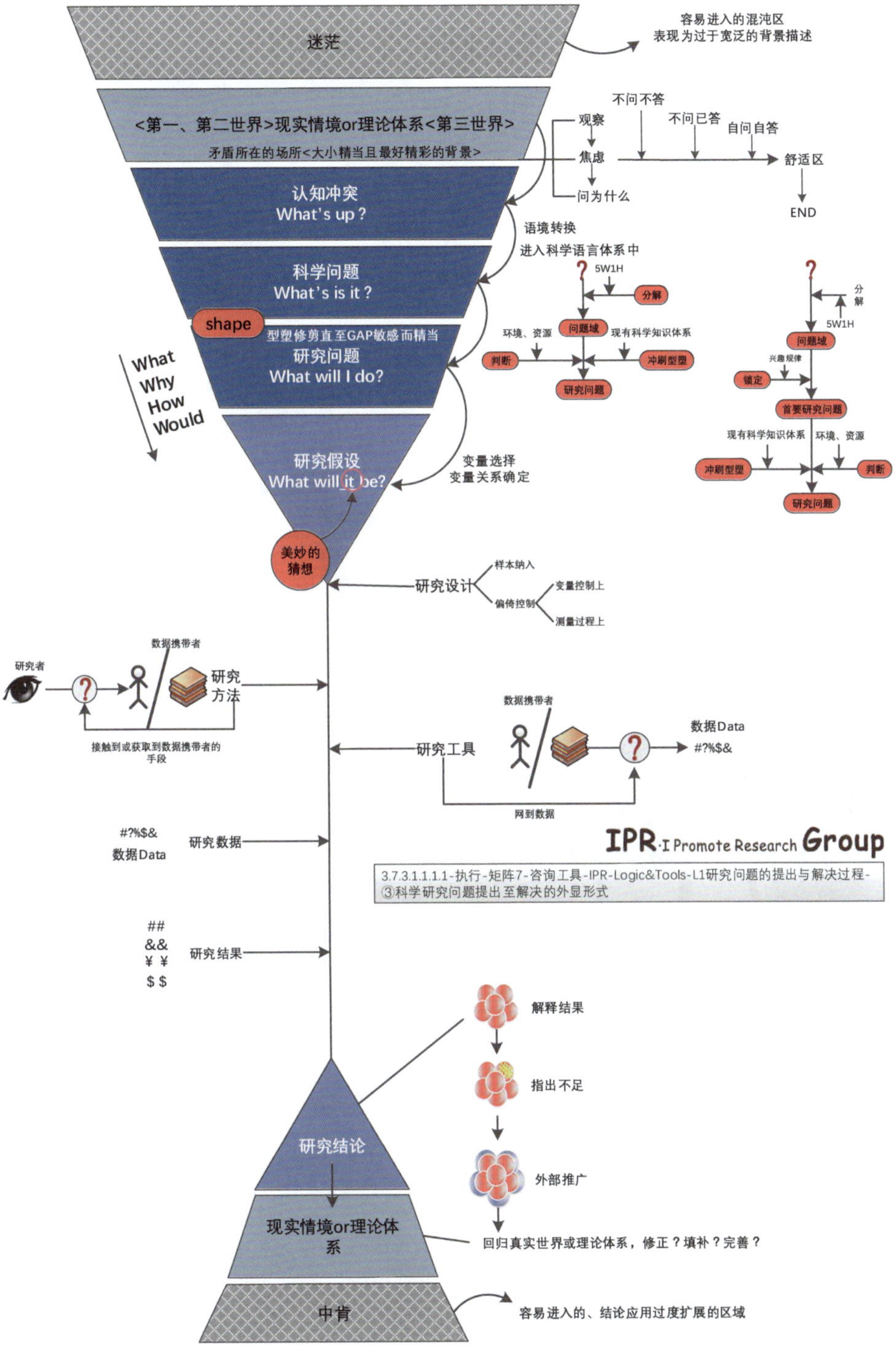

图 6.3　科学研究问题提出至解决的外显形式

第7章
科学发现阶段-归纳

1　Input：problem structure

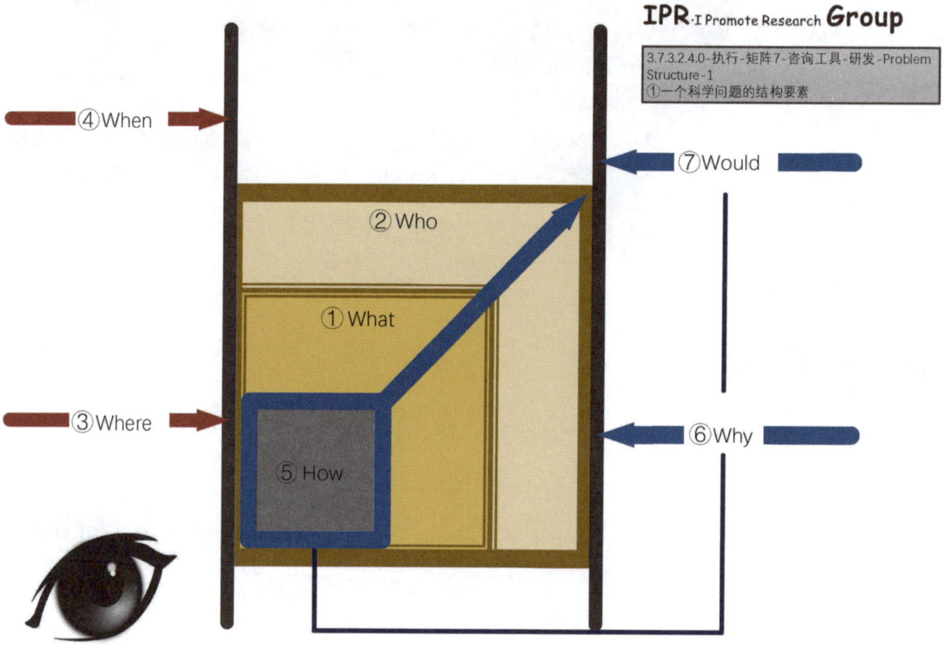

图 7.1　一个科学问题的结构要素

2　Action：solution frame

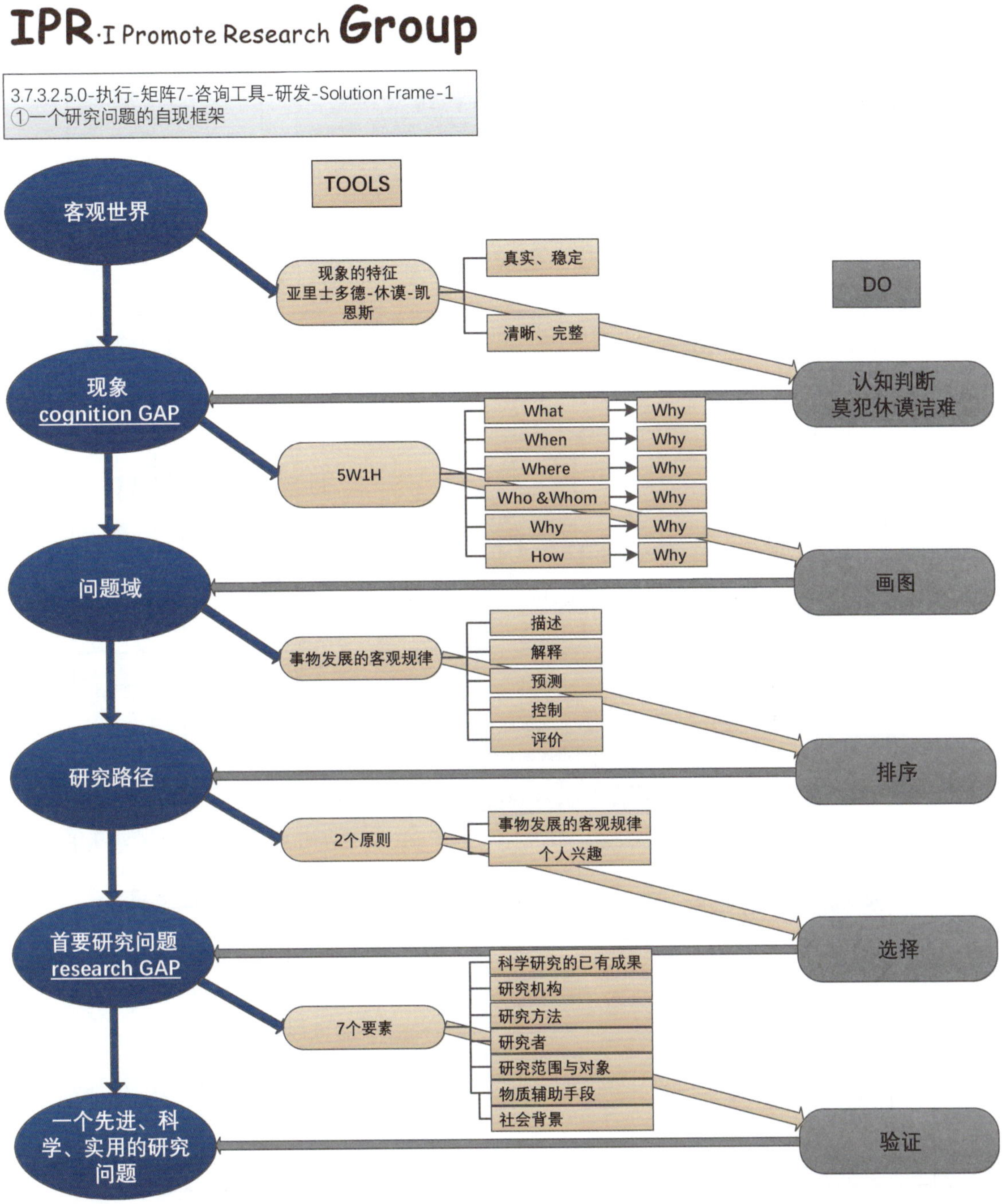

图7.2　一个研究问题的自现框架

以上以结构为重点，即围绕左侧面对的问题情境，用中间的思维工具，开展右侧的实践活动，呈现经历三个阶段提出研究问题的具体操作过程

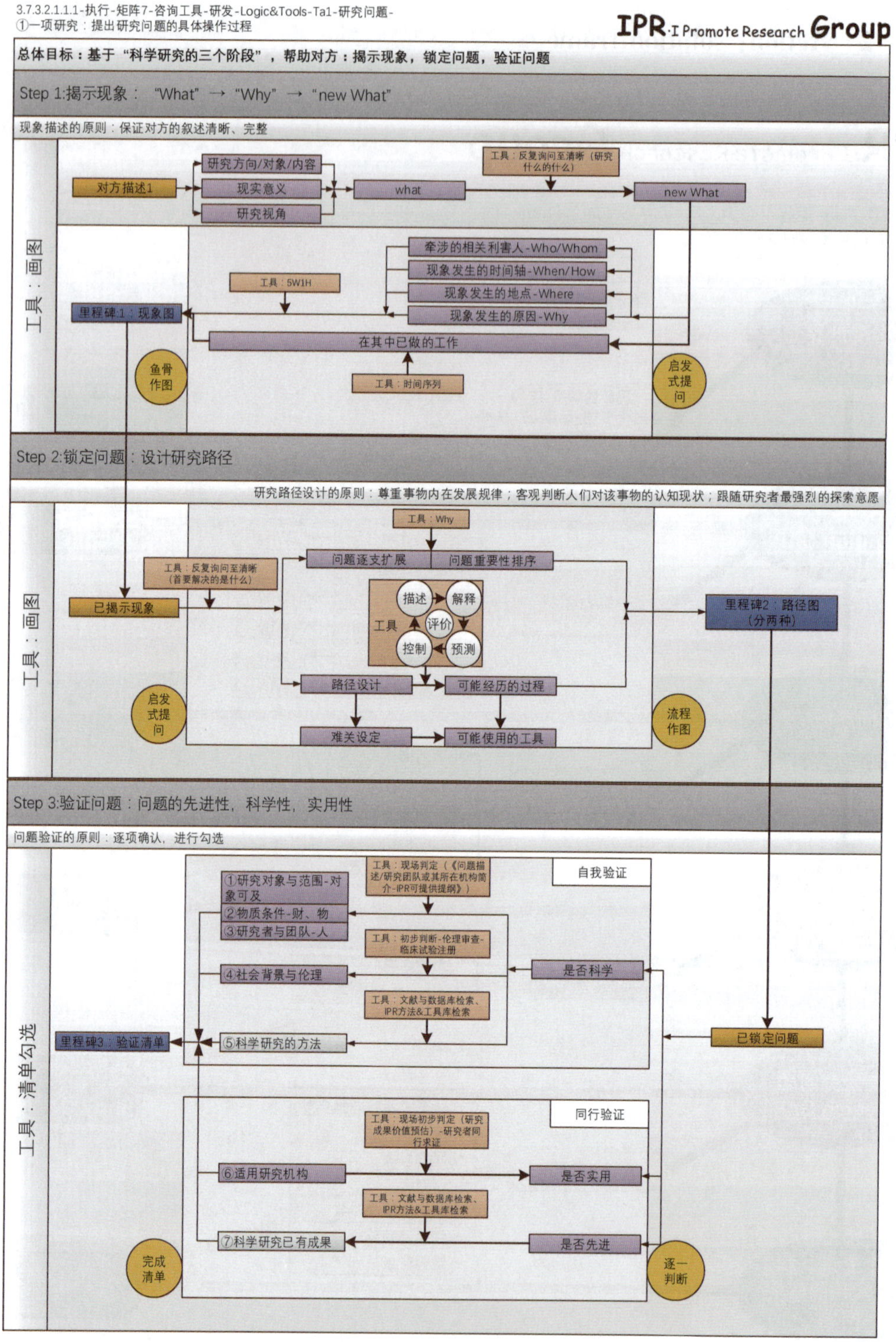

图 7.3 一项研究：提出研究问题的具体操作过程

以上以过程为重点，即沿着时间轴往前推进，每一步如何操作，呈现经历三个阶段提出研究问题的具体操作过程

3 Output：standard report

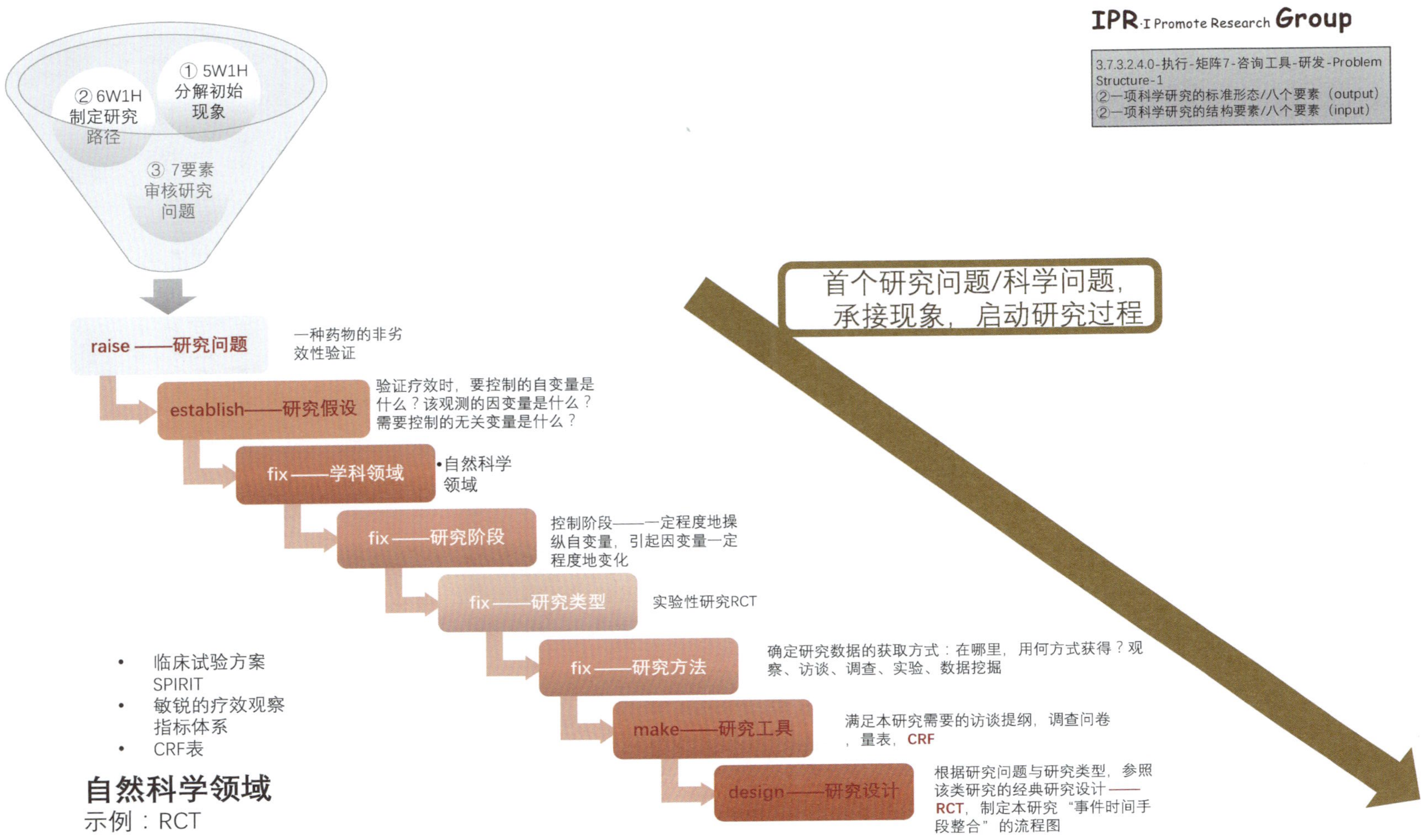

图 7.4　一个研究问题的标准形态

IPR·I Promote Research Group

<table>
<tr><td colspan="6">3.7.3.2.3.0-执行-矩阵7-咨询工具-研发-Delivery Proflie-1-可交付文本结构-问题定位阶段
一项研究：提出研究问题操作过程中的要素核查清单</td></tr>
<tr><td>描述的现象是</td><td colspan="5"></td></tr>
<tr><td>锁定的问题是</td><td colspan="5"></td></tr>
<tr><td>锁定路径图</td><td colspan="5">请另附现场演示的图表</td></tr>
<tr><td>本研究</td><td colspan="5"></td></tr>
<tr><td>初步的研究问题是</td><td colspan="5"></td></tr>
<tr><td>初步的研究假设是</td><td colspan="5"></td></tr>
<tr><td rowspan="3">7要素验证</td><td colspan="2">是否具备</td><td rowspan="3">解决对策/工具</td><td rowspan="3">对应内容</td><td>本次是否执行</td></tr>
<tr><td colspan="2">checklist</td><td>checklist</td></tr>
<tr><td>是“√”</td><td>否“√”</td><td>已执行打“√”</td></tr>
<tr><td>1. 研究对象与范围</td><td></td><td></td><td>现场判定
（《问题描述/研究团队或其所在机构简介-IPR可提供提纲》提前准备）</td><td>现场洽谈</td><td></td></tr>
<tr><td>2. 物质条件</td><td></td><td></td><td>现场判定
（《问题描述/研究团队或其所在机构简介-IPR可提供提纲》提前准备）</td><td>现场洽谈</td><td></td></tr>
<tr><td>3. 研究者与团队</td><td></td><td></td><td>现场判定
（《问题描述/研究团队或其所在机构简介-IPR可提供提纲》提前准备）</td><td>现场洽谈</td><td></td></tr>
<tr><td rowspan="2">4. 适用该研究的 机构</td><td rowspan="2"></td><td rowspan="2"></td><td>现场初步判定（研究成果价值预估）</td><td>现场洽谈</td><td rowspan="2"></td></tr>
<tr><td>研究者同行求证</td><td>事后追踪询问</td></tr>
<tr><td>5. 社会背景与伦理</td><td></td><td></td><td>初步判断-伦理审查-临床试验注册</td><td>伦理专家咨询和临床试验注册，会需要专项付费</td><td></td></tr>
<tr><td rowspan="2">6. 科学研究已有成果</td><td rowspan="2"></td><td rowspan="2"></td><td>文献与数据库检索</td><td rowspan="2"></td><td rowspan="2"></td></tr>
<tr><td>IPR方法&工具库检索</td></tr>
<tr><td rowspan="2">7. 科学研究的方法</td><td rowspan="2"></td><td rowspan="2"></td><td>文献与数据库检索</td><td rowspan="2"></td><td rowspan="2"></td></tr>
<tr><td>IPR方法&工具库检索</td></tr>
</table>

图 7.5　一项研究：提出研究问题操作过程中的要素核查清单

以上以核查清单为重点，即对该阶段应明确的要素和具体采取的行动，逐一判定，防止遗漏，呈现经历三个阶段提出研究问题的具体操作过程，起到在事前即完成精确研判(delivery profile)的作用

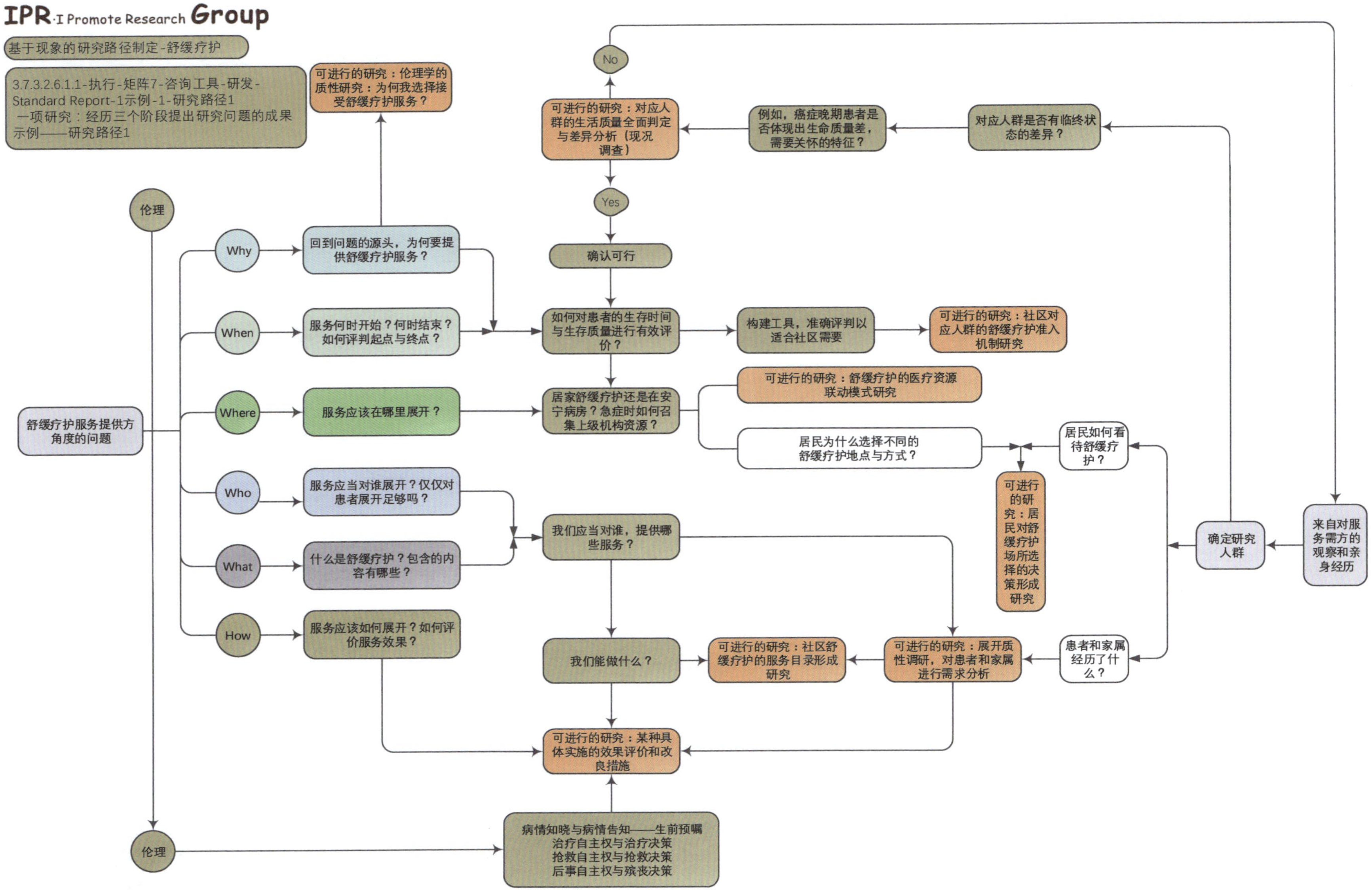

图 7.6　一项研究：经历三个阶段提出研究问题的成果示例——研究路径 1

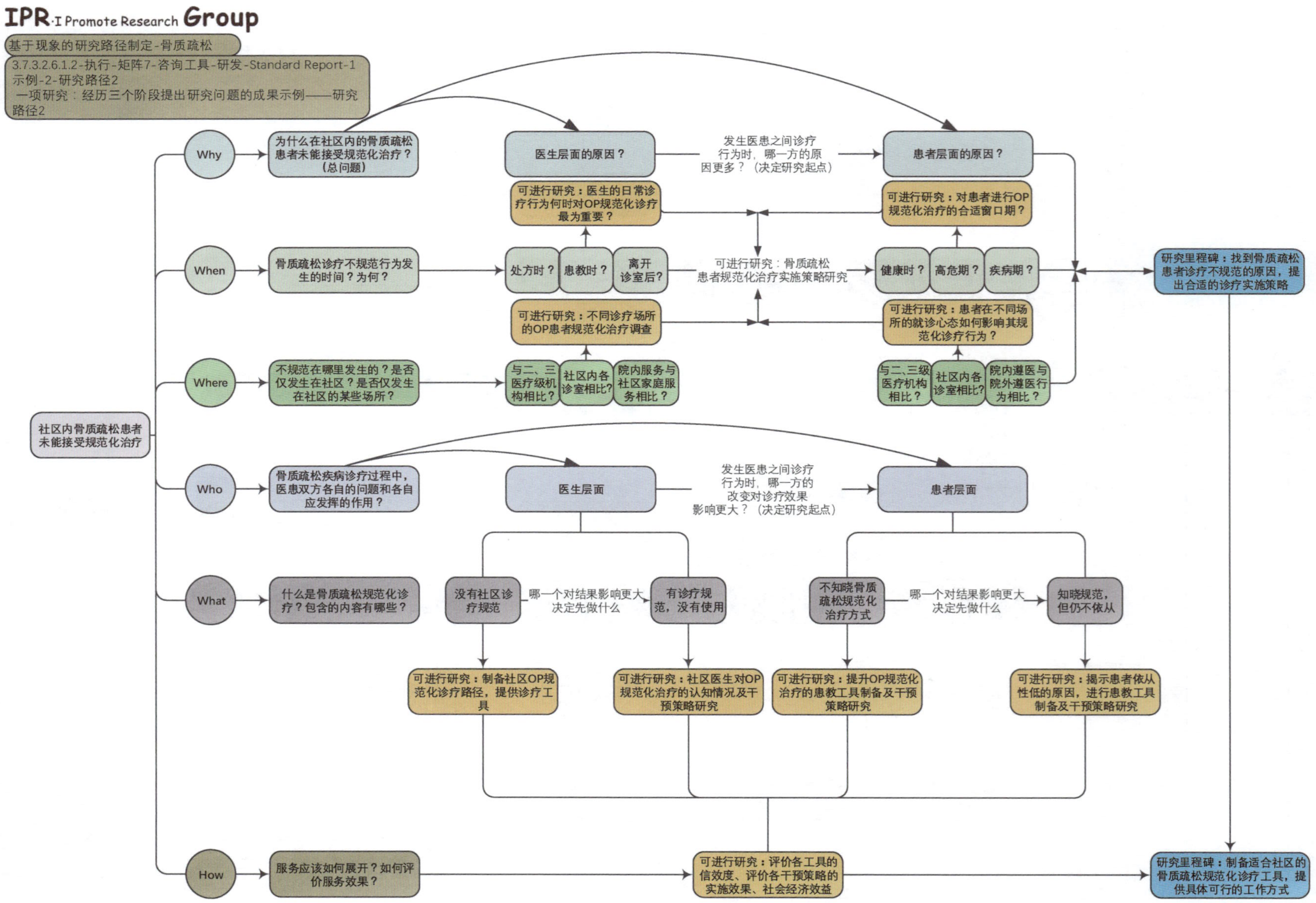

图 7.7　一项研究：经历三个阶段提出研究问题的成果示例——研究路径 2

医学影像设备临床试验实践

3.7.3.2.6.1.3-执行-矩阵7-咨询工具-研发-Standard Report-1示例-3-问题定位1
一项研究：经历三个阶段提出研究问题的成果示例——问题定位1

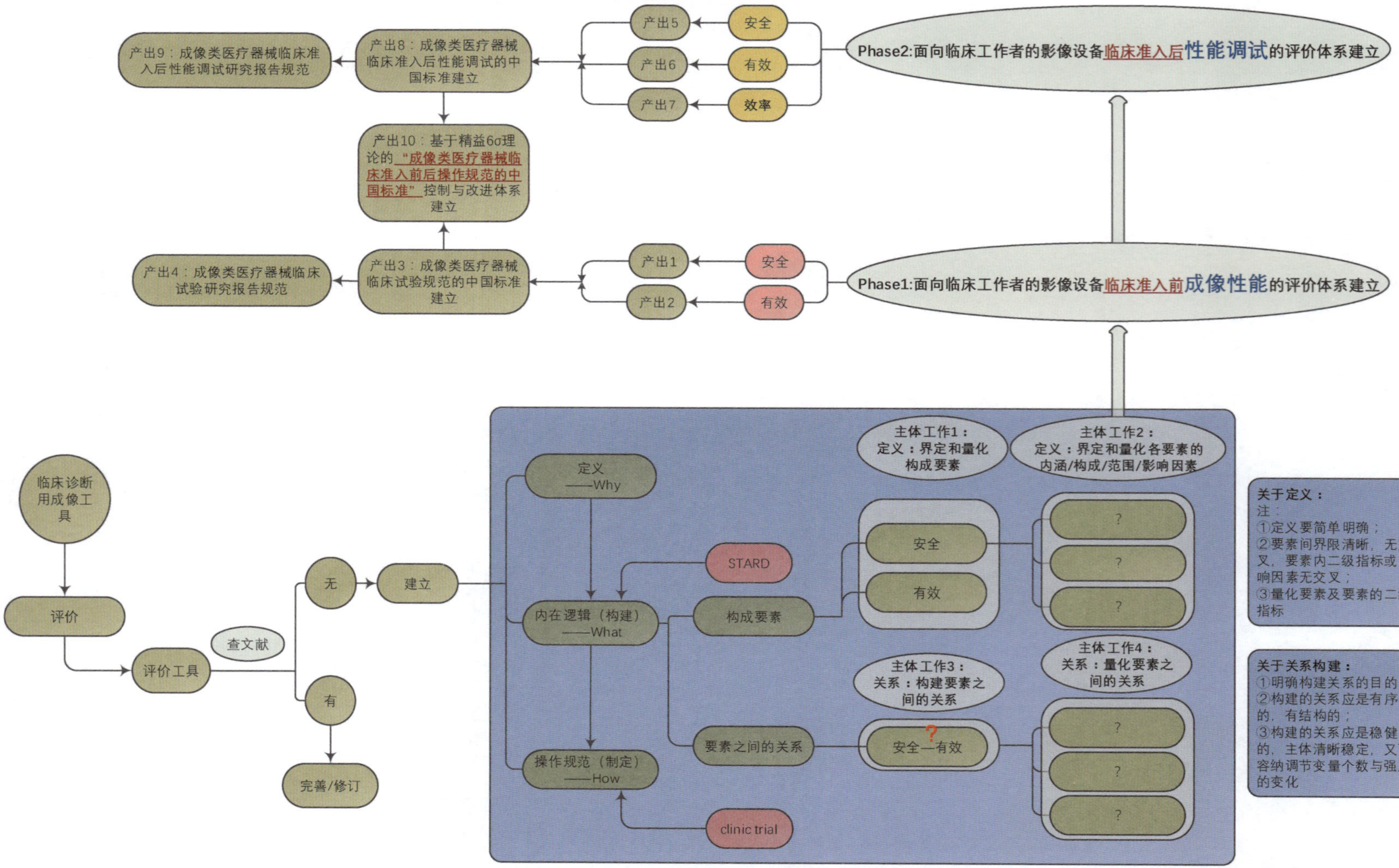

关于定义：
注：
①定义要简单明确；
②要素间界限清晰，无交叉，要素内二级指标或影响因素无交叉；
③量化要素及要素的二级指标

关于关系构建：
①明确构建关系的目的；
②构建的关系应是有序的，有结构的；
③构建的关系应是稳健的，主体清晰稳定，又可容纳调节变量个数与强度的变化

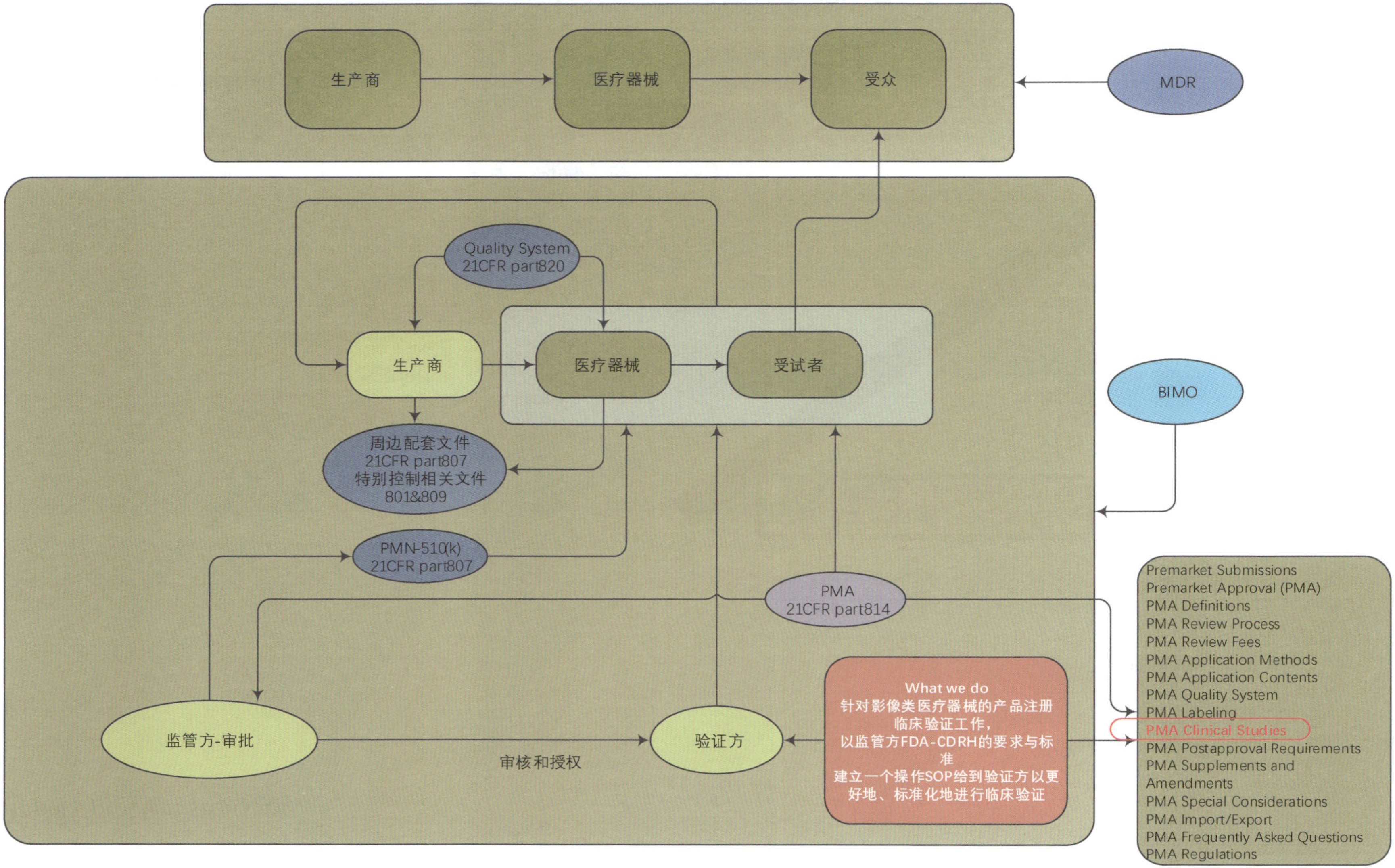

图 7.8　一项研究：经历三个阶段提出研究问题的成果示例——问题定位图 1①

① 朱建民，许永华，杨利霞. 医学影像设备临床试验实践. 上海：上海科学技术出版社，2016.

第8章 科学证明阶段-计划

1 Input：problem structure

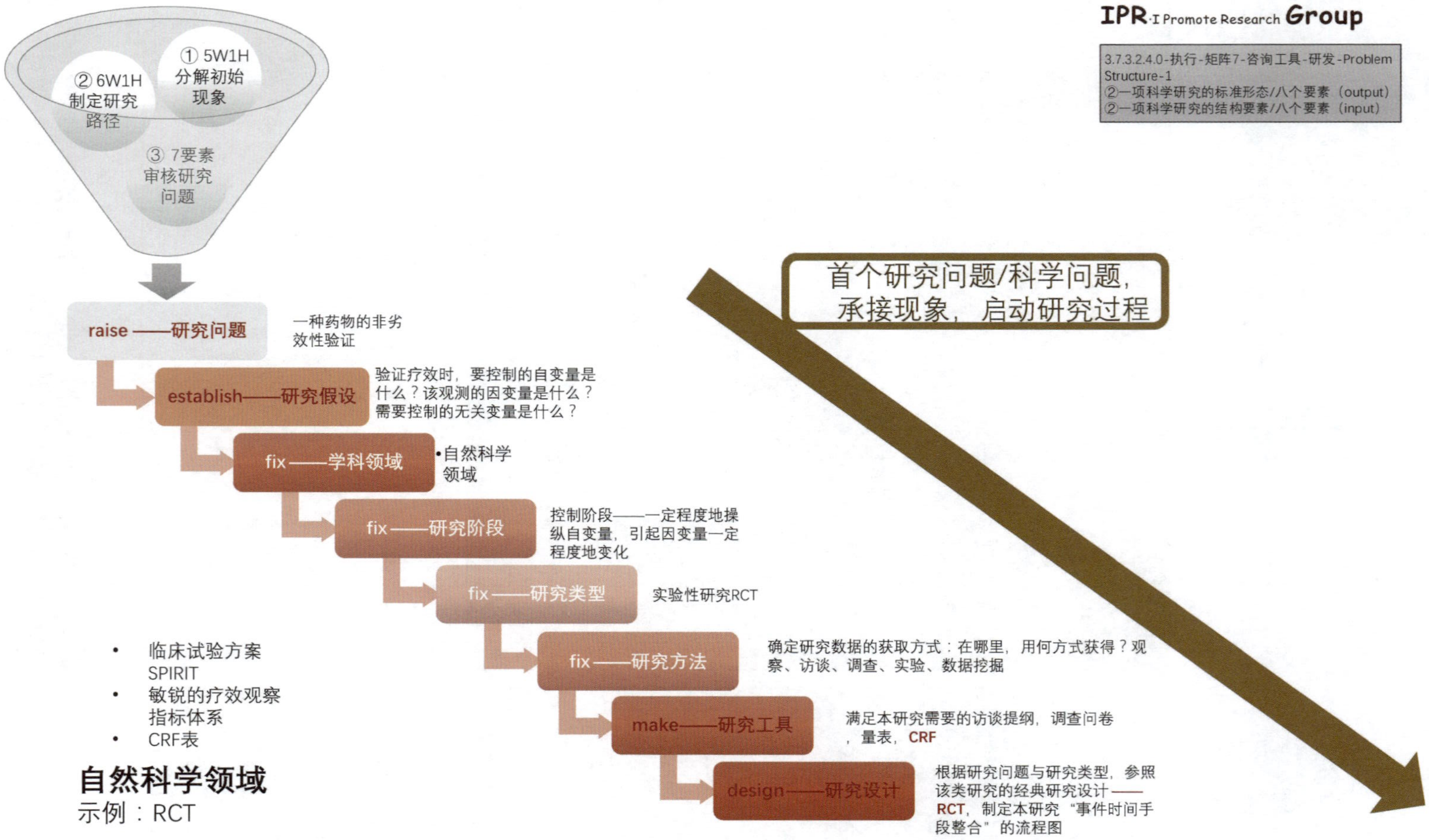

图 8.1 一项科学研究的八个要素

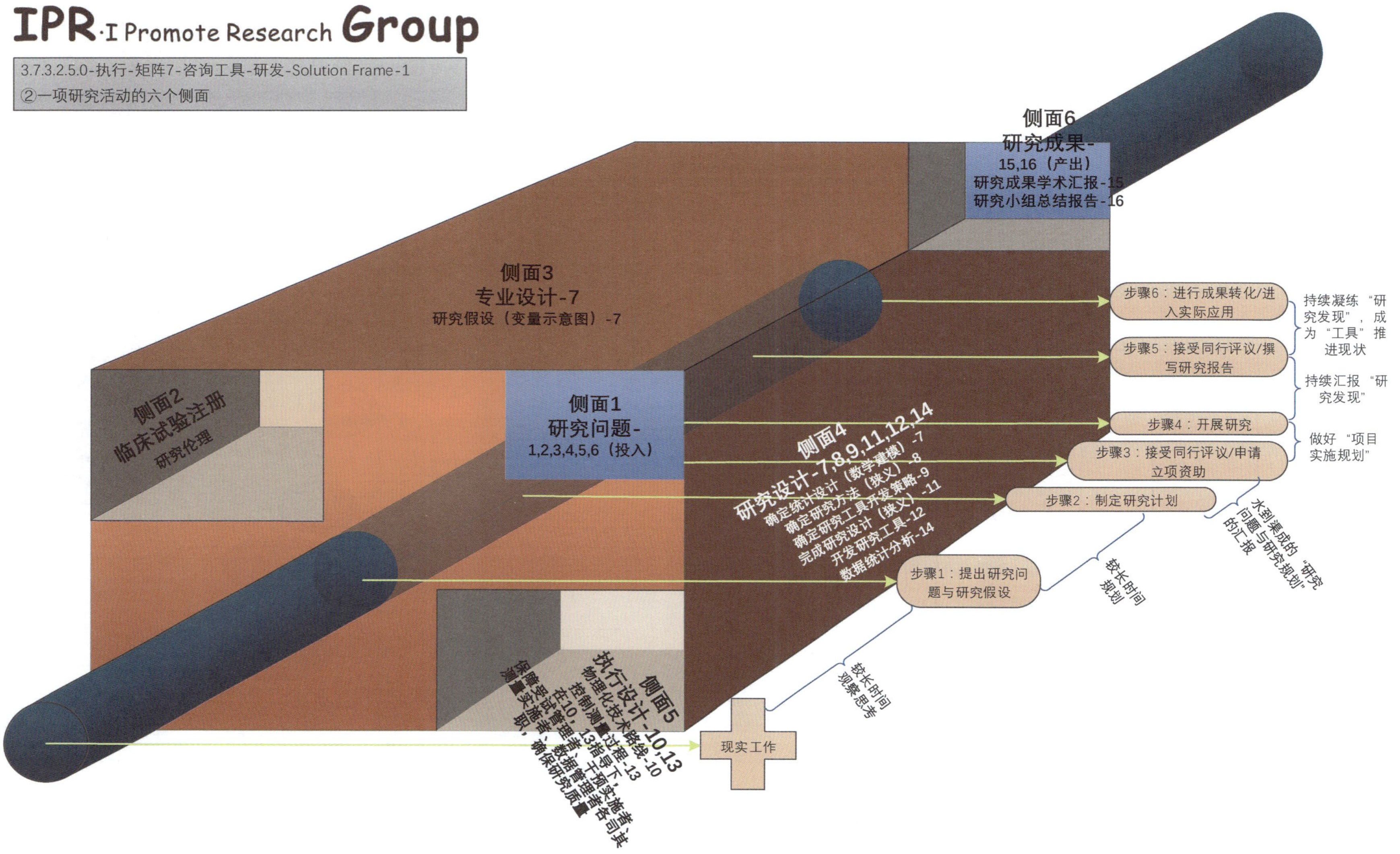

图 8.2　一项研究活动的六个侧面

图中 1～16 具体内容及解释参见本书图 6.2

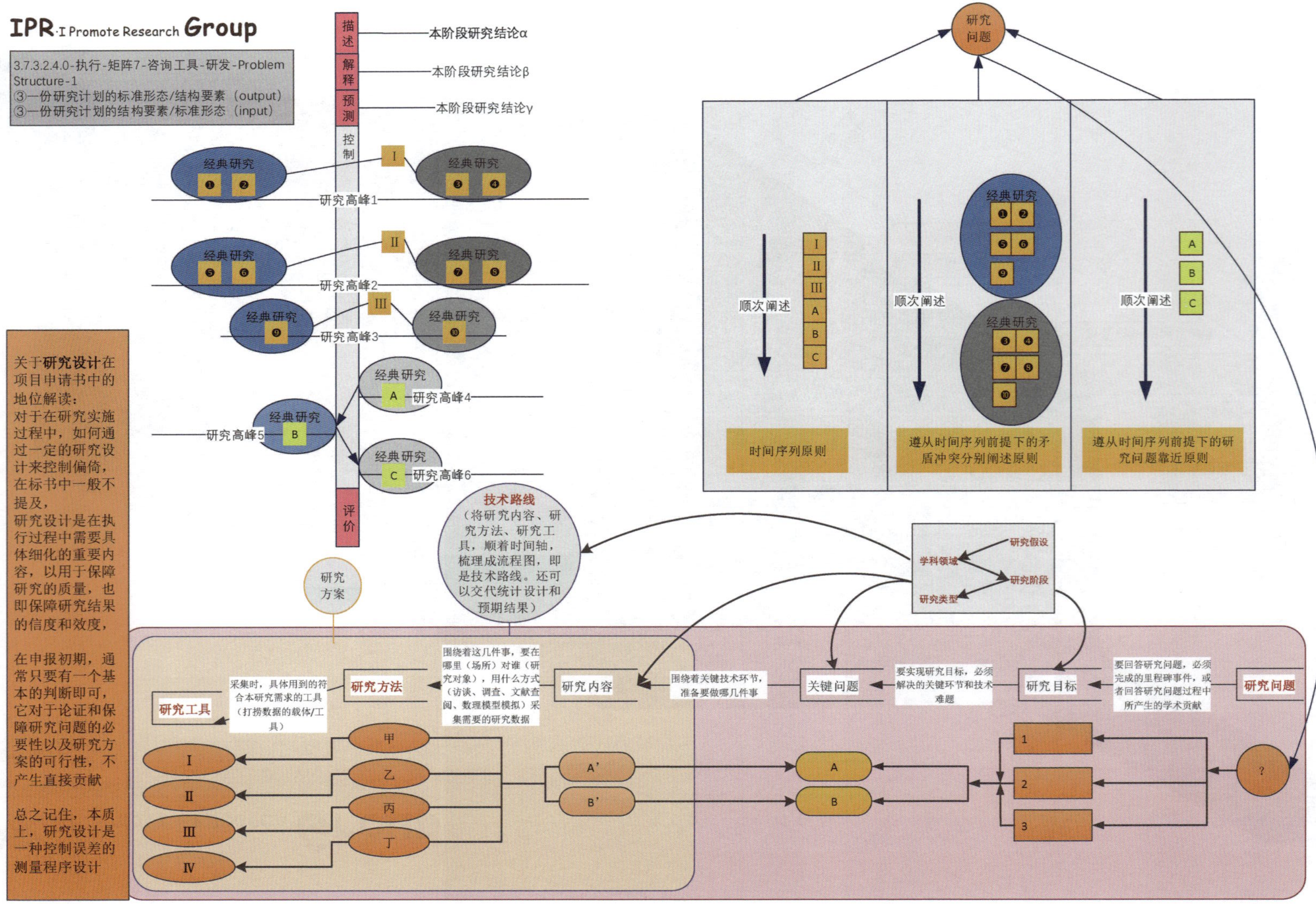

图 8.3　一份研究计划的标准形态/结构要素

3.7.3.2.3.0-执行-矩阵7-咨询工具-研发-Delivery Proflie-1-可交付文本结构-计划阶段 一项研究：撰写研究计划时的内容核查清单						
项目	内容					
项目·概要	基本阐述逻辑 Items	需阐述清楚的内容 Input	使用的工具 Tools&Techniques	对应研究计划的条目 Output	对应 现场框架	分数
	课题基本情况	申报人基本情况	/	申报人简历	/	/
		课题简介	名词解释&项目摘要	课题中文摘要	/	4
	研究什么？	提出研究问题，明确研究的主要研究对象	解释	课题相关名词解释	揭示现象/锁定问题	3
	现象的揭示？	介绍研究来源，表明研究者对现实问题的思考	历史分析法/层次分析法	研究背景（研究者本身揭示的现象），提出要解决的主要矛盾	揭示现象-5W1H	3
	该问题上，别人做了什么？	国内研究情况（何人、何时、何地、何法、何结果、何结论）	文献搜索及文档审查	中文文献清单（3年内，不少于20篇）	/	4
		国外研究情况（何人、何时、何地、何法、何结果、何结论）	文献搜索及文档审查	外文文献清单（3年内，不少于20篇）	/	4
	研究问题定位	本研究的横向定位	研究成果解读	提出国内外现有的研究成果问题、空白、可应用于本课题的基础	验证问题-同行验证	3
		本研究的纵向定位	研究成果解读	提出本项目对主要矛盾的思考，及对前人研究成果的分析，引出本课题的研究问题与创新之处	验证问题-同行&自我验证	3
	锁定问题与解决方法	本研究拟解决的问题	假设情景分析	本项目将采取的方法，解决的问题	锁定问题 验证问题-同行验证	2
		本研究的解决对于工作的推进意义	假设情景分析	本课题研究价值总结	验证问题-同行&自我验证	5
项目·研究设计	基本阐述逻辑 Items	需阐述清楚的内容 Inputs	使用的工具 Tools&Techniques	对应研究计划的条目 Outputs	对应 现场框架	分数
	How?——为了解决问题要做什么？	研究总体目标	文档审查	本研究总体目标	揭示现象	3
		研究拟解决的关键问题	假设情景分析	本研究拟解决的关键问题	锁定问题	3
	How?——我们怎么做？	研究内容（与拟解决关键问题对应）	项目摘要	根据研究目标与问题制定分阶段内容（介绍工作内容、阶段成果）	/	10
		研究方案（与研究内容对应）	专有的学科方法	详细介绍研究将采用的方法（即本研究所依托的理论、模型及研究工具）	/	20
		技术路线	项目分解（breakdown） Windows Visio	本项目技术路线图	/	10
	How?——研究的创新与难点？	研究创新点归纳	专家咨询	本课题的创新点分析	验证问题	5
		研究难点归纳与解决方案	专家咨询	本课题难点归纳，相应的解决方案或方向	/	5
项目·申报申请书	基本阐述逻辑 Items	需阐述清楚的内容 Input	使用的工具 Tools&Techniques	对应研究计划的条目 Output	对应 现场框架	分数
	Who?——为何我来做？	研究单位情况	文档审查	申报单位优势分析	验证问题-自我验证	/
		与本研究有关前期探索	文档审查、电话采访	申报单位及个人前期研究总结	验证问题-自我验证	/
		课题小组人员设计	文档审查、专家咨询	申报人资质优势分析、研究小组成员名单	验证问题-自我验证	/
		保障机制、经费决算情况	文档审查	上级部门、资助情况优势分析、经费决算表	验证问题-自我验证	/
	Why?——做完有何好处？	课题社会效益分析	公众反映和社会评价	社会声誉提升分析	验证问题-同行验证	8
		课题经济效益分析	卫生经济学评价	课题成本-效益分析	验证问题-同行验证	5
	How?——如何规范表达计划？	研究计划的书面格式+打播PPT	各资助单位申报书标准格式文本	符合各资助单位申报书标准格式的研究计划文本	/	/

图 8.4　一项研究：撰写研究计划时的内容核查清单

起到在事前即完成精确研判(delivery profile)的作用

本阶段产出的成果示例①见书末附图 2、附图 3。

① 一项研究：围绕研究问题制定出解决方案的成果示例——全面解决方案 1；一项研究：围绕研究问题制定出研究方案的成果示例——全面解决方案 2。

第9章 科学证明阶段-取证

1 Input：problem structure

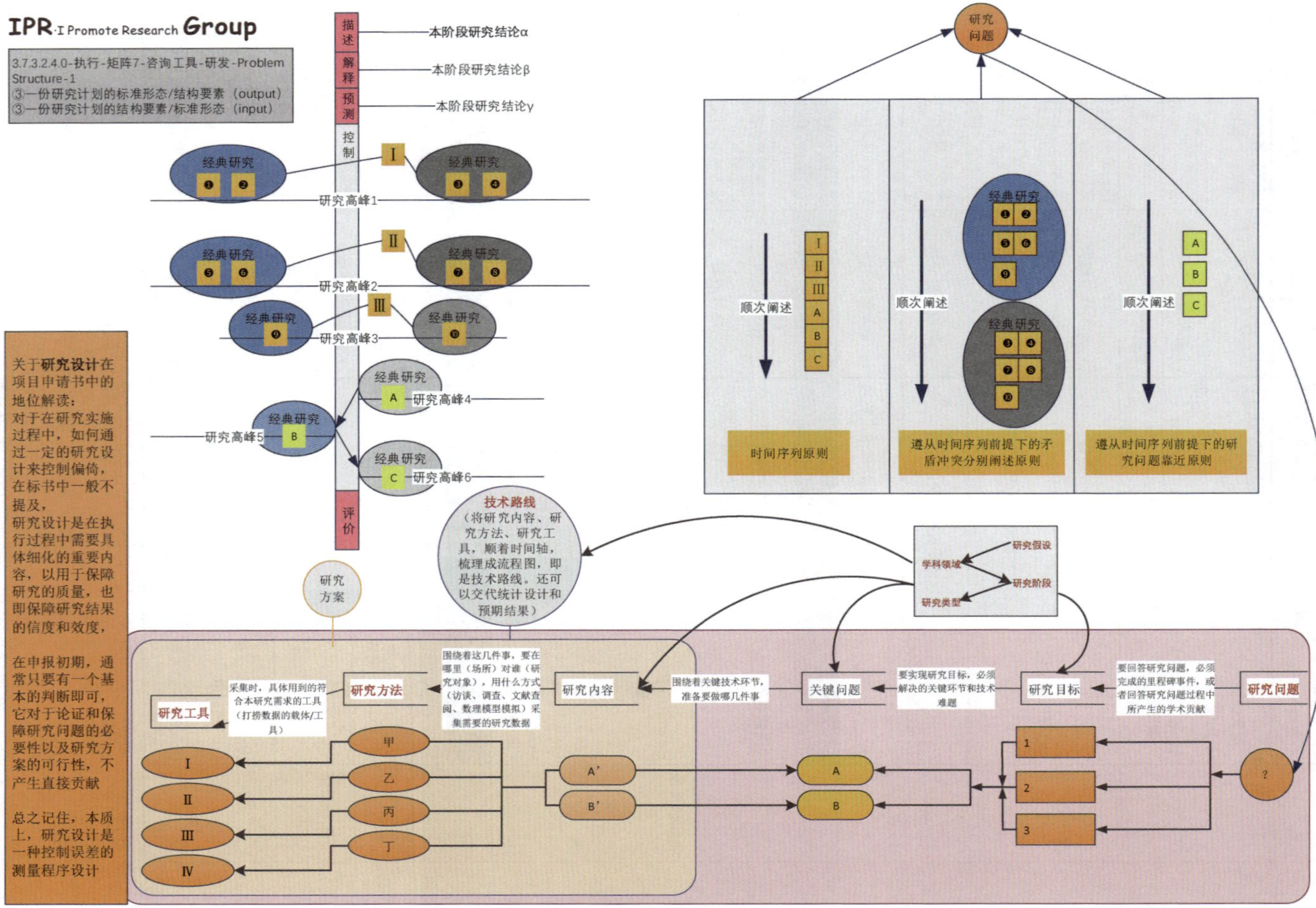

图 9-1 一份研究计划的结构要素/标准形态

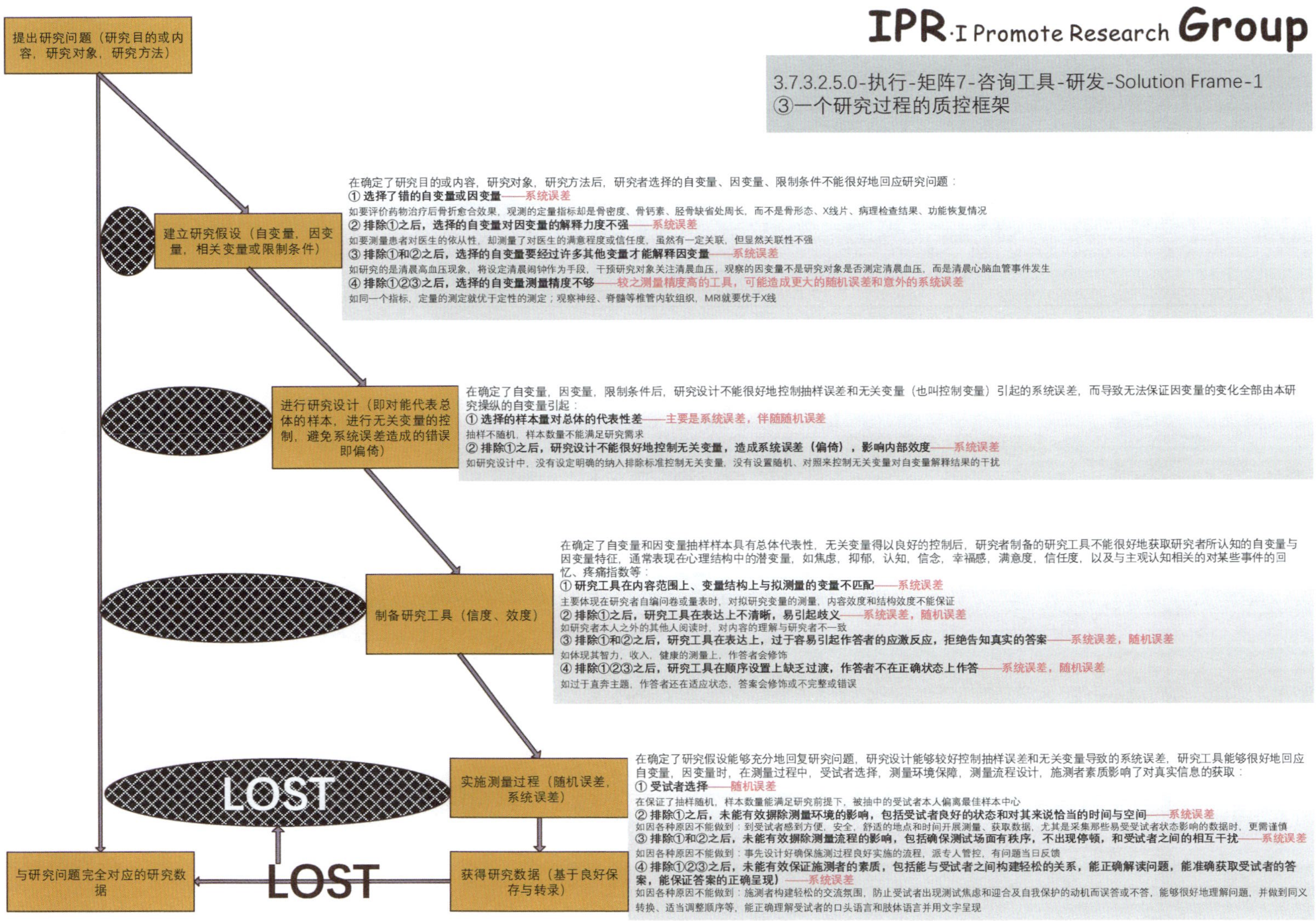

图 9.2　一个研究方案的质控框架

3 Output: standard report

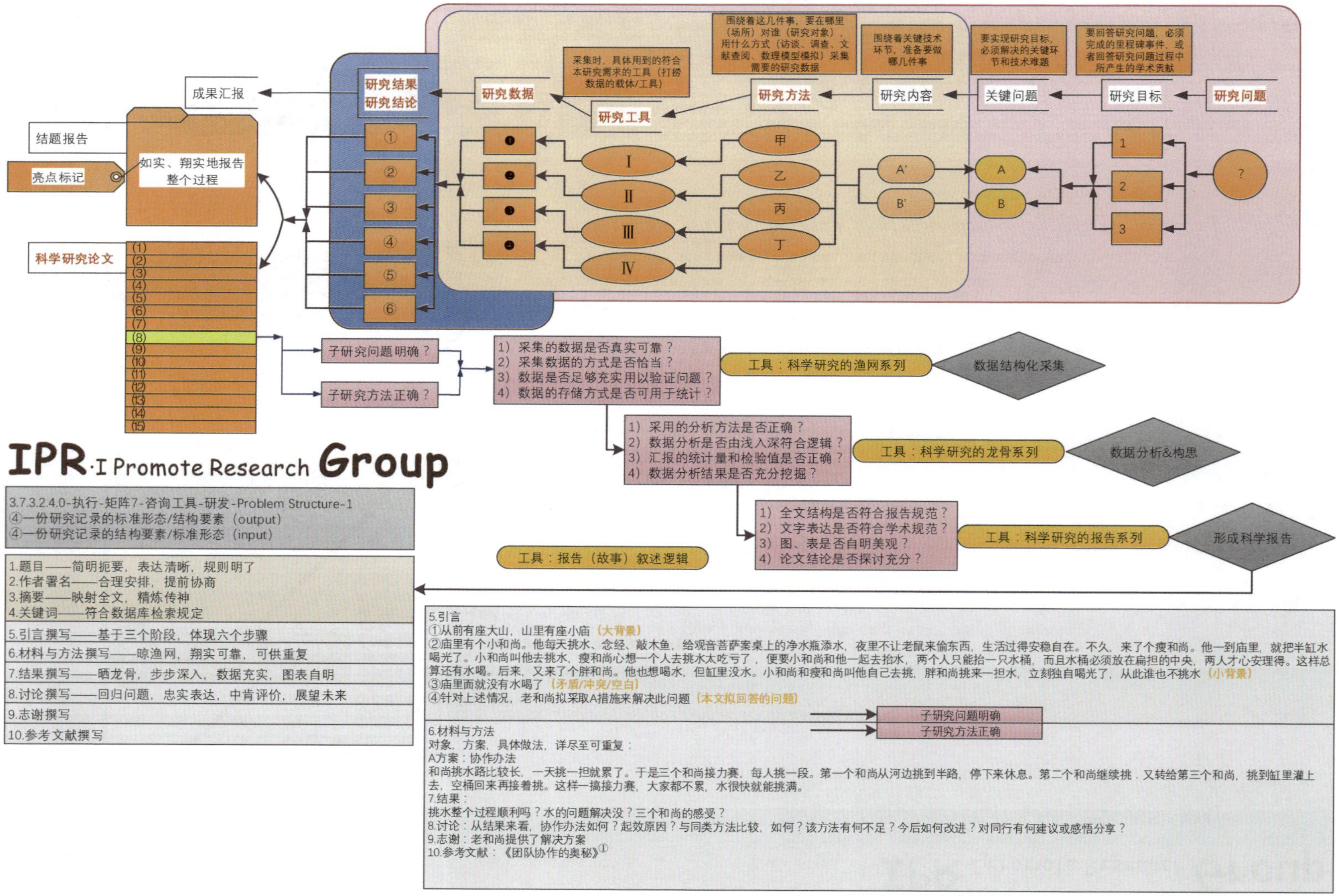

图 9.3 一份研究记录的标准形态/结构要素

IPR·I Promote Research Group

3.7.3.2.3.0-执行-矩阵7-咨询工具-研发-Delivery Proflie-1-可交付文本结构-执行阶段 —项研究：开展研究前的准备工作核查清单				
项目	内容			
项目组成员•启动会	项目组成员可获得的内容 Items	包含的内容 Input	使用的工具 Tools&Techniques	对应项目执行的条目 Output
	项目介绍 ——PPT格式	项目题目、立意、效益介绍	/	立题依据PPT格式
		研究项目内容、方案、技术路线介绍	名词解释 项目摘要 文献搜索	研究内容与方案ppt格式
	研究分组设定 ——Excel格式	根据研究计划，介绍研究小组的分组，设置表格（空白）由项目组填写	Excel	研究小组名单及按职责分组表
	研究小组承诺书及联络人卡 ——Word格式	研究小组各成员项目承诺书、小组成员联络人卡（邮箱、联系方式、职责），由项目组填写	文档审查	研究小组承诺书及联络人卡
	项目进度安排 ——PDF格式	明确项目执行阶段工具制作、数据采集分析、结果呈现等重要阶段的时间进度安排，标明重要的里程碑事件	文档审查	项目进度安排表
	项目启动会	安排2-2.5小时项目启动会，对以上四个内容进行对整个研究小组的讲解	解释	/
项目•执行策划书	项目组成员可获得的内容 Items	需阐述清楚的内容 Input	使用的工具 Tools&Techniques	对应研究计划位置的输出 Output
	项目执行流程图 ——PDF格式	项目可交付的成果清单	/	项目目标/项目边界
		项目管理计划（项目中各工作责任人确定、管理周期确定）	WBS工作分解结构	明确的责任人+项目管理计划
		项目沟通计划（沟通频率、沟通地点、沟通方式、沟通内容、沟通过程）	WBS工作分解结构	项目统一的沟通方式+会议频率+方式
		项目质量管理/监督计划（项目阶段产出确定、项目监督人确定、可交付成果的形式）	WBS工作分解结构	明确的监督人+进度监督表
		项目人力资源管理计划（团队凝聚力提升方案）	WBS工作分解结构	研究团队凝聚力提升计划
		项目成本管理计划（项目支出预算及成本控制表）	WBS工作分解结构	成本支出预算表
		项目风险管理计划（项目可能出现的风险清单及对应的处理建议）	WBS工作分解结构	项目风险计划
		项目组需接受的培训清单（项目中可能需要针对人员进行的专项方法学培训及数量）	WBS工作分解结构	培训清单
		项目计划进度控制表	WBS工作分解结构	项目进度控制表
	项目执行策划书 ——现场交付	安排1.5-2小时的项目执行策划书现场交付（指向项目组成员交付执行前的输入），对项目各计划进行明确讲解，正式开始项目执行	解释	/

IPR·I Promote Research Group

3.7.3.2.3.0-执行-矩阵7-咨询工具-研发-Delivery Proflie-1-可交付文本结构-执行阶段 一项研究：开展研究前的准备工作核查清单				
项目	内容			
	项目组成员可获得的内容 Items	需阐述清楚的内容 Input	使用的工具 Tools&Techniques	对应项目执行的条目 Output
项目•研究工具开发	自然科学类研究工具——Word格式	研究工具清单（基于项目内容及方案，将要制备的所有研究工具一览表）	研究计划书 文献查阅	研究工具清单
		病例（样本）数据采集表（包含知情同意书、纳入排除标准、患者跟踪随访记录表、患者一般情况表等）（必要时）	名词解释 项目摘要 文献搜索	CRF表
		实验设计方案（样本量计算、随机方案、盲法方案等）（必要时）	名词解释 项目摘要 文献搜索	实验设计方案
	社会科学类研究工具——Word格式	研究工具清单（基于项目内容及方案，将要制备的所有研究工具一览表）	研究计划书 文献查阅	研究工具清单
		研究相关的访谈提纲/问卷/量表（包含访谈提纲、问卷、量表历次修改版本）	名词解释 项目摘要 文献搜索	研究需要使用的访谈提纲、问卷、量表
		实验设计方案（典型样本挑选、实施过程设计、控制混杂和偏倚等）（必要时）	名词解释 项目摘要 文献搜索	实验设计方案
研究工具使用•专项培训	本研究涉及的研究方法培训——PPT格式	本研究方法的来源、经典案例	PPT	/
		本研究方法的适用范围		/
		本研究方法与同类方法的比较，及本研究选择本方法的理由		/
		本研究方法在研究中的应用		/
	本研究涉及的研究方法培训——现场执行	安排2-2.5小时的现场培训，对该项研究方法进行项目培训并答疑	解释	/
项目实施•进度管理	项目组成员可获得的内容 Items	需阐述清楚的内容 Input	使用的工具 Tools&Techniques	对应项目执行的条目 Output
	项目计划进度监督表——Excel格式	根据《项目计划进度控制表》进行PM邮件电话记录	Excel表	《项目计划进度监督》
	按频率的邮件回复+电话沟通（必要时现场执行）	邮件、电话对阶段性工作成果进行回复（按约定沟通频率），对项目出现的疑问进行书面解答，必要时增加现场执行或资源调集	邮箱 电话	研究沟通交流记录（课题组VS佐智）

图 9.4　一项研究：开展研究前的准备工作核查清单

起到在事前即完成精确研判（delivery profile）的作用

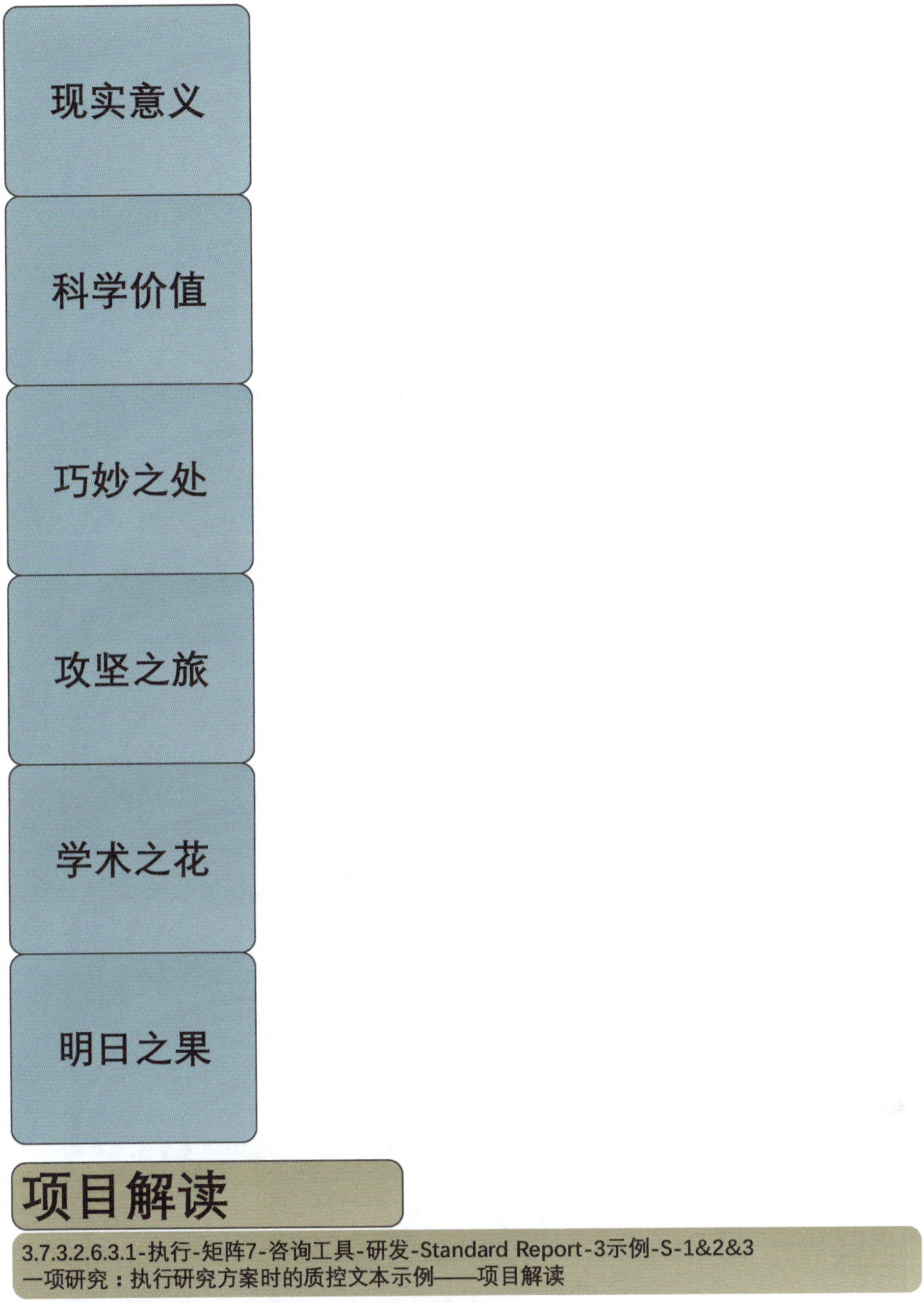

图 9.5 一项研究：执行研究方案时的质控文本示例——项目解读

3.7.3.2.6.3.1-执行-矩阵7-咨询工具-研发-Standard Report-3示例-S-1&2&3
一项研究：执行研究方案时的质控文本示例——项目六面体

使用说明：以此为基础，将对应项目任务中最关键的部分进行细化和特别标识，也即根据项目具体内容，从以下模型中挑选最重要的一个或多个要素进行扩展和可视化呈现，刷成poster张贴

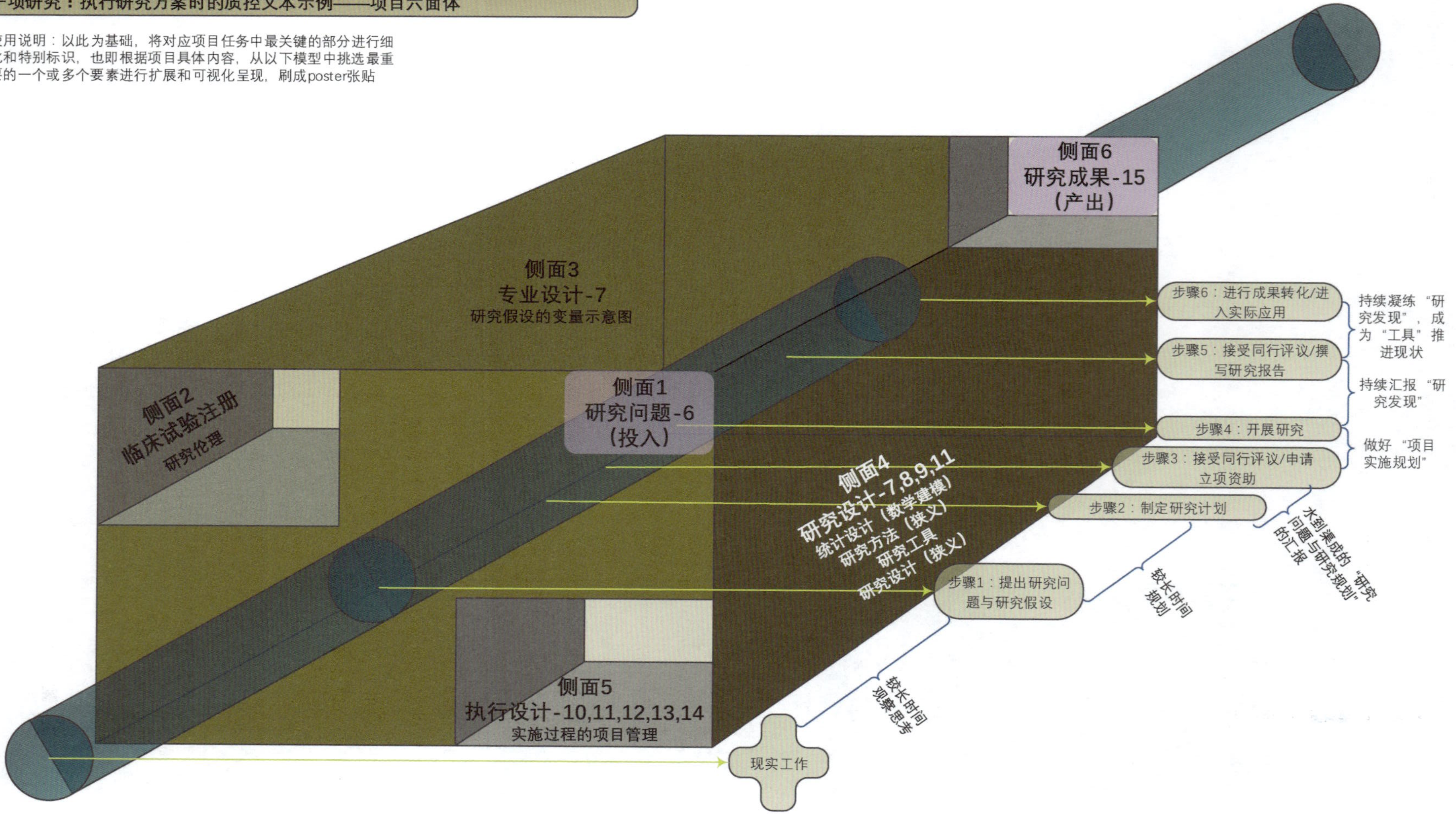

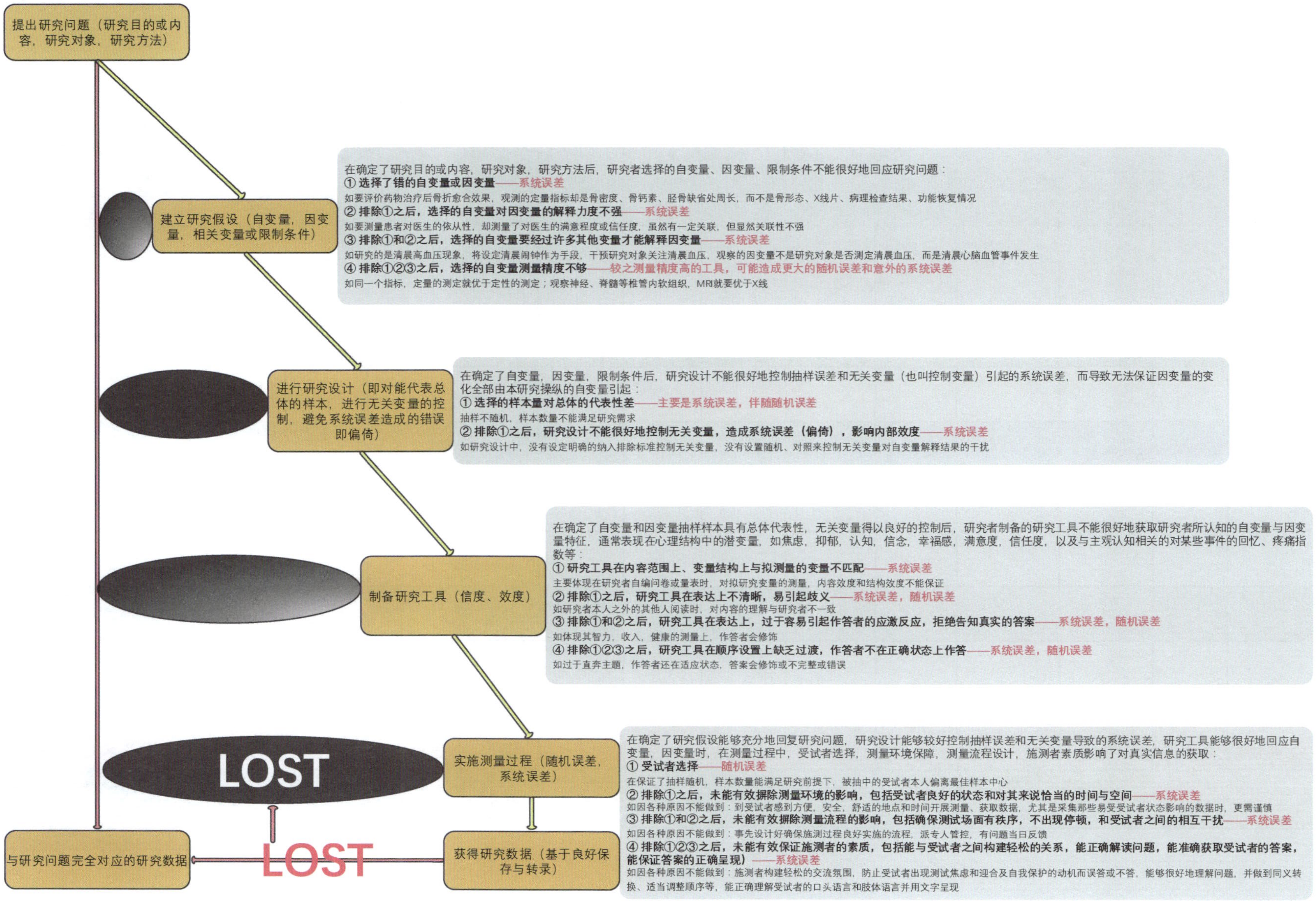

图 9.6　一项研究：执行研究方案时的质控文本示例——项目六面体

3.7.3.2.6.3.1-执行-矩阵7-咨询工具-研发-Standard Report-3示例-S-1&2&3
一项研究：执行研究方案时的质控文本示例——项目执行流程图

XX医院《XXXX项目》-项目执行流程图

	S0-项目小组成员启动召集	S1-确定研究方法(8)	S2-确定研究工具开发策略(9)	S3-绘制技术路线(10)	S4-本文件B4确定	S5-完成研究设计(11) A-干预方案制定	S5-完成研究设计(11) B-研究实施程序制定	S6-开发研究工具(12)	S7-控制测量过程(13) A-数据采集前培训	S7-控制测量过程(13) B-干预实施	S7-控制测量过程(13) C-研究数据采集	S8-统计分析研究数据(14) A-数据保存与清洗	S8-统计分析研究数据(14) B-数据处理	S9-汇报研究成果(15)	S10-反思研究过程，盘点组织过程资产(16)
项目负责人															
项目负责人指派的关键联络人															
数据携带者															
受试管理者															
干预实施者															
测量实施者															
数据管理者															
技术支持组															
组织过程资产															
组织过程资产可外显方式															

图 9.7　一项研究：执行研究方案时的质控文本示例——项目执行流程图

第10章 科学证明阶段-论证

1 Input：problem structure

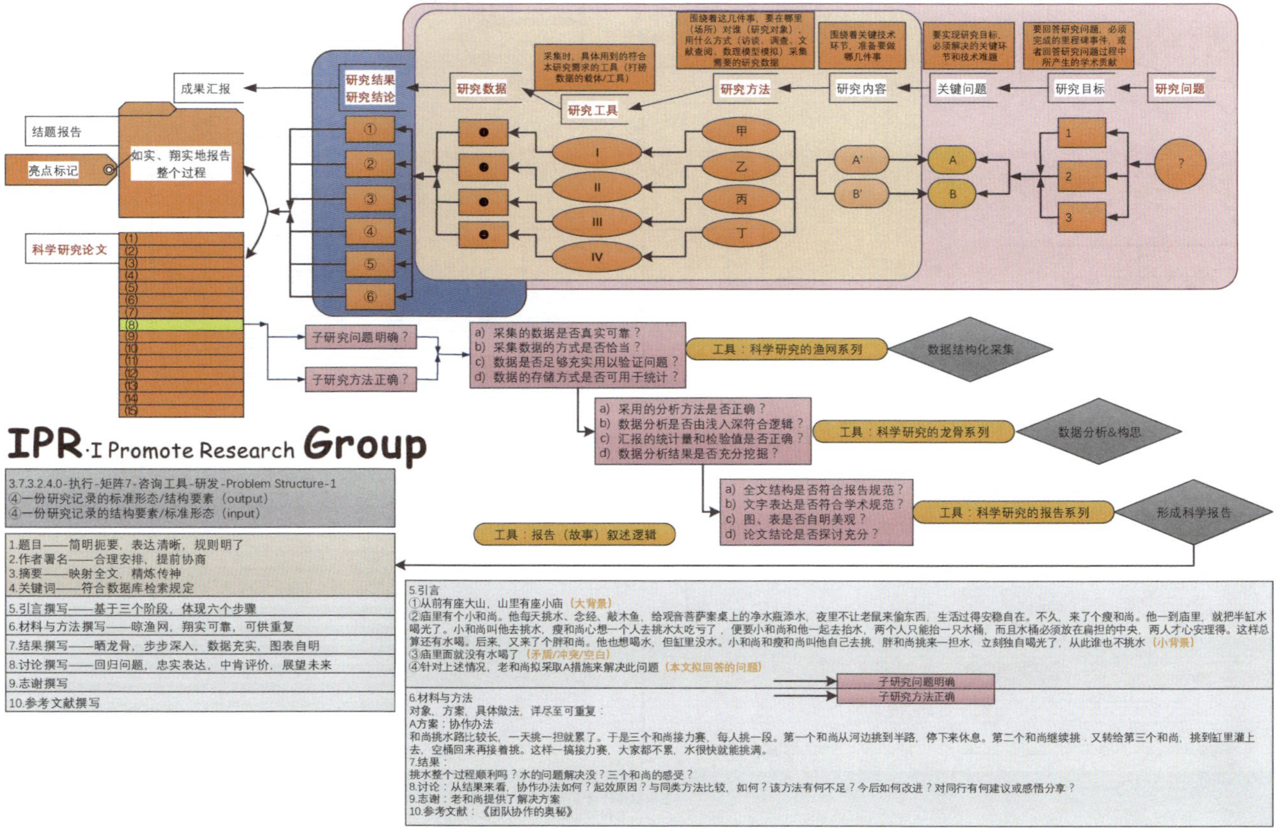

图10.1 一份研究记录的结构要素/标准形态

一项研究：汇总研究问题、研究过程及研究结论的结构化文本——研究结题报告（科学发现与科学证明的结构与过程）

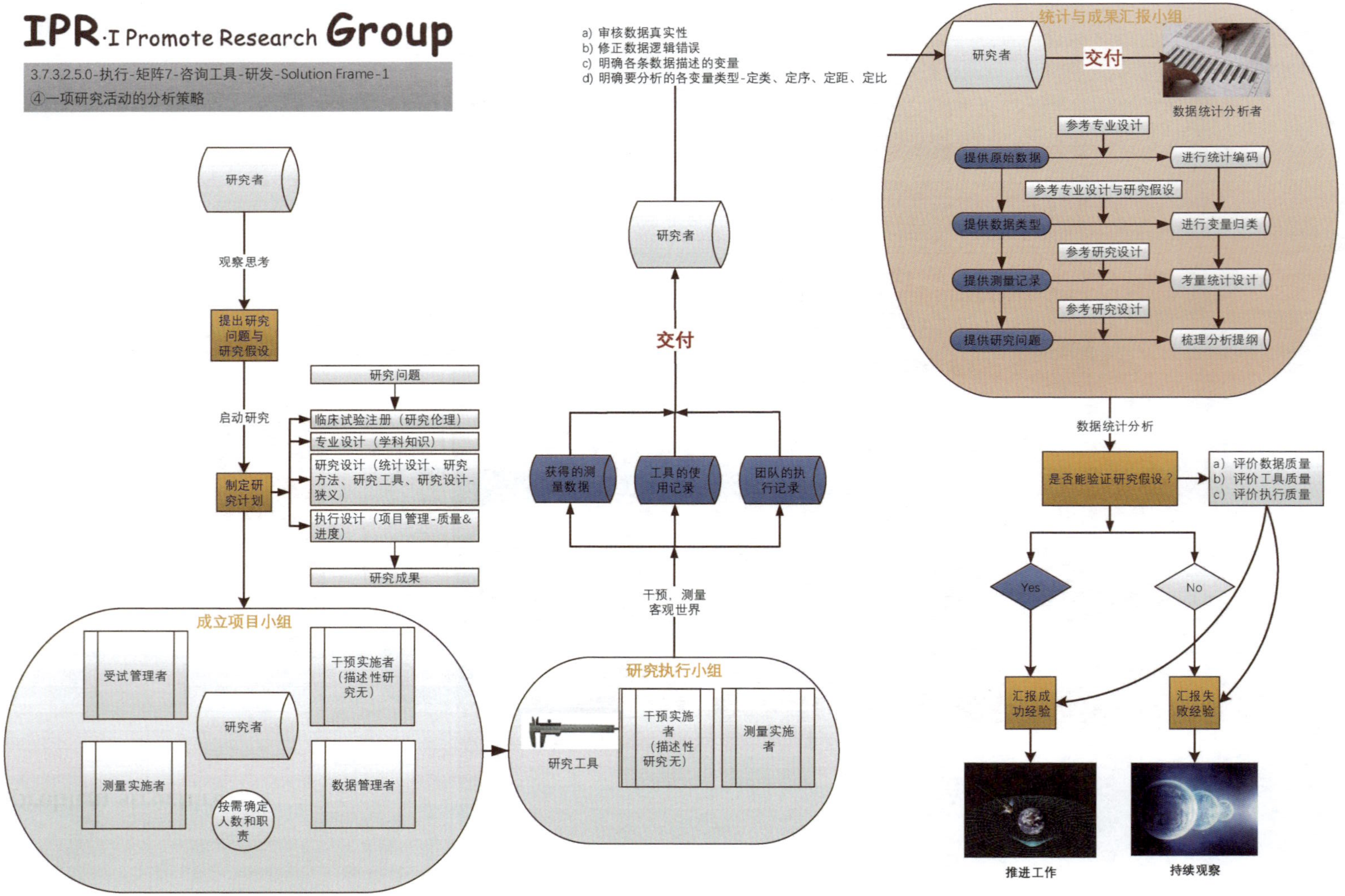

图 10.2　一项研究活动的分析策略

以上是对采集数据进行整理、统计、分析、解释、应用的逻辑结构（科学证明的结构与过程）

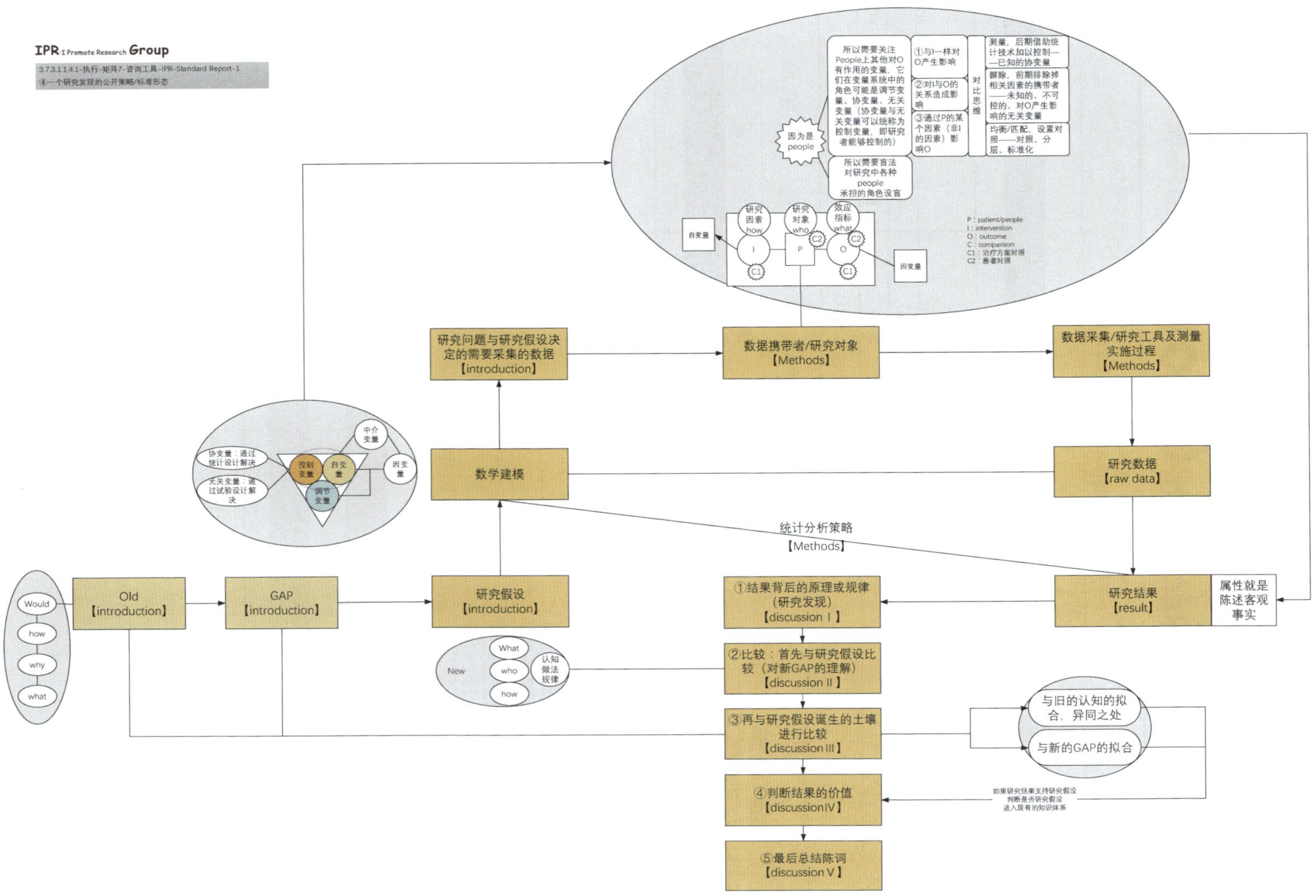

图 10.3　一个研究发现的公开策略

一项研究：对采集数据进行整理、统计、分析、解释、应用的学术汇报策略

IPR·I Promote Research Group

3.7.3.2.3.0-执行-矩阵7-咨询工具-研发-Delivery Proflie-1-可交付文本结构-成果汇报阶段 一项研究：汇报科学研究历程的结案文本核查清单				
项目	内容			
学术报告•数据结构表	基本阐述逻辑 Items	包含的内容 Input	使用的工具 Tools&Techniques	对应研究报告的条目 Output
	研究报告基本情况 ——Word格式	研究报告题目	/	题目
		国内外研究针对本研究的进展（何人、何时、何地、何法、何结果、何结论）	名词解释 项目摘要 文献搜索	引言
	数据结构表 ——Excel格式	行信息——本研究纳入的变量	Excel	数据统计分析表（数据统计分析前）
		列信息——本研究纳入的样本信息	Excel	数据统计分析表（数据统计分析前）
	数据结构表 ——Word格式	研究所采用的工具信息采集单——如问卷、量表、CRF表等	文献搜索及文档审查	材料与方法
		研究所采用的干预/控制方案信息采集单——如实验设计、随机方案、盲法实施、干预手段等	文献搜索及文档审查	材料与方法
	数据录入填写说明 ——Word格式	对Excel与Word格式的数据结构表的填写说明	解释	/
学术报告•构思报告	基本阐述逻辑 Items	需阐述清楚的内容 Input	使用的工具 Tools&Techniques	对应研究报告的条目 Output
	研究报告基本情况 ——Word格式	研究报告题目	/	题目
		国内外研究针对本研究的进展（何人、何时、何地、何法、何结果、何结论）	名词解释 项目摘要 文献搜索	引言
	方法与材料 ——Word格式	针对Word格式的数据结构表的客户反馈信息，撰写本研究的方法、材料、研究方案介绍等信息	名词解释 项目摘要 文献搜索	材料与方法
	数据统计分析结果 ——Word格式	样本基本情况描述	SPSS SAS LISREL等	研究结果
		观测变量描述分析		
		交叉分析（如需要）		
		建模分析（如需要）		
	研究主要结论 ——Word格式	针对研究结果整理研究主要结论	文档审查 解释	结论
学术报告•科学写作	基本阐述逻辑 Items	需阐述清楚的内容 Input	使用的工具 Tools&Techniques	对应研究报告的条目 Output
	科研论文	论文的书面格式	科研论文规范格式（Consort系列&IPR标准系列）	科学研究论文全文
学术报告•选刊投稿	基本阐述逻辑 Items	需阐述清楚的内容 Input	使用的工具 Tools&Techniques	对应研究报告的条目 Output
	论文选刊投稿	2～3个期刊的基本情况和选稿理由	各期刊投稿地址/邮箱	论文选刊投稿建议

图 10.4　一项研究：汇报科学研究历程的结案文本核查清单

起到在事前即完成精确研判(delivery profile)的作用。此外，除了公开发布的汇报科学研究历程的结案文本(临床科研中称为 study report，学术报告或学术论文)，一项研究结束后，还可以对该研究的整个历程进行系统的回顾总结，以形成项目组的组织过程资产，包括：学术问题、探索过程、学术成果与科学贡献，便于研究团队内部经验的深度盘点和分享。这一观点，我们在《逻辑篇》"第 5 章科学研究的 6 个步骤：如何开展科学研究——从一而终，滋润现实之花"的"5 第五步：汇报研究成果，接受同行评议"中有详述，其具体的结构和示例，本书限于篇幅和必要性，我们不再列出

第11章 科学研究的继往开来

1 反思上一个研究

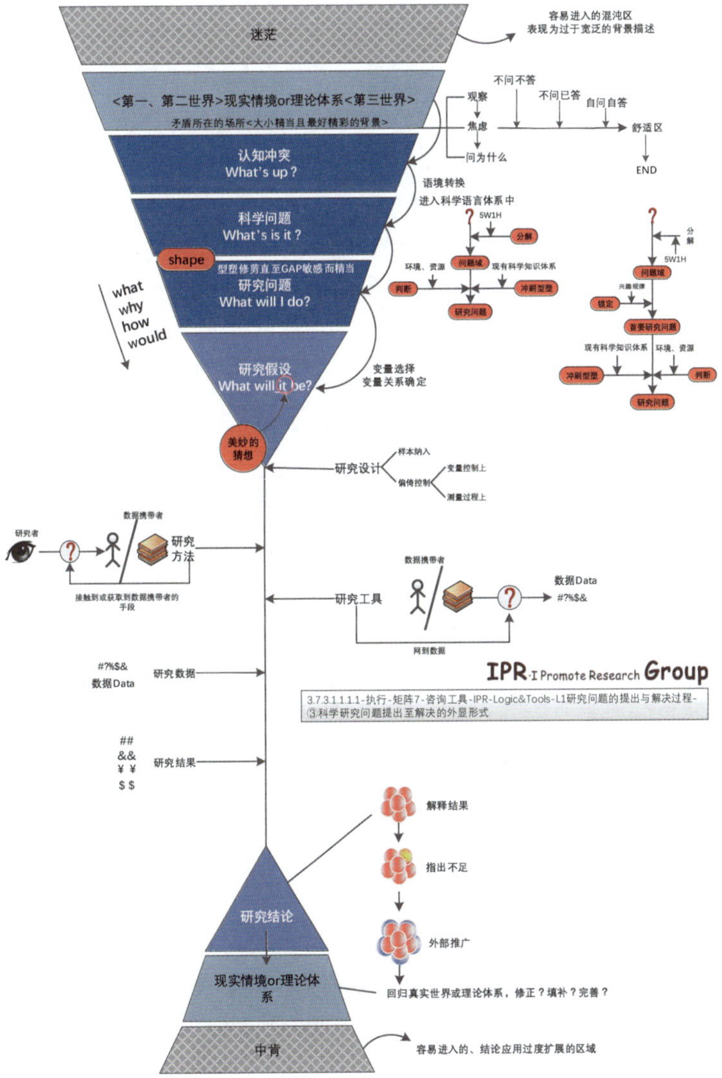

图 11.1 假设、过程、结果、结论，一个 3 年的研究，对现实产生多少改变

2 回顾整个研究路径

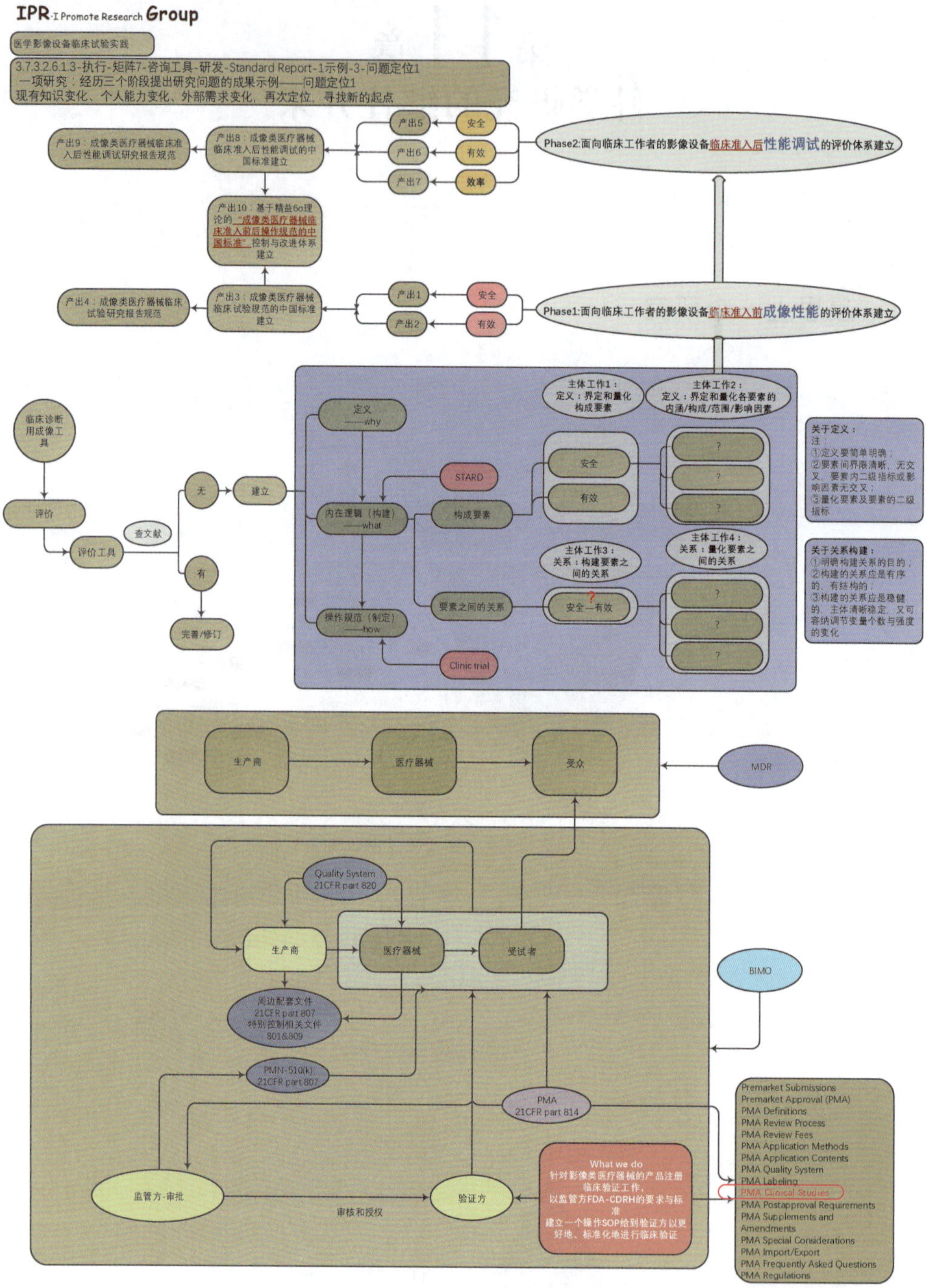

图 11.2 现有知识变化、个人能力变化、外部需求变化，再次定位，寻找新的起点①

本图仅为示例，重新回到研究开始时制订的研究路径，从中选取第 2 次再出发的起点

① 朱建民，许永华，杨利霞. 医学影像设备临床试验实践. 上海：上海科学技术出版社，2016.

3　启动下一个研究

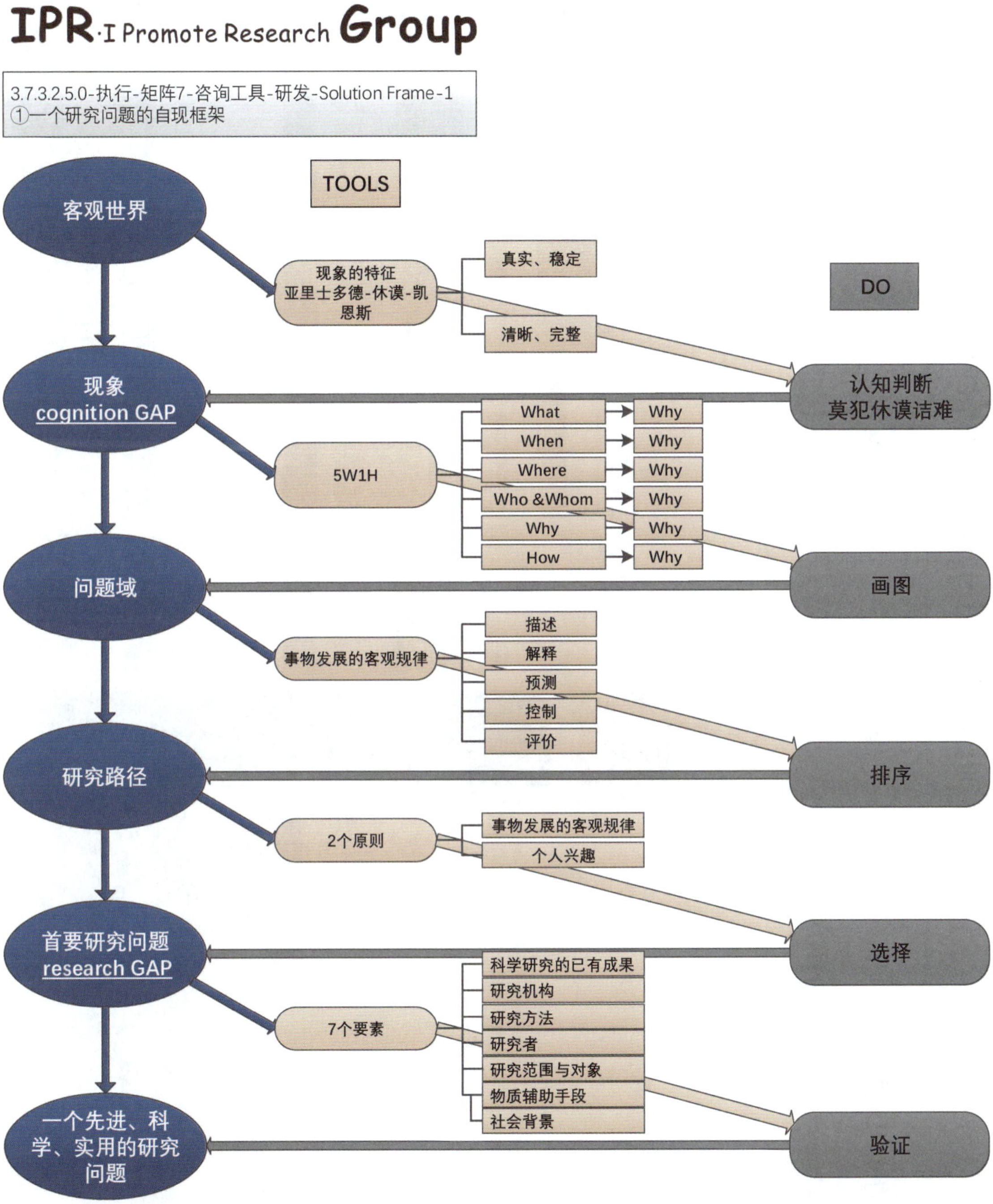

图 11.3　敏锐、严谨、审慎、系统、规划、精准，开启新研究

新的开始，新的知识背景与实践认知下，再进行一次研究问题的提出研判，以确保其应时性与先进性

附录：
科学研究的三部曲内涵集合示意图

1　科学研究的知识结构

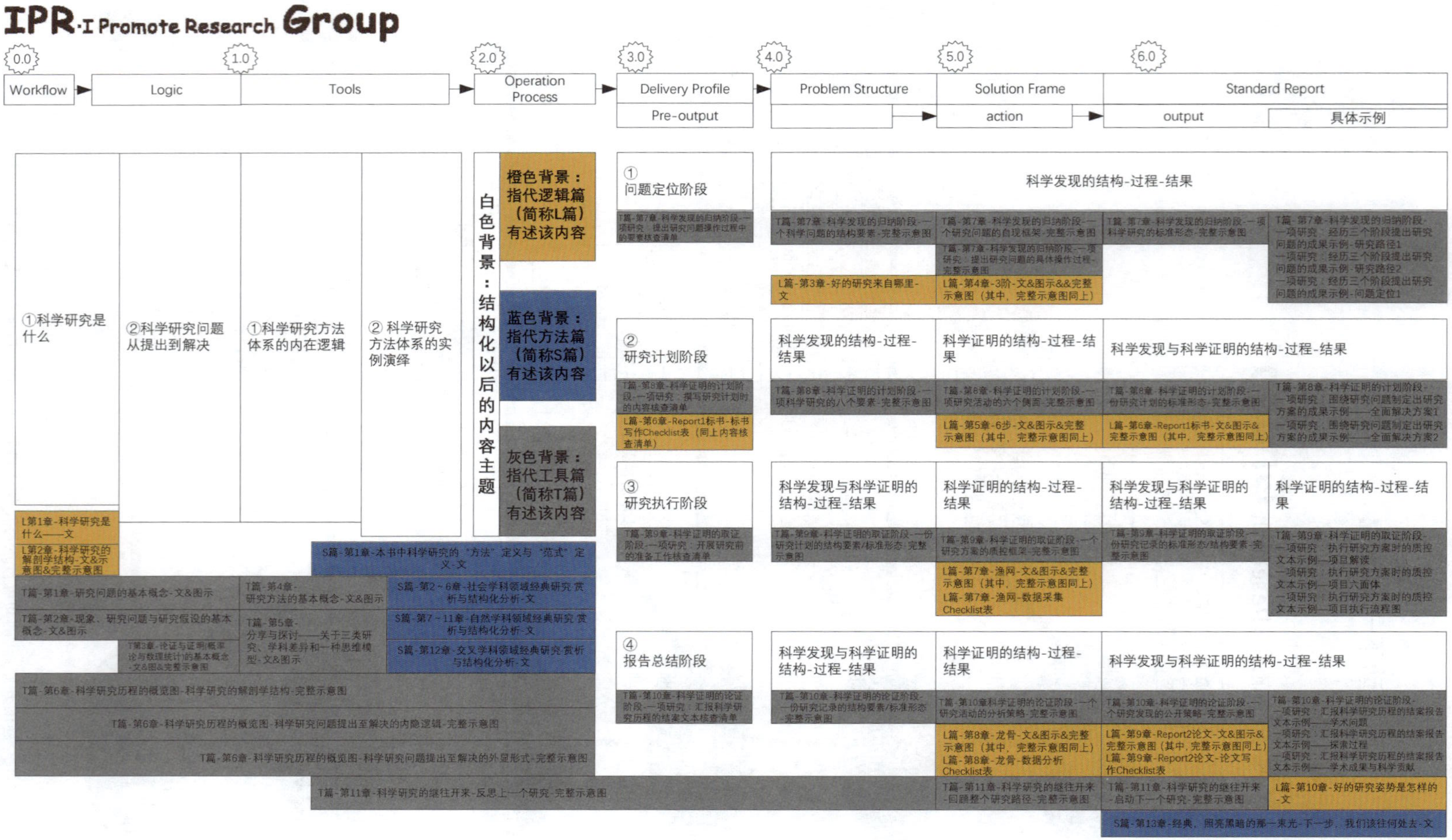

章节	第1章	第2章	第3章	第4章	第5章	第6章	第7章	第8章	第9章	第10章
主题	科研是什么	洞察科学研究的本质	好研究来自好工作	提出研究问题的3个阶段	开展科学研究的6个步骤	项目申请书R1的写作逻辑	数据采集的渔网逻辑	数据分析的龙骨逻辑	医学研究报告R2的写作逻辑	属于你的研究姿势
文字	文	文	文	文	文	文	文	文	文	文
图示		相关图示主题：**科学研究的解剖学结构** input 图示编号：2.1 2.3 action 图示编号：2.7 2.11&2.12 2.13&2.14 2.15 output 图示编号：2.16 2.17		相关图示主题：**3阶** 完整示意图编号：4.18	相关图示主题：**6步** 完整示意图编号：5.5	相关图示主题：**R1** 完整示意图编号：6.15	相关图示主题：**渔网** 完整示意图编号：7.6	相关图示主题：**龙骨** 完整示意图编号：8.5	相关图示主题：**R2** 完整示意图编号：9.2	

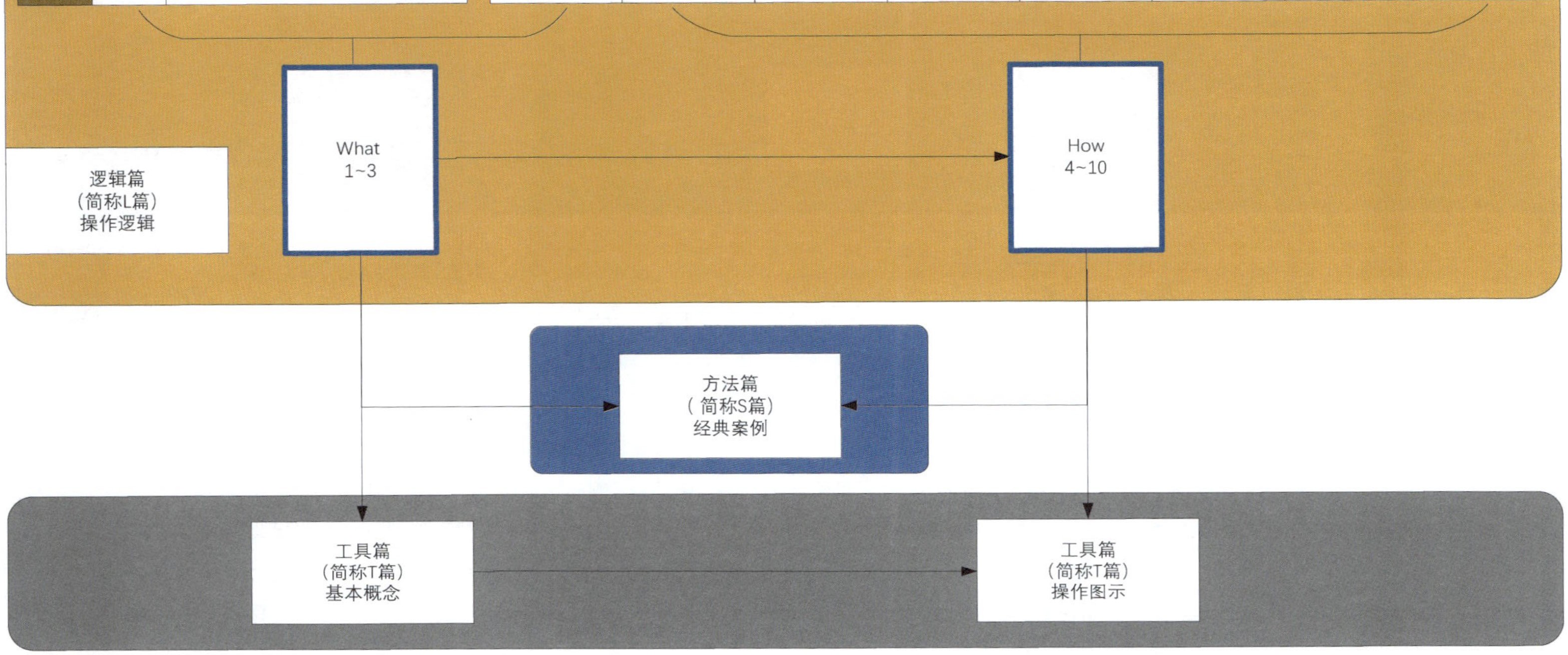

章节	第1章	第2章	第3章	第4章	第5章	第6章	第7章	第8章	第9章	第10章	第11章	第12章	第13章
主题	科学研究的方法：站在巨人的肩膀上	社会学科领域对社会事实的研究：涂尔干的自杀理论	社会学科领域对社会互动的研究：库利的"镜中我"自我理论	社会学科领域对社会角色的研究：波伏娃的第二性	社会学科领域对社会冲突的研究：达伦多夫的群体性冲突理论	社会学科领域对特定人群的研究：韦德的罪犯密码研究	自然学科领域的观察描述性研究：艾滋病研究，从个案到截面	自然学科领域的观察分析性研究：弗莱明翰心脏研究，从截面到个案	自然学科领域的个体干预分析性研究：乳腺癌预后激素替代疗法，两种不同的治疗结局	自然学科领域的群体干预分析性研究：PEACH研究，基于人的对照实验	自然学科领域的群体筛查性研究：宫颈癌筛检试验，该不该找问题	趋势——基于过去、现在预测和决策未来	经典——照亮黑暗的那一束光
文字	文	文	文	文	文	文	文	文	文	文	文	文	文
图示	相关图示主题：**方法** 完整示意图编号：1.1&1.2&1.3&1.4&1.5	相关图示主题：**现象** 完整示意图编号：2.1	相关图示主题：**交互** 完整示意图编号：3.1	相关图示主题：**功能地位** 完整示意图编号：4.1	相关图示主题：**关系** 完整示意图编号：5.1	相关图示主题：**生存形态** 完整示意图编号：6.1	相关图示主题：**观察描述** 完整示意图编号：7.1	相关图示主题：**观察分析** 完整示意图编号：8.1	相关图示主题：**独立干预分析** 完整示意图编号：9.1	相关图示主题：**相关干预分析** 完整示意图编号：10.1	相关图示主题：**开发、实施、评价** 完整示意图编号：11.1	相关图示主题：**决策、预测** 完整示意图编号：12.3	

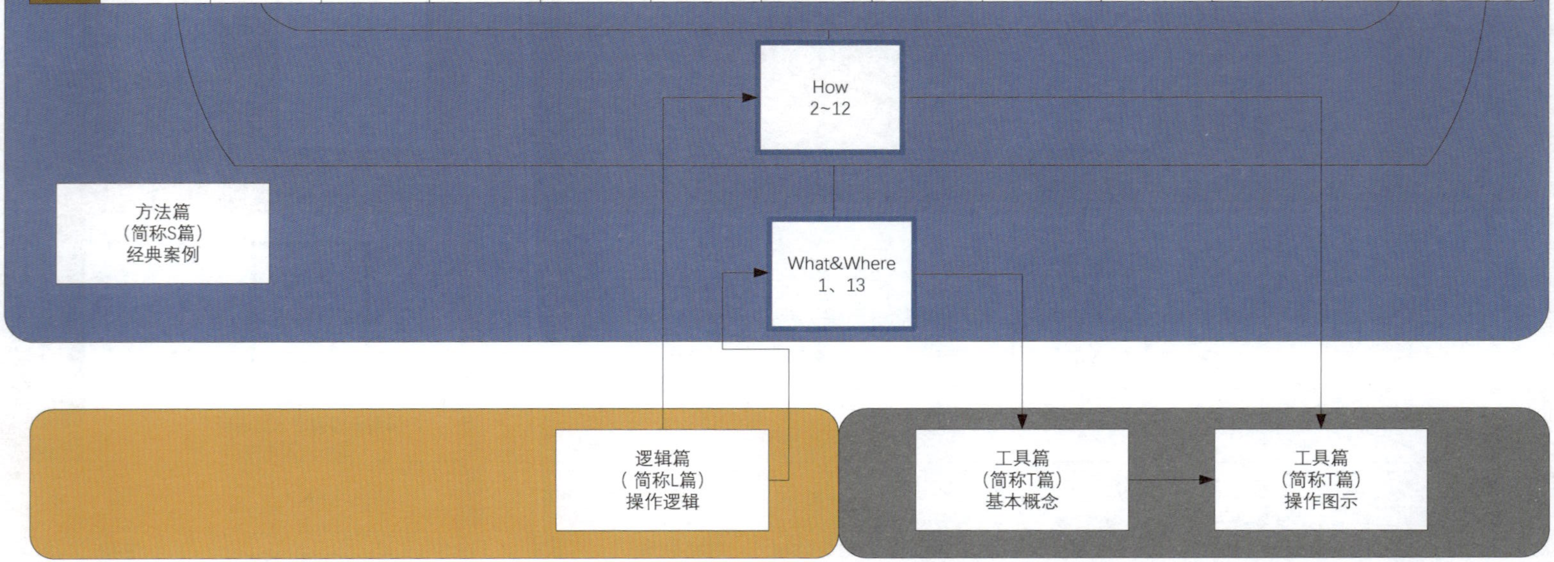

章节	第1章	第2章	第3章	第4章	第5章	第6章	第7章	第8章	第9章	第10章	第11章
主题	研究问题的基本概念	现象、研究问题与研究假设的基本概念	论证与证明(概率论与数理统计)的基本概念	研究方法的基本概念	分享与探讨	科学研究历程的概览图	科学发现的归纳阶段	科学证明的计划阶段	科学证明的取证阶段	科学证明的论证阶段	科学研究的继往开来
文字	文	文	文	文	文	极少量注释					
图示	图示编号：1.1 完整示意图编号：1.2	图示编号：2.1&2.2&2.7 完整示意图编号：2.8	完整示意图编号：3.26&3.27&3.28 附图1	图示编号：表4.1	图示编号：表5.1&表5.2 5.1	全部为完整示意图： 6.1科学研究的解剖学结构 6.2科学研究问题提出至解决的内隐逻辑 6.3科学研究问题提出至解决的外显形式	全部为完整示意图： 7.1—个科学问题的结构要素 7.2—个研究问题的自现框架 7.3—项研究：提出研究问题的具体操作过程 7.4—个研究问题的标准形态 7.5—项研究：提出研究问题操作过程中的要素核查清单 7.6—项研究：经历三个阶段提出研究问题的成果示例-研究路径1 7.7—项研究：经历三个阶段提出研究问题的成果示例-研究路径2 7.8—项研究：经历三个阶段提出研究问题的成果示例-问题定位1	全部为完整示意图： 8.1—项科学研究的八个要素 8.2—项研究活动的六个侧面 8.3—份研究计划的标准形态 8.4—项研究：撰写研究计划时的内容核查清单 附图2—项研究：围绕研究问题制定出研究方案的成果示例——全面解决方案1 附图3—项研究：围绕研究问题制定出研究方案的成果示例——全面解决方案2	全部为完整示意图： 9.1—份研究计划的结构要素/标准形态 9.2—个研究方案的质控框架 9.3—份研究记录的标准形态/结构要素 9.4—项研究：开展研究前的准备工作核查清单 9.5—项研究：执行研究方案时的质控文本示例—项目解读 9.6—项研究：执行研究方案时的质控文本示例—项目六面体 9.7—项研究：执行研究方案时的质控文本示例—项目执行流程图	全部为完整示意图： 10.1—份研究记录的结构要素/标准形态 10.2—个研究活动的分析策略 10.3—个研究发现的公开策略 10.4—项研究：汇报科学研究历程的结案文本核查清单	全部为完整示意图： 11.1反思上一个研究 11.2回顾整个研究路径 11.3启动下一个研究

工具篇
（简称T篇）
基本概念&操作图示

What&Why
1~5

How
6~11

逻辑篇
（简称L篇）
操作逻辑

方法篇
（简称S篇）
经典案例